**Springer-Lehrbuch**

Robert Klein · Claudius Steinhardt

# Revenue Management

## Grundlagen und Mathematische Methoden

 Springer

Prof. Dr. Robert Klein
Claudius Steinhardt

Lehrstuhl für Mathematische Methoden
der Wirtschaftswissenschaften
Universität Augsburg
Universitätsstraße 16
86159 Augsburg

robert.klein@wiwi.uni-augsburg.de
claudius.steinhardt@wiwi.uni-augsburg.de

ISBN 978-3-540-68843-3                    e-ISBN 978-3-540-68845-7

DOI 10.1007/978-3-540-68845-7

Springer-Lehrbuch ISSN 0937-7433

Bibliografische Information der Deutschen Nationalbibliothek
Die Deutsche Nationalbibliothek verzeichnet diese Publikation in der Deutschen Nationalbibliografie;
detaillierte bibliografische Daten sind im Internet über http://dnb.d-nb.de abrufbar.

© 2008 Springer-Verlag Berlin Heidelberg

*Herstellung:* le-tex publishing services oHG, Leipzig
*Umschlaggestaltung:* WMXDesign GmbH, Heidelberg

Gedruckt auf säurefreiem Papier

9 8 7 6 5 4 3 2 1

springer.de

# Vorwort

Das Revenue Management repräsentiert ein noch junges Konzept zur erlös-orientierten Gestaltung von Absatzprozessen, das seine Ursprünge im Luftverkehr hat und für das in einem rasanten Tempo neue Anwendungsfelder in anderen Dienstleistungsbranchen, aber auch in der Sachgüterindustrie erschlossen wurden und werden. Wesentliche Treiber sind dabei die Fortschritte in der Informationstechnologie und die damit verbundene Anwendung mathematischer Methoden in der Unternehmenspraxis.

In der Forschung beschäftigen sich verschiedene Disziplinen wie das Marketing, das Operations Research und die Wirtschaftsinformatik damit, ein geeignetes Instrumentarium zur Umsetzung des Revenue Managements bereitzustellen. Dabei ist ein ähnlich starkes Wachstum in der Auseinandersetzung mit dem Thema zu beobachten wie in der Praxis. Die Ergebnisse dieser Forschungsbemühungen werden allerdings bisher nahezu ausschließlich in Fachzeitschriften und Monographien dokumentiert, so dass der Einstieg – insbesondere für Studierende der oben genannten Disziplinen – schwer fällt. Dieses Buch soll daher eine didaktisch orientierte Einführung geben, wobei die Vermittlung wesentlicher Grundlagen und nicht die Darstellung neuester Forschungsergebnisse im Vordergrund steht. Ein Schwerpunkt liegt auf den entstehenden Optimierungsproblemen und den zur ihrer Lösung geeigneten Methoden, da sich mit ihrer Hilfe die Prinzipien und die Funktionsweisen der für das Revenue Management charakteristischen Instrumente aus Sicht der Autoren am besten erläutern lassen.

Die Darstellung der Methoden ist so gehalten, dass sich die Inhalte des Buches auch für das Selbststudium eignen. Die zahlreichen Beispiele werden dazu in den weiterführenden Kapiteln stets durch eine Reihe von Übungsaufgaben ergänzt. Lösungen zu diesen Aufgaben finden sich – wie hoffentlich nicht notwendige Korrekturen – auf der das Buch begleitenden Internetseite *www.revenue-management.info*. Dort wird darüber hinaus für Dozenten, die das Buch in der Lehre einsetzen möchten, ein passender Foliensatz angeboten.

Forschern und Praktikern mit Interesse an aktuellen Fragestellungen und Entwicklungen des Revenue Managements wie der Verknüpfung mit dem

Customer Relationship Management, der Abbildung von Kundenwahlverhalten oder dem Einsatz in unterschiedlichen Branchen sei zudem die Teilnahme an den Sitzungen der Arbeitsgruppe „Revenue Management & Dynamic Pricing" der Gesellschaft für Operations Research nahegelegt. Nähere Informationen dazu finden sich auf der Internetseite der Gesellschaft *www.gor-ev.de*.

Abschließend möchten wir all jenen danken, die uns bei der Erstellung des Buches unterstützt haben. Dies sind insbesondere Frau Dipl.-Wirtsch.-Inform. Anita Petrick sowie die Herrn Dipl.-Wirtsch.-Inform. Steffen Christ, Dipl.-Wirtsch.-Inform. Jochen Gönsch und stud.oec. Michael Neugebauer.

Augsburg, im Juli 2008                                  *Robert Klein*
                                                        *Claudius Steinhardt*

# Inhaltsverzeichnis

# Symbole und Abkürzungen

## Symbole

| | |
|---|---|
| $:=$ | Wertzuweisung in Verfahren |
| $\wedge, \vee$ | logisches und bzw. oder |
| $\lceil x \rceil$ | kleinste ganze Zahl größer oder gleich x |
| $\lfloor x \rfloor$ | größte ganze Zahl kleiner oder gleich x |
| $[\,\cdot\,]^{-1}$ | Umkehrfunktion/Kehrwert |
| $a_{hi}$ | Produktionskoeffizient: Verbrauch von Ressource h pro ME von $P_i$ |
| $A = (a_{hi})$ | Matrix der Produktionskoeffizienten |
| $\mathcal{A}^h$ | Menge der Produkte, die Ressource h nutzen |
| $\mathcal{A}_i$ | Menge der von Produkt i genutzten Ressourcen |
| $\mathbf{a}^h$ | Vektor, der der k-ten Zeile von A entspricht |
| $\mathbf{a}_i$ | Vektor, der der i-ten Spalte von A entspricht |
| $b_{ih}$ | Buchungslimit von $P_i$ (für Ressource h) |
| $C_h$ | Gesamtkapazität von Ressource h |
| $c_h$ | verbleibende Kapazität von Ressource h |
| $\mathbb{D}$ | Definitionsbereich |
| $D_{it}$ | stochastische Nachfrage nach $P_i$ (zum Zeitpunkt t) |
| $\bar{D}_{it}$ | Erwartungswert $E[D_{it}]$ (zum Zeitpunkt t) |
| $E[\,\cdot\,]$ | Erwartungswert |
| $f_i(\cdot)$ | Dichte-/Wahrscheinlichkeitsfunktion der Nachfrage nach $P_i$ |
| $F_i(\,\cdot\,)$ | Verteilungsfunktion der Nachfrage nach $P_i$ |
| $h$ | Index für Ressourcen |

| | |
|---|---|
| $\mathcal{H}$ | Indexmenge $\{1, \ldots, m\}$ der Ressourcen |
| $i, j$ | Indizes für Produkte (Segmente) |
| $\mathcal{I}$ | Indexmenge $\{1, \ldots, n\}$ der Produkte |
| $m$ | Anzahl der Ressourcen |
| $n$ | Anzahl der Produkte |
| $p_i(t)$ | Wahrscheinlichkeit für das Eintreffen einer Anfrage für Produkt $P_i$ in Periode $t$ |
| $p_t(r_t)$ | Kaufwahrscheinlichkeit in Periode $t$ bei Angebotspreis $r_t$ |
| $P_i$ | Produkt $i$ |
| $q_i(r_i)$ | Preisabsatzfunktion für $P_i$ |
| $q_t$ | Nachfragehöhe (Absatzmenge) in Periode $t$ |
| $q_t(r_t)$ | Preisabsatzfunktion in Periode $t$ |
| $Q_i$ | Größe des Segments $i$ |
| $Q_t(r_t, \varepsilon_t)$ | stochastische Preisabsatzfunktion in Periode $t$ |
| $\mathbf{q}$ | Vektor $(q_1, \ldots, q_T)$ |
| $\bar{r}_{hi}$ | Bewertung von Ressource $h$ für $P_i$ |
| $r_i$ | Preis (Deckungsbeitrag) von $P_i$ in GE |
| $r_t$ | Preis (Deckungsbeitrag) in Periode $t$ in GE |
| $s_i$ | Schutzlimit von $P_i$ |
| $t$ | Periode (Zeitpunkt) |
| $T$ | Planungshorizont |
| $u_t(q_t)$ | Erlös in Periode $t$ bei Absatzmenge $q_t$ |
| $v_{ij}$ | Zahlungsbereitschaft (des Segments $i$ für $P_j$) |
| $V(\cdot)$ | Wertfunktion |
| $w_{hk}$ | Schattenpreis für Ressource $h$ (in Szenario $k$) |
| $\mathbb{W}$ | Wertebereich |
| $x_i$ | Kontingent von $P_i$ |
| $\mathbf{x}$ | Vektor $(x_1, \ldots, x_n)$ |

$\varepsilon_t$        stochastische Störgröße in Periode t

$\pi_{ht}$       Bid-Preis für Ressource h (zum Zeitpunkt t)

$\rho_i$        Preisuntergrenze für $P_i$

## Abkürzungen

| | | | |
|---|---|---|---|
| bspw. | beispielsweise | ME | Mengeneinheit(en) |
| bzgl. | bezüglich | Mio. | Millionen |
| bzw. | beziehungsweise | Mrd. | Milliarden |
| ca. | circa | o. Ä. | oder Ähnliches |
| d. h. | das heißt | OFP | Optimal Fix-Price |
| DLP | Deterministic Linear Programming | OK | Opportunitätskosten |
| EMSR | Expected Marginal Seat Revenue | RLP | Randomized Linear Programming |
| | | RM | Revenue Management |
| etc. | et cetera | S. | Seite |
| evtl. | eventuell | sog. | so genannte(n/r/s) |
| FP | (Deterministic) Fix-Price | u. a. | unter anderem |
| GE | Geldeinheit(en) | usw. | und so weiter |
| ggf. | gegebenenfalls | v. a. | vor allem |
| i. A. | im Allgemeinen | vgl. | vergleiche |
| i. d. R. | in der Regel | vs. | versus |
| i. e. S. | im engeren Sinne | z. B. | zum Beispiel |
| i. w. S. | im weiteren Sinne | ZE | Zeiteinheit(en) |
| KE | Kapazitätseinheit(en) | | |

# 1 Grundlagen des Revenue Managements

*Einer der Autoren führte bei einem Flug von Frankfurt nach Edinburgh anlässlich eines Tagungsbesuches das folgende (fiktive) Gespräch mit seinem Sitznachbarn. Dieser erregte sich offensichtlich sehr über den Preis, den er für seinen Flug gezahlt hatte.*

**Sitznachbar:** *„Sie müssen wissen, ich fliege diese Strecke nach Edinburgh hin und zurück regelmäßig und noch nie war es so teuer wie heute."*

**Autor:** *„Was haben Sie denn bezahlt?"*

**Sitznachbar:** *„Dieses Mal hat mich das Ticket 680 € gekostet, während ich sonst immer für 370 € fliege."*

**Autor:** *„Das ist eigenartig. Sind Sie denn bisher auch immer mit der Maschine am Montagmorgen geflogen?"*

**Sitznachbar:** *„Nein, normalerweise arbeite ich montags noch in Frankfurt und reise erst am Dienstagnachmittag. Aber diese Woche musste ich ausnahmsweise einen dringenden Termin am Montag wahrnehmen, von dem ich erst letzte Woche erfahren habe. Spielt das denn eine Rolle?"*

**Autor:** *„Ja natürlich! Wie Sie sehen können, ist diese Maschine hier ausgebucht. Denken Sie, dass Sie letzte Woche noch ein Ticket für 370 € erhalten hätten? Wenn die Fluggesellschaft alle Tickets für diesen Preis verkaufen würde, dann mit Sicherheit nicht. Also ich wäre bereit, einen höheren Preis zu zahlen, um einen wirklich wichtigen Termin wahrzunehmen."*

**Sitznachbar:** *„Da haben Sie Recht. Wenn ich nachdenke, fällt mir ein, dass die Maschine am Dienstagnachmittag im Gegensatz zu dieser nie ausgebucht ist."*

**Autor:** *„Sehen Sie, das ist einer der Gründe dafür, dass Sie dort bisher problemlos ein Ticket für 370 € erhalten haben."*

*In diesem Moment meldete sich die junge Dame auf dem Sitz daneben zu Wort:*

**Dame:** *„Entschuldigen Sie, ich verfolge Ihr Gespräch sehr interessiert. Ich besuche für eine Woche Freunde in Edinburgh. Mein Ticket habe ich bereits vor 8 Wochen für 199 € gekauft. Dafür, so erklärte man mir im Reisebüro, muss ich über das Wochenende bleiben und erhalte keine Rückerstattung,* *falls ich den Flug nicht antrete. Umbuchen kann ich auch nur für einen Aufpreis von 170 €.*"

Die zuvor geschilderte Unterhaltung zeigt beispielhaft einige der von Passagieren einer Fluggesellschaft wahrgenommenen Aspekte des sog. *Revenue Managements* (RM), das häufig auch als Yield Management bezeichnet wird und das Gegenstand dieses Buches ist.[1]

Der Passagiertransport durch Fluggesellschaften, die sog. *Passage*, kann als das ursprüngliche und in Bezug auf die eingesetzten Planungsmethoden am weitesten fortentwickelte Anwendungsfeld des RM bezeichnet werden. Aus diesem Grund ist unsere Darstellung in diesem Buch sowohl hinsichtlich der Beschreibung von Modellen und Verfahren als auch bzgl. der zur Illustration eingesetzten Beispiele durchgängig von diesem vorherrschenden Anwendungsgebiet geprägt.

Dieses einführende Kapitel soll zunächst die Entwicklung des Revenue Managements in Praxis und Forschung schildern. Anschließend erläutern wir das RM als ein Managementkonzept zur optimalen Nutzung auf operativer Planungsebene weitgehend unflexibler Kapazitäten bei unsicherer Nachfrage unterschiedlicher Wertigkeit. Danach gehen wir auf Aspekte der Umsetzung des RM ein und diskutieren abschließend neben der Passage existierende, weitere ausgewählte Anwendungsgebiete.

## 1.1 Revenue Management in Praxis und Forschung

Die rapide Entwicklung des RM als eigenständiger Betrachtungsgegenstand begann mit der *Deregulierung* des amerikanischen Luftverkehrs im Jahr 1978, die es Fluggesellschaften erlaubte, frei über die angebotenen Verbindungen sowie die für Tickets zu zahlenden Preise zu entscheiden.[2] Als Folge erhielten etablierte Fluggesellschaften zu Beginn der 80er Jahre Konkurrenz durch günstigere Anbieter wie z.B. PeopleExpress, die neu in den Markt eintraten und insbesondere preissensitive Freizeitreisende, aber auch entsprechende Geschäftsreisende als Kunden gewinnen konnten. Wie die heutigen Low-Cost Carrier konnten sie günstigere Preise v.a. aufgrund

---

[1]  Sowohl „Revenue" als auch „Yield" entsprechen dem deutschen Erlös bzw. Ertrag. Zu den unterschiedlichen Bezeichnungen vgl. ausführlicher Kap. 1.2.1.

[2]  Zur Deregulierung des amerikanischen Flugverkehrs vgl. z.B. *Doganis* (2002, Kap. 3) oder *Shaw* (2007, Kap. 3.2.2). Eine ausführliche Darstellung der historischen Entwicklung des RM bei amerikanischen Fluggesellschaften findet sich z.B. in *Cross* (1997, Kap. 4).

deutlich niedrigerer Kosten realisieren. Diese ergaben sich zum einen aus einem weitgehenden Verzicht auf Serviceleistungen, zum anderen aus einer effektiveren Nutzung der Ressourcen (im Wesentlichen mehr Flugstunden je eingesetztem Flugzeug).[3]

Um dem resultierenden Preisdruck zu begegnen, griff zunächst die Fluggesellschaft American Airlines auf das Instrument der *Preisdifferenzierung* zurück. Sie führte zusätzlich zum herkömmlichen Normaltarif einen günstigeren, aber mit einer für Geschäftsreisende häufig inakzeptablen Restriktion verbundenen Spezialtarif ein.[4] Die für diesen Spezialtarif abgesetzten Tickets sollten es ermöglichen, ansonsten nicht genutzte Kapazitäten auf schlecht ausgelasteten Flügen zu verwerten. Da sich der Preis entsprechender Tickets an den Grenzkosten der Leistungserstellung[5] orientieren konnte, war American Airlines mit diesen Tickets trotz höherer durchschnittlicher Transportkosten je Passagier in der Lage, mit den neuen Anbietern preislich zu konkurrieren oder deren Preise sogar zu unterbieten.

Die Anwendung der Preisdifferenzierung setzte jedoch zugleich die Entwicklung weiterer Planungsinstrumente voraus. So ist der Verkauf von Tickets des Spezialtarifs aufgrund der ansonsten auftretenden Umsatzverdrängung nur so lange gerechtfertigt, wie dadurch in Zukunft keine höherwertigen Anfragen nach dem Normaltarif abgelehnt werden müssen. Dabei variiert die Anzahl der zum Spezial- und Normaltarif absetzbaren Tickets von Flug zu Flug und ist zudem nicht mit Sicherheit bekannt. Daher wurden zum einen bestehende *Prognosesysteme* fortentwickelt, die bis dahin v.a. zur von Fluggesellschaften bereits praktizierten *Überbuchung* genutzt wurden.[6] Zum anderen wurde zusätzlich das Instrument der *Kapazitätssteuerung*, die man gelegentlich auch als Preis-Mengen-Steuerung bezeichnet, zur Unterstützung des Verkaufsprozesses durch gezielte Annahme bzw. Ablehnung von Anfragen geschaffen. Dieses Instrument repräsentiert die eigentliche Neuerung des RM und wird daher häufig als Kernelement aufgefasst.[7]

---

[3]  Bei PeopleExpress führten die Kostensenkungsmaßnahmen soweit, dass die Piloten das Gepäck verladen mussten!

[4]  Dabei handelte es sich um den sog. „Ultimate Super Saver Fare", der eine Vorausbuchungsfrist von 21 Tagen vorsah (vgl. *Cross* (1997, S. 119)).

[5]  Diese resultieren beim Transport von Passagieren im Wesentlichen aus Verpflegung, Abfertigung und Versicherung und sind daher sehr gering.

[6]  Die Überbuchung wird eingesetzt, um ungenutzte Kapazitäten in Form leerer Sitzplätze bei Abflug eines Flugzeugs zu vermeiden (vgl. Kap. 4 für eine umfassende Darstellung).

Der Erfolg des neuen Konzepts, das von American Airlines im Jahr 1985 erstmals vollständig eingesetzt wurde, war überwältigend. Neue, als Folge der Deregulierung in den Markt eingetretene Anbieter wie z.B. PeopleExpress konnten in weniger als zwei Jahren vollständig vom Markt verdrängt werden.[8] Darüber hinaus gelang es American Airlines im ersten Jahr nach Einführung des RM, den Umsatz sowie das Passagieraufkommen jeweils um ca. 15% zu steigern. Als Folge adaptierten Fluggesellschaften weltweit das Konzept des RM und erzielten damit beachtliche Erlössteigerungen, ohne einen nennenswerten Kostenanstieg hinnehmen zu müssen. So beziffert die Lufthansa AG für das Jahr 1997 den erzielten Mehrerlös auf ca. 1.4 Mrd. DM, was in etwa dem in diesem Jahr realisierten operativen Ergebnis entspricht (vgl. *Klophaus* (1998)). Allgemein werden Erlössteigerungen von 2–5% als realistisch erachtet (vgl. z.B. *Hanks et al.* (1992) oder *Smith et al.* (1992)).

Nach und nach griffen andere Branchen der Dienstleistungsindustrie wie Hotelketten und Automobilvermietungen das Konzept des RM auf. Inzwischen existieren zahlreiche weitere Anwendungsfelder (vgl. v.a. Kap. 1.4 sowie *Talluri und van Ryzin* (2004a, Kap. 10)). Im Bereich der Tourismusindustrie zählen dazu die Vermietung von Automobilen oder der Verkauf von Pauschalreisen sowie Kreuzfahrten. In der Medienwirtschaft ist z.B. die Vergabe von Werbeslots bei Fernsehsendern zu nennen. Anwendungen in der Verkehrsindustrie finden sich bei der Bahn oder beim Gütertransport. Auch greifen Hersteller von Supply Chain Management Software das Konzept des RM auf und versuchen, es unter Namen wie Enterprise Profit Optimization in ihre Software zu integrieren (vgl. Kap. 1.4.3).

Der rasanten Entwicklung des RM in der Praxis folgte eine (zunehmend intensive) wissenschaftliche Auseinandersetzung mit dem Thema, die Ende der 80er Jahre einsetzte und zunächst v.a. im angloamerikanischen Sprachraum stattfand.[9] Dabei beziehen sich entsprechende Beiträge i.d.R. auf die methodische Ausgestaltung einzelner Instrumente des RM (v.a. zur Über-

---

[7]  Die hier genannten Instrumente der Preisdifferenzierung, Kapazitätssteuerung und Überbuchung zählen wir zum RM i.e.S. (vgl. auch *Kimms und Klein* (2005)). Eine mögliche weitergreifende Auffassung des Konzepts enthält noch zusätzliche Instrumente. Insbesondere subsumieren wir unter dem RM i.w.S. auch das sog. Dynamic Pricing (vgl. Kap. 1.3.1 sowie Kap. 5).

[8]  Die neuen Tarife von American Airlines wurden am 17. Januar 1985 eingeführt, PeopleExpress war am 15. September 1986 insolvent.

[9]  Die erste Dissertation auf diesem Gebiet stammt von *Belobaba* (1987a), die erste methodisch orientierte und deutschsprachige Übersicht von *Klein* (2001).

buchung oder zur Kapazitätssteuerung) in der Luftverkehrsindustrie mit einem weiteren Schwerpunkt in der Hotelindustrie.[10] Im deutschsprachigen Raum war dagegen das RM zunächst nur in sehr eingeschränktem Umfang Gegenstand der Forschung. Obwohl knappe Darstellungen des RM Eingang in fast jedes Marketing-Lehrbuch fanden und darüber hinaus zahlreiche (häufig didaktisch orientierte) Übersichtsartikel entstanden, existierten zunächst nur sehr wenige Dissertationen und Artikel in Fachzeitschriften, die über die Strukturierung des vorhandenen Wissens hinausgingen und auf eigenen Forschungsergebnissen beruhten.[11]

## 1.2 Revenue Management als Managementkonzept

Im Folgenden nehmen wir zunächst eine begriffliche Abgrenzung des Begriffs RM vor und geben Definitionen aus der Literatur wieder. Anschließend beschreiben wir Anwendungsvoraussetzungen des RM detaillierter.

### 1.2.1 Begriffliche Abgrenzung und Definitionen

In der Literatur findet sich neben der Bezeichnung „Revenue Management" auch der Begriff „Yield Management" (vgl. z. B. *Weatherford* (1997, S. 69), *Faßnacht und Homburg* (1998, Kap. 3.4) oder *Tscheulin und Lindenmeier* (2003a)). Des Weiteren existieren in älterer Literatur die Bezeichnungen „Erlösmanagement" bzw. „Ertragsmanagement", die auf die deutschsprachigen Entsprechungen von „Revenue" und „Yield" zurückzuführen sind (vgl. z. B. *Zehle* (1991, S. 486) und *Ihde* (1993, S. 103)). Sämtliche der aufgezählten Bezeichnungen tragen dem Umstand Rechnung, dass die im RM eingesetzten Instrumente primär auf die Gestaltung des Absatzes durch preis- und damit erlösorientierte Maßnahmen abzielen und zudem in den ursprünglichen Anwendungsbereichen wie der Flugindustrie unmittelbar auf das Ziel der Erlösmaximierung ausgerichtet sind.[12] Bei dieser Zielset-

---

[10] Dies wird beim Studium entsprechender Übersichtsartikel wie z. B. von *Belobaba* (1987b), *McGill und van Ryzin* (1999), *Klein* (2001) oder *Tscheulin und Lindenmeier* (2003a) bzw. der umfangreichen Monographie von *Talluri und van Ryzin* (2004a) deutlich.

[11] Zu entsprechenden Darstellungen in Marketing-Lehrbüchern vgl. z. B. *Nieschlag et al.* (2002, S. 850 f.) oder *Meffert et al.* (2008, Kap. 2.435). Deutschsprachige Übersichten finden sich z. B. in *Zehle* (1991), *Friege* (1996), *Bertsch und Wendt* (1998), *Faßnacht und Homburg* (1998), *Corsten und Stuhlmann* (1999), *Klein* (2001) sowie *Tscheulin und Lindenmeier* (2003a, 2003b).

zung handelt es sich um eine Approximation der Gewinnmaximierung, die insbesondere in Dienstleistungsbranchen vor dem Hintergrund hoher fixer und niedriger variabler Kosten gerechtfertigt ist (vgl. Kap. 1.2.2.3). Keine Verwendung mehr findet die Bezeichnung „Preis-Mengen-Steuerung", wie sie z. B. *Daudel und Vialle* (1992, S. 35) vorschlagen, da diese v. a. das Instrument der Kapazitätssteuerung erfasst und damit wesentliche Aspekte des RM ausklammert.

**Bemerkung 1.1:** Speziell im Luftverkehr steht „Yield" für den durchschnittlich je Passagier und geflogener Meile erzielten Erlös (vgl. z. B. *Weatherford* (1997, S. 69)). Da diese Größe ihren maximalen Wert auch bei einem einzigen zum Normaltarif transportierten Passagier annimmt, ist ihre Maximierung keine sinnvolle Zielsetzung. Daher hat sich in der betrieblichen Praxis und in der angloamerikanischen Literatur der Begriff „Revenue Management" etabliert.

Sowohl in der englisch- als auch in der deutschsprachigen Literatur existieren zahlreiche *Definitionen* des RM. Da RM zumeist im Zusammenhang mit konkreten praktischen Anwendungen diskutiert wird, greifen sie i. d. R. entweder Merkmale der Anwendungssituation auf oder stellen die genutzten Instrumente in den Mittelpunkt. Insbesondere in der englischsprachigen Literatur führt dies zu sehr spezifischen und häufig auch plakativen Definitionen, wie die folgenden Beispiele belegen:

- „Yield management is a process by which discount fares are allocated to scheduled flights for the purpose of balancing demand and increasing revenues." (vgl. *Pfeifer* (1989, S. 149)),

- „Revenue management is a management process that employs skilled market analysts who use rocket-science mathematical concepts, in a high-powered computational environment to analyze gigabytes of marketing data, in order to capture revenue opportunity." (vgl. *Cross* (1995, S. 443)),

- „Yield management is a revenue maximization tool which aims to increase net yield through the predicted allocation of available bedroom capacity to predetermined market segments." (vgl. *Donaghy et al.* (1997, S. 183)),

---

[12] Zu alternativen Zielsetzungen im RM vgl. Kap. 1.3.2. Zur Vereinfachung der Darstellung gehen wir im Folgenden stets vom Ziel der Erlösmaximierung aus, so lange wir nicht explizit auf eine alternative Zielsetzung hinweisen.

- „Yield management is a method which can help a firm sell the right inventory unit to the right type of customer, at the right time, and for the right price. Yield management guides the decision of how to allocate undifferentiated units of capacity in such a way as to maximize profit or revenue." (vgl. *Kimes* (2000, S. 348)).

Definitionen in der deutschsprachigen Literatur sind i.d.R. deutlich allgemeiner gehalten und vermeiden den direkten Anwendungsbezug:

- „Yield Management ist eine Methode der Gewinnmaximierung durch sorgfältige Überwachung und Einsatz von Preiskalkulation, verfügbarem Inventar und Verkauf." (vgl. *Europäische Kommission* (1997, S. 5)),

- „Yield Management ist ein Ansatz zur integrierten Preis- und Kapazitätssteuerung mit dem Ziel, eine gegebene Gesamtkapazität so in Teilkapazitäten aufzuteilen und hierzu Preisklassen zu bilden, dass eine Ertrags- oder Umsatzmaximierung erreicht wird. Zur Realisation dieses Anspruchs dient der Aufbau und die Nutzung einer umfassenden Informationsbasis." (vgl. *Corsten und Stuhlmann* (1999, S. 85)),

- „Revenue Management umfasst eine Reihe von quantitativen Methoden zur Entscheidung über Annahme oder Ablehnung unsicherer, zeitlich verteilt eintreffender Nachfrage unterschiedlicher Wertigkeit. Dabei wird das Ziel verfolgt, die in einem begrenzten Zeitraum verfügbare, unflexible Kapazität möglichst effizient zu nutzen." (vgl. *Klein* (2001, S. 248)),

- Das Yield Management „[...] stellt [...] einen Ansatz zur simultanen und dynamischen Preis- und Kapazitätssteuerung dar, im Rahmen dessen, unter Mithilfe von informationstechnologischen Anwendungssystemen und Berücksichtigung einer breiten Datenbasis, eine für die Dienstleistungserstellung vorgehaltene, zumeist beschränkte Kapazität auf ertragsoptimale Weise der Nachfrage aus unterschiedlichen Marktsegmenten zugeordnet wird." (vgl. *Tscheulin und Lindenmeier* (2003a, S. 630)).

Wie man erkennt, unterscheiden sich die Definitionen bzgl. der verwendeten Begriffe, der genannten Instrumente sowie der gewählten Betrachtungsebenen erheblich. Daher gestaltet sich eine einheitliche Begriffsfassung grundsätzlich schwierig.[13] Darüber hinaus ist als kritisch zu erachten, dass die Definitionen aufgrund ihrer notwendigen Kürze nur in eingeschränktem

---

[13] Vgl. *Stuhlmann* (2000, Kap. 3.4.1.2) für eine ausführlichere Diskussion dieser Problematik.

Maße vermitteln, in welchen Branchen RM ein geeignetes Konzept darstellt. Um dies zu erreichen und damit die Reichweite des RM als Managementkonzept aufzuzeigen, diskutieren wir Anwendungsvoraussetzungen, Planungsebenen und Ziele sowie Instrumente in den folgenden Unterkapiteln ausführlicher.

**Bemerkung 1.2:** Sowohl die vorgestellten Definitionen als auch die nun folgenden Ausführungen beziehen sich auf einen eher eng gefassten RM Begriff, der wesentlich durch die Entwicklungen im Bereich der Passage und die dort eingesetzten Instrumente geprägt und entsprechend historisch gewachsen ist (RM i.e.S.). Auf einen verallgemeinerten RM Begriff (RM i.w.S.), unter dem sich auch das. sog. Dynamic Pricing subsumieren lässt (vgl. Kap. 5), gehen wir in Kap. 1.3.1 näher ein.

## 1.2.2 Anwendungsvoraussetzungen

Das folgende Kapitel behandelt zur Ausgestaltung der zuvor wiedergegebenen Definitionen die wesentlichen *Anwendungsvoraussetzungen* für den erfolgreichen Einsatz des RM. Die Diskussion orientiert sich dabei im Wesentlichen an der Arbeit von *Kimms und Klein* (2005).

### 1.2.2.1 Überblick

Analysiert man die Literatur zum RM, die sich mit Anwendungsvoraussetzungen beschäftigt, so findet sich typischerweise folgende, bis auf geringfügige Formulierungsunterschiede gleich lautende Liste von Merkmalen (vgl. z.B. *Kimes* (1989b), *Friege* (1996), *Weatherford* (1997a), *Klein* (2001) oder *Tscheulin und Lindenmeier* (2003b)):[14]

- „weitgehend fixe" Kapazitäten

- „Nichtlagerfähigkeit" von Produkten bzw. „Verderblichkeit" von Kapazitäten bei nicht erfolgter Nutzung

- hohe Fixkosten für die Kapazitätsbereitstellung vs. geringe Grenzkosten für die Leistungserstellung

- starke, zugleich stochastische Schwankungen der Nachfrage

- Möglichkeit der Vorausbuchung

---

[14] Auf die Erläuterung dieser Merkmale verzichten wir an dieser Stelle zunächst. Sie erfolgt im Rahmen der weiteren Ausführungen.

– Möglichkeit der segmentorientierten Preisdifferenzierung

Sowohl *Corsten und Stuhlmann* (1999) als auch *Kimms und Klein* (2005) weisen darauf hin, dass bei dieser Art der Auflistung Probleme und Instrumente des RM sowie Besonderheiten relevanter Branchen unsystematisch und gleichrangig thematisiert sowie wesentliche Aspekte für eine erfolgreiche Anwendung vernachlässigt werden. In beiden Arbeiten erfolgt daher eine andersartige Gruppierung der genannten Merkmale. *Kimms und Klein* (2005) gelangen dabei zu den folgenden

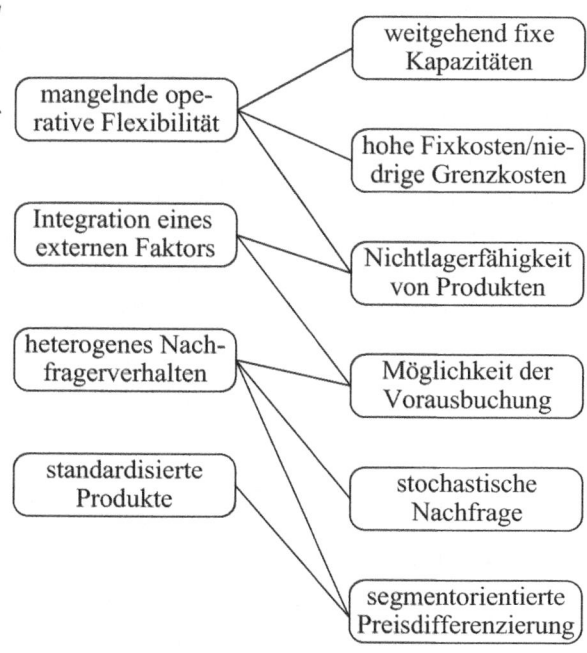

**Abb. 1.1.** Interdependenzen zwischen Merkmalen

vier grundlegenden Voraussetzungen, die in den Kapiteln 1.2.2.2 bis 1.2.2.5 (ebenso wie die verwendeten Begriffe) näher erläutert werden:

– Die Leistungserstellung erfordert die Integration eines *externen Faktors*, der durch den Leistungsnachfrager in den Erstellungsprozess eingebracht werden muss. Dabei kann es sich um den Nachfrager selbst oder eines seiner Verfügungsobjekte handeln.

– Die *operative Flexibilität* der zur Leistungserstellung bereitgestellten Ressourcen ist eingeschränkt. Dies bedeutet, dass sich ihre Kapazitäten nicht in ausreichendem Maße anpassen lassen, um eine Angleichung an die aufgrund der Nachfrage schwankenden Kapazitätsbedarfe zu erreichen.

– Beim Kauf bzw. Konsum der angebotenen Leistungen ist ein *heterogenes Nachfragerverhalten* zu beobachten. So besitzen Nachfrager unterschiedliche Präferenzen bzgl. des Zeitraums zwischen Erwerb und Inanspruchnahme der Leistung sowie dem Umfang der erwünschten Leistung und verfügen über unterschiedliche individuelle Zahlungsbereitschaften.

– Das Leistungsprogramm muss die Definition von *standardisierten Produkten* ermöglichen, die entweder hinsichtlich ihrer eigentlichen Gesamtleistung standardisiert sind oder sich aus ebenfalls standardisierten Teilleistungen zusammensetzen. Darüber hinaus müssen die Produkte wiederholt, d.h. i.d.R. über einen längeren Zeitraum, angeboten werden.

**Bemerkung 1.3:** Bei den genannten Punkten handelt es sich aus unterschiedlichen Gründen um Voraussetzungen des RM. Zum einen stellen sie Voraussetzungen dar, weil ohne ihr Vorliegen effizientere Ansätze zur Gestaltung des Absatzprozesses und der daraus resultierenden Kapazitätsverwendung existieren. Zum anderen repräsentieren sie Voraussetzungen, da sich ohne sie die charakteristischen Instrumente des RM nicht einsetzen lassen.Nicht jede der Voraussetzungen muss vollständig erfüllt sein; darüber hinaus bestehen enge Verbindungen zwischen ihnen. So ergibt sich z.B. die erforderliche Berücksichtigung heterogenen Nachfragerverhaltens als Folge der Notwendigkeit der Integration des externen Faktors.

Da die gewählten Formulierungen zunächst – wie die in Kap. 1.2.1 vorgestellten Definitionen – abstrakter Natur sind, wollen wir sie im Folgenden näher erläutern. Dabei werden wir zugleich die eingangs des Kapitels genannten Anwendungsvoraussetzungen den vier Grundvoraussetzungen zuordnen. Zur leichteren Orientierung zeigt Abb. 1.1, S. 9, die vorgenommene Zuordnung.

### 1.2.2.2 Integration des externen Faktors

Die Betrachtung des *externen Faktors* im Rahmen betriebswirtschaftlicher Fragestellungen beruht auf der Idee, den Nachfrager als Element der Leistungserstellung zu sehen, der aktiv am Erstellungsprozess beteiligt ist (vgl. *Stuhlmann* (2000, Kap. 2.1)). Dabei kann es sich bei dem externen Faktor um Personen oder Objekte handeln, wobei im zweiten Fall zwischen materiellen (z.B. Transportgegenständen) und immateriellen (z.B. Informationen) Objekten zu unterscheiden ist (vgl. z.B. *Klose* (1999, S. 6 ff.)). Dem externen Faktor stehen interne Produktionsfaktoren wie z.B. menschliche Arbeitskraft oder Betriebsmittel gegenüber, die wir – wie im RM üblich – unter dem Begriff *Ressourcen* zusammenfassen.

Durch Kombination externer und interner Faktoren, die den Input der Leistungserstellung darstellen, gelangt man zu einem Output in Form von Produkten, d.h. am Markt absetzbaren Dienst- oder Sachleistungen. Dabei ist es insbesondere in der Literatur zur Dienstleistungsproduktion üblich, diese Faktorkombination in eine *Vorkombination* und *Endkombination* zu untergliedern (vgl. z.B. *Corsten und Gössinger* (2007, Kap. 3.2.2) oder *Maleri und Frietzsche* (2008, S. 85 ff.)). Aufgabe der Vorkombination ist der Aufbau einer Leistungsbereitschaft durch die geeignete Kombination bzw. Verplanung von Ressourcen (z.B. die Zuweisung von Flugzeugen zu Flugstrecken und -zeiten und ihre Ausstattung mit Personal). Diese versetzt die Unternehmung in die Lage, im Rahmen der Endkombination unter Einbeziehung weiterer Produktions- und externer Faktoren die gewünschten Leistungen (in diesem Fall den Transport von Passagieren) zu erbringen.

Im Zusammenhang mit der Integration des externen Faktors als Anwendungsvoraussetzung für das RM lassen sich die folgenden Aussagen treffen:

- Die Integration des externen Faktors wird in der Literatur als allgemein anerkanntes Kriterium zur Wesensbestimmung von Dienstleistungen und dementsprechend das RM häufig als Konzept für Dienstleistungsunternehmen angesehen (vgl. z.B. *Kimes* (1989b) oder *Corsten und Stuhlmann* (1999)). Diese Sicht in Bezug auf das RM erscheint angesichts der potenziellen Anwendungen in der Sachgüterindustrie zu einschränkend. In diesem Zusammenhang ist auf die Parallele zwischen der Dienstleistungs- und der auftragsorientierten Sachgüterproduktion hinzuweisen. Sie besteht darin, dass lediglich die Bereitschaft, Leistungen zu erbringen, angeboten werden kann (vgl. *Maleri und Frietzsche* (2008, S. 21)).

- Bei dem externen Faktor kann es sich wie erläutert um Personen oder Objekte handeln. Die Notwendigkeit zu seiner Integration bedingt, dass eine vorzeitige Erbringung der Leistung (z.B. eine Produktion auf Lager) nicht möglich ist (vgl. z.B. *Maleri und Frietzsche* (2008, S. 177 f. und S. 209)). Umgekehrt bedeutet dies nicht zwingend, dass Art und Weise bzw. genauer Zeitpunkt der Leistungserbringung durch den Nachfrager vorgegeben sind. So werden beim Transport von Gütern häufig nur der Start- und Zielort sowie ein Zeitfenster spezifiziert. Wann der Transport beginnt und wie die Route zu wählen ist, wird dem Spediteur überlassen.

- Grundsätzlich resultiert aus dem zuvor genannten Aspekt auch die Notwendigkeit, die angebotenen Leistungen vor deren Produktion abzusetzen, da nur so die Verfügbarkeit des externen Faktors, der für die Endkombination notwendig ist, bewirkt werden kann. So muss beim Frachttransport durch eine Fluggesellschaft die rechtzeitige Anlieferung des Transportgutes an einem ihrer Frachtterminals sichergestellt sein. In der Auftragsfertigung (z.B. der Produktion eines speziellen Computerchips) muss das herzustellende Produkt spezifiziert sein.

Aufgrund der zuvor getroffenen Aussagen lässt sich die notwendige Integration des externen Faktors wie folgt als Voraussetzung des RM begründen: Ohne sie ließe sich die Leistung vor dem Absatzzeitpunkt erbringen. Ein Beispiel ist die Vorausproduktion lagerfähiger Güter für einen anonymen Markt, die sich durch klassische Ansätze der Produktionsprogrammplanung effizienter planen lässt (vgl. dazu z.b. *Günther und Tempelmeier* (2007, Kap. 8)). Geeignete Instrumente zum erlösmaximierenden Absatz solcher Güter stellt das Dynamic Pricing zur Verfügung (vgl. Kap. 5). Bei der Notwendigkeit zur Integration des externen Faktors handelt es sich damit um eine Voraussetzung des RM im erst genannten Sinne (vgl. Bem. 1.3, S. 10).

### 1.2.2.3 Mangelnde operative Flexibilität

Die im Zusammenhang mit RM relevanten Aussagen bzgl. der Flexibilität beziehen sich insbesondere auf die im Rahmen der Vorkombination bereitgestellten und zur Endkombination erforderlichen Kapazitäten von Ressourcen. Unter dem Begriff der *Flexibilität* wird allgemein die Fähigkeit eines Systems verstanden, sich an geänderte Umweltbedingungen anzupassen (vgl. z.B. *Günther und Tempelmeier* (2007, S. 4)). Die *Kapazität* erfasst das Leistungsvermögen einer Ressource in einem festgelegten Zeitabschnitt (vgl. z.B. *Corsten und Gössinger* (2007, Kap. 3.4.1)).[15] In Bezug auf die Flexibilität von Kapazitäten sind dabei mehrere Dimensionen von Bedeutung: der Anpassungsumfang, der für die zur Verfügung stehenden Ressourcen möglich ist, die wirtschaftlichen Auswirkungen, die aus Anpassungen resultieren, sowie die Zeit, die für die Anpassungen zur Verfügung steht. Die letzte Dimension ist v.a. für die *operative Flexibilität* wesentlich, weil sich diese auf das kurzfristige Anpassungsvermögen vor der Endkombination bezieht.

Im Hinblick auf die mangelnde operative Flexibilität des Kapazitätsangebots ergeben sich im Zusammenhang mit dem RM folgende Aussagen:

– In der Literatur wird häufig von „weitgehend fixen" Kapazitäten als eine wesentliche Anwendungsvoraussetzung des RM gesprochen. Die Unschärfe des Ausdrucks „weitgehend fix" ist als problematisch zu

---

[15] In der Literatur zur Dienstleistungsproduktion wird häufig zwischen Kapazität und Leistungsbereitschaft unterschieden (vgl. *Corsten und Gössinger* (2007, Kap. 3.2.2)). Unter der Kapazität versteht man dabei das generelle Leistungspotenzial, die Leistungsbereitschaft entspricht dem sofort verfügbaren Leistungspotenzial.

erachten, ein Umstand, auf den bereits *Weatherford und Bodily* (1992, S. 832) sowie *Corsten und Stuhlmann* (1999, S. 85) hinweisen. So werden im Flugverkehr je nach Nachfrage für eine Verbindung kurzfristig unterschiedliche Flugzeuge eingesetzt oder die Bestuhlung des Flugzeugs wird geändert. Im Fall von Automobilvermietungen werden z. B. zu Messezeiten Fahrzeuge zwischen Standorten transportiert. In diesem Zusammenhang fällt es schwer festzulegen, wann die Kapazität einer Ressource als fix zu bezeichnen ist. Die Verwendung des Terminus „mangelnde operative Flexibilität" bietet trotz der Tatsache, dass es sich um keine absolute und zudem um eine nicht unmittelbar messbare Größe handelt, den Vorteil, dass sie sich leichter zu dem an das Unternehmen durch die Nachfrager herangetragenen Kapazitäts- und damit Flexibilitätsbedarf in Beziehung setzen lässt.

– Die mangelnde operative Flexibilität ist zumeist darauf zurückzuführen, dass in den für das RM relevanten Branchen die Bereitstellung der Kapazitäten im Rahmen der Vorkombination als Vielfaches einer absetzbaren Leistungseinheit erfolgt. Dies kann sowohl bzgl. der Menge als auch der Zeitdauer gelten. Ein Beispiel für die Menge ist das Anbieten einer Flugverbindung, bei der die verwendete Ressource, d. h. das eingesetzte Flugzeug, mehrere hundert Passagiere transportieren kann. Ein Beispiel für die Zeit repräsentiert die Anschaffung eines Autos durch eine Automobilvermietung, das bei einer Mindestmietdauer von einem Tag über mehrere Monate in ihrem Besitz verbleibt. Eine grundlegende Kapazitätsanpassung erfolgt daher i. d. R. sprunghaft, was einen erheblichen Einfluss auf den notwendigen zeitlichen Vorlauf und die resultierenden Kosten besitzt. Entsprechend handelt es sich dabei nicht um auf operativer, sondern lediglich auf taktischer bzw. strategischer Ebene realisierbare Maßnahmen. Dazu zählen bei Fluggesellschaften die Einrichtung einer weiteren Verbindung beim Flugplanwechsel bzw. die Anschaffung weiterer Flugzeuge oder die Eröffnung eines neuen Hubs.

– Ein grundsätzlicher Tatbestand der Leistungserstellung ist, dass die bereitgestellten Kapazitäten bei Nichtinanspruchnahme keinen Nutzen für das Unternehmen z. B. in Form von Erlösen erzielen. Dieser Sachverhalt wird häufig als „Verderblichkeit" der Kapazität bezeichnet (vgl. z. B. *Weatherford und Bodily* (1992, S. 832 f.) oder *Ihde* (1993, S. 107)). Im Rahmen des RM ist dieser Sachverhalt besonders im Zusammenhang mit der mangelnden Flexibilität zur operativen Reduktion von Kapazitäten relevant, da die verwendeten Instrumente darauf abzielen, potenzielle Leerkosten in Form entgangener Erlöse zu vermeiden.

- In vielen für das RM relevanten Branchen ist die Bereitstellung der zur Leistungserstellung notwendigen Ressourcen mit hohen fixen Kosten verbunden. Dazu zählt bei Fluggesellschaften die Unterhaltung der Flugzeugflotte und der Hubs. Diesen hohen Fixkosten stehen vergleichsweise niedrige Grenzkosten gegenüber, die bei Absatz einer weiteren Leistungseinheit und der daraus resultierenden Inanspruchnahme der ohnehin vorhandenen Kapazitäten entstehen. Diese umfassen bei der Beförderung eines Passagiers z.B. die Abfertigungsgebühren und die Bordverpflegung.

Bei der eingeschränkten operativen Flexibilität handelt es sich wie bei der Integration des externen Faktors um eine Voraussetzung im erstgenannten Sinne (vgl. Bem. 1.3, S. 10). Lassen sich Kapazitäten ohne nennenswerten zeitlichen bzw. finanziellen Aufwand und in hinreichendem Umfang anpassen, so ist beim Absatz einer weiteren Leistungseinheit lediglich zu überprüfen, ob der dadurch erzielte Deckungsbeitrag noch positiv ist. Auf eine Anwendung des vergleichsweise komplexen Instrumentariums des RM kann verzichtet werden. Bei der geschilderten Kostenstruktur handelt es sich folglich um eine Konsequenz aus der Art der Leistungserstellung und nicht um eine Voraussetzung, wie gelegentlich angeführt wird.

### 1.2.2.4 Heterogenes Nachfragerverhalten

Im Rahmen des RM repräsentiert heterogenes Nachfragerverhalten eine wesentliche Anwendungsvoraussetzung. Bei *Nachfragern* handelt es sich um Personen oder Institutionen, die als Käufer auf dem Markt auftreten und Produkte des Unternehmens (potenziell) erwerben oder bereits erworben haben (vgl. z.B. *Homburg und Krohmer* (2006, S. 3)). Ihr Verhalten umfasst alle beobachtbaren Handlungen, die im Zusammenhang mit dem Kauf oder Konsum der Produkte stehen (vgl. z.B. *Homburg und Krohmer* (2006, S. 27)). Damit ergeben sich in Bezug auf das RM die folgenden Aussagen:

- Bereits im Zusammenhang mit der Integration des externen Faktors haben wir auf die Notwendigkeit hingewiesen, Leistungen vor ihrer Erstellung im Rahmen der Endkombination abzusetzen. Dieses Erfordernis gilt dabei grundsätzlich nicht nur für den Absatz durch den Leistungsersteller, sondern umgekehrt auch für den Erwerb der Leistung durch den Nachfrager. Dabei besitzen unterschiedliche Nachfrager unterschiedliche Präferenzen bzgl. des Zeitpunkts des Erwerbs. Diese können u.a. von ihrem Informationsstand (z.B. die Notwendigkeit einer Reise bei Buchung eines Fluges) oder ihrem Bedürfnis nach Planungssicherheit (z.B. sicherer Transport eines Guts bis zu einem vorgegebenen Termin) abhängig sein. Der geschilderte Sachverhalt unterschiedlicher Absatzzeitpunkte wird in anderen Publikationen häufig als „Möglichkeit der Vorausbuchung" bezeichnet (vgl. z.B. *Kimes* (1989b, S. 349) oder *Friege* (1996, S. 616)).

– Eine weitere Folge der Heterogenität besteht darin, dass die Nachfrage nach den angebotenen Leistungen im Zeitablauf nicht konstant und zudem mit Unsicherheit behaftet ist. Diese Aussage bezieht sich einerseits auf die Höhe der Gesamtnachfrage nach einzelnen Leistungen sowie andererseits auf die zeitliche Verteilung der eintreffenden Nachfrage. In einigen Publikationen wird eine „starke Variation" als Voraussetzung für den Einsatz des RM genannt (vgl. z.B. *Kimes* (1989b, S. 349) oder *Friege* (1996, S. 616)). Diese Aussage ist aufgrund ihrer Unschärfe ähnlich problematisch wie die Verwendung des Terminus „weitgehend fixe Kapazität". Um zu einer sinnvollen Aussage zu gelangen, sind insbesondere die Variation der Gesamtnachfrage und die Flexibilität der Kapazitäten im Rahmen der Endkombination in Beziehung zu setzen.

– In der Regel besitzen unterschiedliche Nachfrager für die gleiche Leistung oder ihre Komponenten unterschiedliche *Zahlungsbereitschaften*, die sich in unterschiedlichen individuellen Preisabsatzfunktionen und Maximalpreisen ausdrücken.[16] Damit lassen sich grundsätzlich identische Leistungen zu unterschiedlichen Preisen verkaufen. Für den Anbieter eröffnet sich die Chance, Preise und abgesetzte Mengen so zu wählen, dass er die Konsumentenrente der einzelnen Nachfrager möglichst weitgehend abschöpft und seinen Gesamterlös maximiert. Je nach Nachfrageentwicklung lässt sich durch Absenken des Preises zusätzliche Nachfrage generieren. Auch ist es möglich, durch Erhöhung der Preise Nachfrage zu verdrängen bzw. zur Glättung des Kapazitätsbedarfs auf ggf. schlechter ausgelastete Ressourcen zu verlagern. Das gezielte Ausnutzen der unterschiedlichen Zahlungsbereitschaften repräsentiert in den meisten Branchen die wesentliche Motivation für den Einsatz des RM.

– Eine unterschiedliche Wertigkeit der Nachfrage kann sich für den Anbieter auch aus dem ungleichen Umfang der nachgefragten Leistung ergeben. Dies wird häufig auf die in der Branche übliche Preisstruktur zurückzuführen sein, deren Bestandteil etwa Mengenrabatte oder Bonusprogramme sein können. Ein typisches Beispiel stellt der Transport von

---

[16] Zu den Begriffen Preisabsatzfunktion, Maximalpreis und Konsumentenrente vgl. Kap. 2.2.1.

Fracht dar. Im Fall konstanter Preise je Leistungseinheit kann eine unterschiedliche Wertigkeit durch einen ungleichen Leistungsumfang entstehen, wenn die verfügbaren Kapazitäten nicht zur vollständigen Befriedigung der an das Unternehmen für einen bestimmten Zeitraum herangetragenen Nachfrage ausreichen. Im Fall der Auftragsfertigung ist es denkbar, dass durch Annahme eines kleinen Auftrags ein größerer Auftrag abgelehnt werden muss. In Hotels kann eine einzelne Übernachtung eine Buchung über eine Woche verhindern.

Die aus dem heterogenen Nachfragerverhalten resultierenden verschiedenen Absatzzeitpunkte stellen insofern eine Voraussetzung für das RM dar, als dass ansonsten effizientere Mechanismen für den Absatz von Leistungen existieren (vgl. Bem. 1.3, S. 10). Wären etwa alle Nachfrager eines Fluges bereit, ihr Ticket erst unmittelbar vor Abflug zu erwerben, so könnte der Absatz – bei unterschiedlichen Zahlungsbereitschaften – z. B. durch Auktionen effizient gesteuert werden.[17] Des Weiteren repräsentiert die unterschiedliche Wertigkeit der Nachfrage ebenfalls eine Voraussetzung. Die verschiedenen Zahlungsbereitschaften ermöglichen eine segmentorientierte Preisdifferenzierung, wie wir sie in Kap. 2 ausführlich diskutieren. Auch setzt die in Kap. 3 beschriebene Kapazitätssteuerung eine ungleiche Wertigkeit voraus, da ansonsten lediglich sämtliche Nachfrage bis zur Kapazitätsgrenze zu akzeptieren wäre. Im Gegensatz zu den anderen genannten Punkten repräsentiert die variierende und unsichere Nachfrage keine eigentliche Voraussetzung. Allerdings besitzt sie erheblichen Einfluss auf die Ausgestaltung der Instrumente, insbesondere der Kapazitätssteuerung.

### 1.2.2.5 Standardisiertes Leistungsprogramm

Das *Leistungsprogramm* definiert die grundsätzlich dem Nachfrager zum Kauf angebotenen Leistungen des Unternehmens. Man spricht von einer *Standardisierung* des Leistungsprogramms, wenn entweder die Ergebnisse des Erstellungsprozesses oder Bestandteile des Prozesses an sich vereinheitlicht werden (vgl. z. B. *Corsten und Gössinger* (2007, Kap. 6.4.1)). Im Rahmen des RM geht man i. d. R. von einer Standardisierung bzgl. beider Aspekte aus. Bei einer Fluggesellschaft bestehen die für die Kunden standardisierten Ergebnisse der Leistungserstellung in Transporten zwischen zwei Orten und die standardisierten Prozesse im grundsätzlich festgelegten Ablauf der Leistungserstellung (z. B. Ticketerstellung, Check-in, Flug,

---

[17] Zu Auktionen i. A. vgl. z. B. *Skiera und Spann* (2003), zur Verwendung im Rahmen des RM z. B. *Eso* (2001) und *Vulcano et al.* (2002).

Check-out). Dabei kann es sich bei einer solchen Leistung um eine Gesamtleistung oder Teilleistung eines absetzbaren Produkts handeln. Letzteres gilt etwa bei einer Pauschalreise, die sich neben den Flügen auch noch aus Übernachtungen, Verpflegungsleistungen und Transfers zusammensetzt.

**Bemerkung 1.4:** Wie in Kap. 1.2.2.4 diskutiert, besteht aufgrund des heterogenen Nachfragerverhaltens die Möglichkeit, aus dem Absatz einer grundsätzlich identischen Kernleistung durch Festsetzung unterschiedlicher Preise unterschiedliche Erlöse zu erzielen. Unter einem *Produkt* verstehen wir allgemein eine Kombination von fest definierter Leistung und einem eindeutigen Preis.

Im Zusammenhang mit der Standardisierung des Leistungsprogramms sind in Bezug auf das RM die folgenden Aussagen wesentlich:

– Sowohl das Instrument der segmentorientierten Preisdifferenzierung als auch das der Kapazitässteuerung beruhen auf einem vorgegebenen Leistungsprogramm mit fest definierten Produkten. Bei einer Fluglinie bestehen die entsprechenden Leistungen aus einzelnen Flugverbindungen, die zudem miteinander kombiniert werden können. Im Rahmen einer Tagungsreise wäre es zunächst denkbar, von Frankfurt nach New York, eine Woche später von dort nach Los Angeles und nach einer weiteren Woche zurück nach Frankfurt zu fliegen. Jeder der Flüge stellt eine Komponente der verkauften Gesamtleistung dar. Wird einer bestimmten Verbindung, die auch aus mehreren Flügen bestehen kann, ein Preis zugewiesen, so ergibt sich ein absetzbares Produkt.

– Um die zuvor genannten Instrumente sinnvoll implementieren zu können, sind geeignete Prognosen erforderlich. Diese beziehen sich etwa auf die Zahlungsbereitschaften sowie die zu erwartende Nachfrage nach einzelnen Produkten. Die Erstellung der zu diesem Zweck notwendigen Datenbasis erfordert eine grundsätzliche Kontinuität im Leistungsprogramm. Dies ist etwa bei Fluggesellschaften gegeben, die über einen Zeitraum von Jahren bestimmte Flugverbindungen anbieten. Problematisch kann diese Forderung etwa im Zusammenhang mit der Auftragsfertigung sein, sofern man Anwendungen im Bereich der Einzelfertigung betrachtet, bei denen jedes Produkt nur genau einmal gefertigt wird.

Im Gegensatz zu den zuvor genannten Voraussetzungen wird der entsprechende Charakter im Fall des Leistungsprogramms unmittelbar deutlich. Ebenfalls erkenntlich ist, dass es sich dabei um eine Voraussetzung im zweitgenannten Sinne handelt (vgl. Bem. 1.3, S. 10). Eine in diesem Zusammenhang relevante Frage ist, inwiefern die Vorgabe des Leistungsprogramms nicht bereits ein Instrument des RM darstellt, ein Aspekt, den wir in Kap. 1.3.1 diskutieren.

## 1.3 Umsetzung des Revenue Managements

Im Folgenden erörtern wir Aspekte der Umsetzung des RM. Dazu diskutieren wir wesentliche Teilaufgaben des RM, bevor wir auf dessen Ziele eingehen. Abschließend erläutern wir den grundlegenden Aufbau von RM Systemen.

### 1.3.1 Planungsebenen

Grundsätzlich besteht die Aufgabe des RM darin, Instrumente für eine möglichst effektive Kapazitätsverwendung in solchen Branchen zur Verfügung zu stellen, in denen die im vorangegangenen Kapitel diskutierten Anwendungsvoraussetzungen vorliegen. Dabei ist zwischen einer strategischen, taktischen und einer operativen Planungsebene zu unterscheiden.[18] Abb. 1.2 gibt die genannten Ebenen sowie die jeweils zu bewältigenden Planungsaufgaben wieder, wobei die Darstellung v. a. auf die Produktion standardisierter Dienstleistungen – wie im RM üblich – ausgerichtet ist. Eine allgemeingültige Darstellung fällt aufgrund der Heterogenität der für den Einsatz des RM geeigneten Branchen schwer.[19] Zudem ist die Zuordnung von Aufgaben zu Planungsebenen nicht eindeutig, d. h. einzelne Planungsaufgaben können je nach Branche auch auf jeweils benachbarten Ebenen entstehen.

#### 1.3.1.1 Strategische Ebene

Die *strategische Ebene* umfasst v. a. die Festlegung des Leistungsprogramms sowie der Kapazitätsstrategie eines Unternehmens und ist nicht dem RM an sich zuzurechnen. Stattdessen handelt es sich dabei um typische Aufgaben des Marketings bzw. des Produktionsmanagements, die – wie der Pfeil in Abb. 1.2 andeutet – starke Interdependenzen aufweisen.[20]

---

[18] Zur Unterteilung von Planungsaufgaben entsprechend ihrer Reichweite vgl. z. B. *Klein und Scholl* (2004, Kap. 1.4.6).

[19] Für entsprechende Darstellungen aus Sicht der Sachgüterproduktion vgl. z. B. *Domschke et al.* (1997, Kap. 1.3), *Dyckhoff und Spengler* (2007, Kap. 3.1), *Günther und Tempelmeier* (2007, Kap. 1.5) sowie *Fleischmann et al.* (2008).

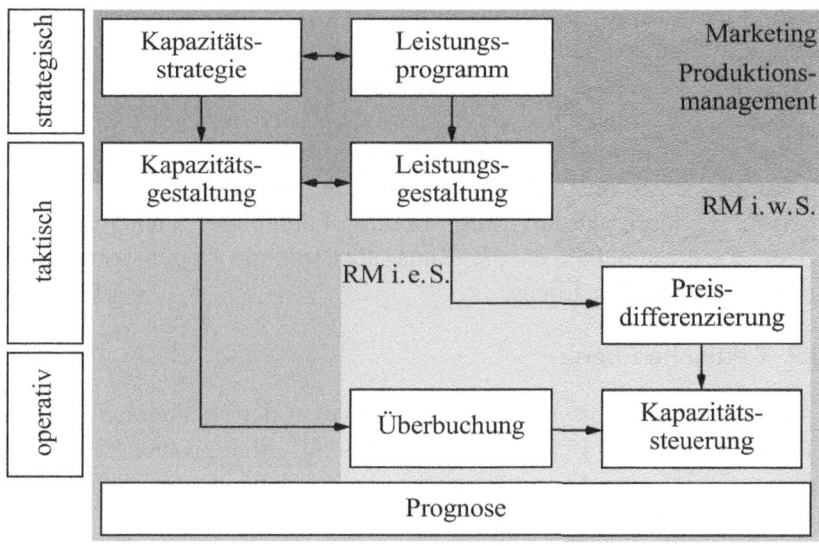

**Abb. 1.2.** Planungsebenen und -instrumente des RM

Im Rahmen der *strategischen Leistungsprogrammplanung* ist zunächst das Produktfeld, d.h die Programmbreite und -tiefe, festzulegen, das u.a. von den Märkten abhängt, auf denen ein Unternehmen tätig werden möchte (vgl. z.B. *Meyer und Dullinger* (1998) oder *Meffert und Bruhn* (2006, Kap. 6.1.1)). Eine Fluggesellschaft, die Fracht transportiert, muss sich etwa im Zusammenhang mit der Festlegung der Programmbreite überlegen, ob sie lediglich den Transport zwischen Flughäfen oder auch den Vor- und Nachlauf vom und zum Kunden im Zuge einer „Door-to-Door"-Leistung anbieten möchte. Bei der Planung der Programmtiefe muss sich ein Hotellerieanbieter entscheiden, wie er sein Übernachtungsangebot in unterschiedlichen Hotels nach differierenden Service- und Qualitätsniveaus staffelt.

Durch Festlegung der *Kapazitätsstrategie* werden die zur Verfügung stehenden Potenzialfaktoren (Ressourcen) bzgl. ihrer Quantität und Qualität determiniert (vgl. z.B. *Zäpfel* (2000, Kap. 4.3) oder *Corsten und Gössinger* (2007, Kap. 3.4.2)). Im Hinblick auf die Quantität ergeben sich bei Fluggesellschaften Entscheidungen über die Typen und die Anzahlen der einge-

---

[20] Zu interdependenten Planungsproblemen und ihrer Behandlung vgl. z.B. *Klein und Scholl* (2004, Kap. 5.1.2).

setzten Flugzeuge, aber auch über die Anzahl, Lage und Kapazität von Hub-Standorten. Im Zusammenhang mit der Qualität stehen bei Hotellerieanbietern etwa Entscheidungen über die Lage und die Ausstattung des Hotels. Sämtliche genannten Entscheidungsprobleme sind strategischer Natur, da entsprechende Kapazitätsanpassungsmaßnahmen nur langfristig zu realisieren und zudem mit hohem finanziellem Aufwand verbunden sind. In anderen Branchen wie bei Automobilvermietungen lassen sich solche Maßnahmen (z. B. durch Anschaffung weiterer Fahrzeuge) auch mittelfristig umsetzen. In diesem Fall ist die Kapazitätsstrategie Gegenstand der Betrachtung auf taktischer Ebene.

### 1.3.1.2 Taktische Ebene

Entsprechend den zuvor genannten Teilaufgaben der Festlegung der Kapazitätsstrategie und des Leistungsprogramms auf strategischer Ebene ergeben sich auf *taktischer Ebene* die ebenfalls interdependenten Aufgaben der *Kapazitäts-* und der *Leistungsgestaltung*.

Bei der Leistungsgestaltung, die auch als Leistungsdesign bezeichnet wird, stellt sich im Rahmen des RM die Frage, wie das grundlegende Leistungsprogramm weiter auszudifferenzieren ist, um zu am Markt absetzbaren Leistungskombinationen zu gelangen (vgl. z. B. *Meyer und Blümelhuber* (1998)). Bei einer Fluggesellschaft ergibt sich dabei z. B. die Aufgabe des sog. *Schedule Designs*, die aus der Auswahl von Flugstrecken und der Zuweisung von Wochentagen und Abflugzeiten zu diesen Strecken besteht (vgl. z. B. *Suhl* (1995, Kap. 1.5) sowie *Barnhart und Cohn* (2004)). Dabei können unterschiedliche Ziele wie die Maximierung der erzielbaren Erlöse oder die Erhöhung des Marktanteils verfolgt werden.[21]

Die Kapazitätsgestaltung konkretisiert die Kapazitätsstrategie unter Berücksichtigung des Leistungsprogramms (vgl. z. B. *Corsten und Gössinger* (2007, Kap. 3.4.2)). Dabei wird grundsätzlich über die Verwendung der verfügbaren Kapazitäten entschieden. Im Rahmen des sog. *Fleet Assignment* legt eine Fluggesellschaft etwa fest, welche Verbindung von welchem Flugzeugtyp bedient werden soll.[22] Mögliche Restriktionen ergeben sich

---

[21] Es handelt sich dabei um sehr komplexe Planungsprobleme, da die Nachfrage für einzelne Strecken sowie die erzielbaren Erlöse unsicher sind. Insbesondere für die Erlöse gilt, dass sie sich nur schwer abschätzen lassen, da sie u. a. vom späteren Einsatz der Instrumente des RM – wie der Preisdifferenzierung und der Kapazitätssteuerung – abhängig sind. Zur mathematischen Modellierung und Lösung solcher Probleme vgl. z. B. *Lohatepanont und Barnhart* (2004).

dabei aus dem Leistungsprogramm. Soll auf einer bestimmten Verbindung neben der Economy Class und der Business Class auch die First Class als *Beförderungsklasse* angeboten werden, so muss der Flugzeugtyp über eine entsprechende Ausstattung verfügen.

Ausgehend von den Ergebnissen der Leistungsgestaltung lässt sich eine *segmentorientierte Preisdifferenzierung* implementieren, wobei den durch das Leistungsprogramm möglichen Leistungskombinationen (bei einer Fluggesellschaft sinnvoll kombinierbare Flüge) Preise zugeordnet werden, so dass absetzbare Produkte entstehen (vgl. Bem. 1.4, S. 17, sowie Kap. 2). Diese Form der Preisdifferenzierung basiert grundsätzlich auf der Unterteilung des Marktes (Gruppierung der Nachfrager) in unterschiedliche Segmente und der isolierten Bepreisung der Segmente. Eine häufige Segmentierung bei Verkehrsdienstleistungen wie Flugreisen besteht etwa in der Unterscheidung zwischen Geschäfts- und Freizeitreisenden, wobei als Segmentierungskriterien z.B. Mindestaufenthaltsdauern oder Vorausbuchungsfristen in Betracht kommen. Die Segmentierungskriterien sind im Rahmen des sog. *Fencing* grundsätzlich so zu wählen, dass sie effektive Barrieren für den Wechsel von Kunden zwischen Segmenten darstellen und somit die ansonsten mögliche Arbitrage seitens der Kunden verhindern.

### 1.3.1.3 Operative Ebene

Im Rahmen des RM bestehen auf *operativer Ebene* die wesentlichen Planungsaufgaben in der Überbuchungs- und Kapazitätssteuerung (vgl. auch Bem. 1.6). Besteht die Möglichkeit, dass der Absatz von Leistungen durch Stornierungen rückgängig gemacht wird oder dass verkaufte Leistungen einfach nicht wahrgenommen werden (sog. No-Shows), so ist eine *Überbuchung* der Ressourcen über die tatsächlich verfügbaren Kapazitäten hinaus sinnvoll (vgl. Kap. 4). Die anschließende *Kapazitätssteuerung* reguliert die Annahme bzw. die Ablehnung von Kaufanfragen mit dem Ziel der Erlösmaximierung (vgl. Kap. 3).[23] Dabei lassen sich ergänzend operativ umsetzbare Anpassungen der Kapazitätsangebote vornehmen, z.B. indem einer Verbindung kurzfristig ein kleineres oder größeres Flugzeug zugewiesen oder die Bestuhlung an Bord geändert wird.

---

[22] Zum Problem des Fleet Assignment vgl. z.B. *Hane et al.* (1995), *Suhl* (1995, Kap. 2.2) und *Barnhart et al.* (2002). Ähnlich dem zuvor erwähnten Schedule Design handelt es sich dabei um eine sehr komplexe Problemstellung.

[23] Neben dem Ziel der Erlösmaximierung sind je nach Branche andere Ziele denkbar (vgl. Kap. 1.3.2).

**Bemerkung 1.5:** Sämtliche der in Abb. 1.2 dargestellten Instrumente setzen geeignete Prognosen der jeweils entscheidungsrelevanten Daten voraus. Dabei hat die *Prognose* unterschiedliche Aufgaben in Abhängigkeit davon zu erfüllen, welches der zuvor genannten Instrumente sie unterstützen soll. Zur Vorbereitung der Preisdifferenzierung müssen etwa Preisbereitschaften sowie geeignete Segmentierungskriterien ermittelt werden. Im Rahmen der Kapazitätssteuerung ist die Nachfrage nach einzelnen Produkten zu prognostizieren, bei der Überbuchung darüber hinaus noch z.B. die Anzahl der zu erwartenden Stornierungen. Aufgrund der jeweiligen instrumentenspezifischen Aufgaben fassen wir in Übereinstimmung mit *Kimms und Klein* (2005) die Prognose nicht als eigenständiges Instrument auf, sondern diskutieren sie jeweils im Zusammenhang mit den zuvor genannten Instrumenten.

**Bemerkung 1.6:** Die Darstellung zielt ausschließlich auf die Planungsprozesse im RM ab und verzichtet daher auf die Integration von Organisations-, Führungs- und Kontrollprozessen, wie sie Gegenstand eines allgemeinen Managementprozesses sind (vgl. z.B. *Klein und Scholl* (2004, Kap. 1.5.1)). Generell werden entsprechende Aspekte in der Literatur zum RM bisher kaum thematisiert (vgl. z.B. *Lieberman* (2003)). Mit dem Controlling von RM Prozessen setzen sich u.a. die Arbeiten von *Blair und Anderson* (2002) und *Anderson und Blair* (2004) auseinander. Außerdem enthält die Darstellung nicht alle im Rahmen der Vorbereitung der Leistungserstellung anfallenden Planungsaufgaben. So ist ergänzend zur taktischen Kapazitätsgestaltung eine operative Gestaltung erforderlich. Bei Fluggesellschaften sind etwa den einzelnen Flügen noch Crews zuzuweisen.

### 1.3.1.4 Interdependenzen zwischen den Ebenen

Offensichtlich sind insbesondere die Planungsaufgaben auf der taktischen und operativen Ebene eng miteinander verknüpft. So ist der Erfolg der Instrumente auf operativer Ebene unmittelbar von den Vorgaben auf taktischer Ebene abhängig. Wird etwa einer Verbindung ein in Bezug auf die Nachfrage zu großer und dafür einer anderen ein zu kleiner Flugzeugtyp zugewiesen, so lassen sich die resultierenden Erlösminderungen gegenüber einer umgekehrten Zuweisung selbst durch eine bestmögliche Überbuchungs- und Kapazitätssteuerung nicht kompensieren. Gleiches gilt, wenn es im Rahmen der Preisdifferenzierung nicht gelingt, eine Segmentierung vorzunehmen, die eine Kannibalisierung verhindert.

**Bemerkung 1.7:** Der Begriff *Kannibalisierung* bezeichnet allgemein die konkurrierende Vermarktung gleichartiger Produkte zu verschiedenen Preisen. Dies kann zu einer Verdrängung des teureren Produkts durch das billigere führen. Im Rahmen des RM versteht man darunter grundsätzlich den Erwerb von günstigen Produkten durch Kunden, für die eigentlich ein teureres, auf derselben Leistung beruhendes Produkt gedacht ist. Ein Beispiel stellt der Kauf eines günstigen, für Freizeitreisende gedachten Tickets durch einen Geschäftsreisenden mit grundsätzlich höherer Zahlungsbereitschaft dar. In diesem Fall „kannibalisiert" das günstige Produkt das teure.

Es stellt sich damit die Frage, welche der geschilderten Planungsaufgaben tatsächlich dem RM bzw. anderen Disziplinen wie dem Marketing oder dem Produktionsmanagement zugeordnet werden sollten. Im Sinne der gängigen Literatur stellen wir in den folgenden Kapiteln 2 bis 4 die Instrumente der Preisdifferenzierung, der Kapazitätssteuerung und der Überbuchung in den Mittelpunkt und sprechen in diesem Zusammenhang vom RM i. e. S. Demgegenüber würde ein RM i. w. S. zusätzlich die Leistungs- sowie die Kapazitätsgestaltung umfassen und darüber hinaus auch gänzlich andere Instrumente der Nachfragesteuerung, wie bspw. das Dynamic Pricing, subsumieren (vgl. Bem. 1.2, S. 8, sowie Kap. 5.1.2). Die Notwendigkeit und das Potenzial eines solch umfassenden Ansatzes wird insbesondere von Praktikern gesehen und betont (vgl. z. B. *Pinchuk* (2002) oder *Weber et al.* (2003)).

## 1.3.2 Ziele

In Abhängigkeit von der Planungsebene können die *Ziele*, die beim Einsatz von Instrumenten des RM verfolgt werden, variieren. Dies ist v. a. darauf zurückzuführen, dass sich strategische Ziele auf taktisch-operativer Ebene wegen ihrer mangelnden Operationalität nicht unmittelbar durch die Instrumente des RM erfassen lassen.[24] Daher werden entsprechende Fundamentalziele durch geeignete Instrumentalziele approximiert. Wir schildern zunächst die grundsätzlichen Ziele auf taktisch-operativer Ebene, bevor wir auf die strategische Ebene eingehen.

### 1.3.2.1 Taktisch-operative Ziele

Auf *taktisch-operativer Ebene* gehen die Instrumente der Preisdifferenzierung, der Überbuchung und der Kapazitätssteuerung vom Ziel der Gewinn-

---

[24] Zu Zielsystemen in Unternehmen, ihrer Bedeutung im Entscheidungsprozess und ihren Eigenschaften vgl. z. B. *Klein und Scholl* (2004, Kap. 3.2.1 und Kap. 3.3.4).

maximierung als wesentlichem Instrumentalziel für die langfristigen strategischen Ziele des Unternehmens aus. Zur Operationalisierung wird insbesondere bei der Kapazitätssteuerung jedes Produkt mit einer geeigneten Bewertung versehen. In Abhängigkeit der für eine Branche typischen Kostenstruktur handelt es sich dabei i.d.R. entweder um den bei Absatz einer Produkteinheit erzielbaren Erlös oder den realisierbaren Deckungsbeitrag. So wird im Luftverkehr zumeist der Erlös als Bewertung gewählt, da die variablen Kosten (z.B. für Abfertigung und Verpflegung) vernachlässigbar sind und zudem für alle Produkte, die sich auf eine bestimmte Beförderungsklasse beziehen, nur unwesentlich variieren. Es ergibt sich damit das im Rahmen dieses Buches vorrangig betrachtete Ziel der Erlösmaximierung als Approximation der Gewinnmaximierung.[25] Bei Anwendungen in der Fertigungsindustrie ist es aufgrund des zu erwartenden hohen Kostenanteils der in die Produkte eingehenden Vorprodukte bzw. Rohstoffe dagegen sinnvoll, eine Bewertung auf Basis von Deckungsbeiträgen vorzunehmen (vgl. Kap. 1.4.3).

Ein weiteres mögliches Instrumentalziel auf der taktisch-operativen Ebene besteht in der Maximierung der Auslastung der zur Verfügung stehenden Kapazitäten. So ermitteln Fluggesellschaften i.d.R. einen sog. *Ladefaktor*, der den Anteil belegter Sitzplätze auf einem Flug angibt. Je nachdem, welche Instrumente zur Erreichung dieses Ziels eingesetzt werden, kann es mit dem Ziel der Gewinnmaximierung konkurrieren. Wird die höhere Auslastung durch eine Preissenkung erreicht, kann dies bei beschränkten Kapazitäten zugleich zu niedrigeren Erlösen führen.[26] Dagegen besitzt eine Überbuchung von Kapazitäten bei unsicherer Inanspruchnahme von Leistungen keinen erlösmindernden Einfluss, so lange sämtliche Kunden, die zum Abflug erscheinen, transportiert werden können. Eine isolierte Orientierung sämtlicher Instrumente an der Auslastung ist daher i.A. nicht sinnvoll.[27]

---

[25] Diese Approximation bietet des Weiteren den Vorteil, dass von der wegen des hohen Gemeinkostenanteils methodisch schwierigen und zugleich ungenauen Bestimmung von variablen Kosten abgesehen werden kann. Sie ist auch für viele andere Branchen, in denen RM angewendet wird, sinnvoll. Dazu zählen z.B. die Hotellerie oder der Gütertransport.

[26] Dies wird im Zusammenhang mit der Diskussion eines Grundmodells zur Preisbildung für Kundensegmente in Kap. 2.2.1 deutlich.

[27] Dies gilt insbesondere bei hoher Wettbewerbsintensität (wie z.B. im Luftverkehr), bei der eine auslastungsorientierte Preispolitik in ruinösem Wettbewerb resultieren kann (vgl. *Meffert et al.* (2000, S. 35)).

## 1.3.2.2 Strategische Ziele

Auf *strategischer Ebene* existieren zur langfristigen Steigerung des Unternehmenswerts neben der Gewinnmaximierung weitere Ziele (vgl. z.B. *Pompl* (2007, Kap. 6.2.1)). Solch ein Ziel kann z.b. in der Verdrängung von Wettbewerbern aus gemeinsamen Teilmärkten bestehen. Im Rahmen des Schedule Designs einer Fluggesellschaft kann dies bedeuten, dass die Gesellschaft in diesen Teilmärkten verstärkt Verbindungen anbietet, obwohl sich mit den dadurch gebundenen Kapazitäten in anderen Märkten – zumindest bei kurzfristiger Betrachtung – höhere Erlöse erzielen lassen. In diesem Fall wäre es zudem sinnvoll, für die betroffenen Verbindungen auf taktisch-operativer Ebene das Ziel der Auslastungsmaximierung zumindest partiell zu verfolgen.

Von besonderer strategischer Bedeutung im RM ist das Ziel, eine möglichst langfristige Kundenbindung zu erzielen. Dieses Ziel wird im Rahmen des Beziehungsmanagements verfolgt, das man in der Praxis als *Customer Relationship Management* bezeichnet und das eine stärkere Orientierung an Kundenbeziehungen anstrebt. Dabei erhofft man sich durch den Aufbau und die Pflege langfristiger Geschäftsbeziehungen[28] u.a. Vorteile in Bezug auf die realisierbaren Umsätze, die notwendigen Transformations- und Informationskosten zur Aufrechterhaltung der Geschäftsbeziehung und die Stabilität des Absatzes (vgl. z.B. *Homburg und Krohmer* (2006, Kap. 10.1.4)).

Im Mittelpunkt des Kundenbeziehungsmanagements steht das Streben nach Kundenloyalität, für welche die *Kundenzufriedenheit* eine wesentliche Voraussetzung darstellt. Insbesondere die Instrumente der Preisdifferenzierung und der Kapazitätssteuerung können aufgrund der unterschiedlichen zu zahlenden Preise für eine grundsätzlich gleiche Leistung diese Zufriedenheit beeinflussen. Dies hängt v.a. davon ab, ob ihr Einsatz durch den Kunden als fair empfunden wird.[29] Empirische Untersuchungen zur empfundenen Fairness solcher Maßnahmen – insbesondere in der Hotellerie –

---

[28] Man spricht in diesem Zusammenhang auch von *Customer Lifetime Management*. In einer aktuellen Arbeit präsentieren *Tirenni et al.* (2007) entsprechende quantitative Ansätze für eine Linienfluggesellschaft.

[29] An dieser Stelle sei noch einmal auf den beispielhaften, aber typischen Dialog zwischen Fluggästen verwiesen, den wir zu Beginn dieses Kapitels geschildert haben. Zur Bedeutung der Fairness im Zusammenhang mit ökonomischen Prozessen vgl. die grundlegenden Arbeiten von *Kahnemann et al.* (1986a, 1986b) sowie *Diller* (2007, Kap. 4.7.4.2)).

sowie zu deren Einfluss auf die Kundenzufriedenheit im Allgemeinen finden sich z.B. in *Kimes* (1994), *McMahon-Beattie et al.* (2002) und *Choi und Mattila* (2004) bzw. in *Lindenmeier* (2005).

Zur Integration der Ziele des Customer Relationship Managements in das RM existieren unterschiedliche Ansätze. Eine Möglichkeit dazu besteht in der Verschleierung von als möglicherweise unfair empfundenen Komponenten[30] sowie der Belohnung loyaler Kunden, wie dies viele Fluggesellschaften durch Frequent Flyer Programme realisieren. Im Rahmen der Kapazitätssteuerung kann eine kundenspezifische Modifikation der Bewertungen von Anfragen (z.B. eine Modifikation der mit dem jeweiligen Produkt verbundenen Erlöse) erfolgen, die sich am *Customer Lifetime Value* orientiert. Dabei entspricht der Customer Lifetime Value dem erwarteten Kapitalwert einer Geschäftsbeziehung, der sich aus den zukünftigen Erlösen entsprechend den Grundsätzen der dynamischen Investitionsrechnung ermittelt (vgl. z.B. *Homburg und Krohmer* (2006, Kap. 23.4.4)).[31] Für einen Kunden mit hohem Customer Lifetime Value wird die Bewertung erhöht, so dass eher eine Annahme einer Anfrage erfolgt. Umgekehrt lässt sich für einen Kunden mit niedrigem Customer Lifetime Value die Bewertung verringern. Weitere Ansätze zur Integration des Customer Relationship Managements in das RM am Beispiel der Hotellerie beschreiben *Noone et al.* (2003).

### 1.3.3 Aufbau von Revenue Management Systemen

Im Folgenden wollen wir am Beispiel des Passagerluftverkehrs den grundlegenden Aufbau von RM Systemen sowie ihre Schnittstellen zu Datenbank- und Distributionssystemen diskutieren. Das Zusammenspiel zwischen den unterschiedlichen Systemen verdeutlicht Abb. 1.3. Weitere Ausführungen

---

[30] Vgl. *Wirtz et al.* (2003) zu einem Katalog entsprechender Maßnahmen. Zum Beispiel werden Angestellte eines Hotels angewiesen, Preise bei der Abrechnung an der Rezeption nie laut zu nennen, damit Kunden, die einen regulären Preis zahlen, nicht von den teilweise erheblichen Abschlägen für Geschäftskunden erfahren.

[31] Dabei gestaltet sich die Bestimmung des Customer Lifetime Value aufgrund der Unsicherheit der dazu notwendigen Daten schwierig. Mögliche Ansatzpunkte entsprechender Prognosen bei Fluggesellschaften sind z.B. das Alter eines Kunden und seine Umsatzentwicklung in den vergangenen Jahren (vgl. z.B. *Esse* (2003) für weitere Kriterien).

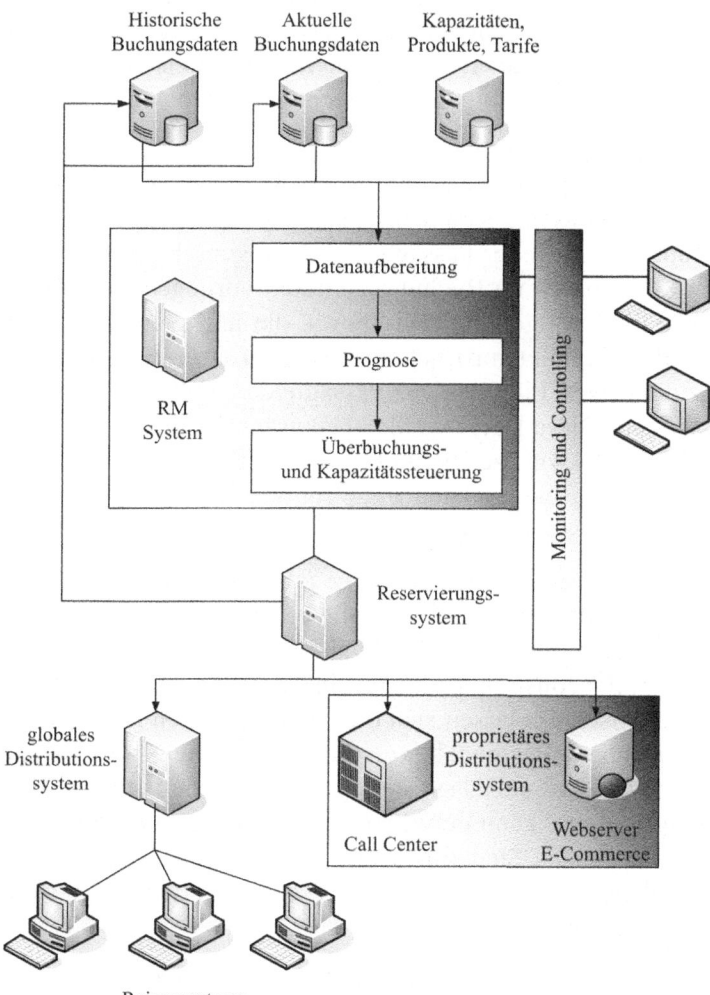

**Abb. 1.3.** Aufbau und Schnittstellen von RM Systemen
(vgl. *Talluri und van Ryzin* (2004a, S. 19))

zur Architektur von RM Systemen finden sich z. B. in *Daudel und Vialle* (1992, Kap. 4), *Boyd und Bilegan* (2003), *Weber et al.* (2003) sowie *Talluri und van Ryzin* (2004a, Kap. 1.4). Systeme für Dienstleister wie Reiseveranstalter, Hotels und Automobilvermietungen sind analog aufgebaut.

Basis sämtlicher RM Systeme bilden umfangreiche *Datenbanken*, die einerseits Daten bzgl. historischer und aktueller Buchungen und andererseits Daten hinsichtlich des angebotenen Leistungsprogramms enthalten. Zu der ersten Gruppe zählen in der Passage für vergangene Flüge v. a. die zu verschiedenen Zeitpunkten im Buchungszeitraum vorliegenden Anzahlen von Buchungen, Stornierungen und No-Shows, die nach Abflug-/Zielort, Tag, Uhrzeit, Tarif, Zeitpunkt im Buchungszeitraum etc. geordnet sind, sowie für jeden zukünftigen Flug den aus Passagierdaten abgeleiteten bisherigen Buchungsverlauf. Diese Daten werden hauptsächlich zur Prognose benötigt (vgl. Kap. 3.4 und 4.4). Die zweite Gruppe umfasst Informationen zu den auf den Teilstrecken eingesetzten Flugzeugtypen und den daraus resultierenden Kapazitäten sowie zu den jeweils angebotenen Tarifen.

Zur Verarbeitung durch das eigentliche *RM System* müssen die Daten zunächst geeignet aufbereitet und konsolidiert werden. Dabei ergeben sich z. B. vor Anwendung von Prognoseverfahren die Teilaufgaben „Outlier Detection" und „Unconstraining" für historische Buchungsdaten (vgl. Kap. 3.4). Im Anschluss lassen sich die so gewonnenen Daten durch Prognose- und Entscheidungsmodelle zur Parametrisierung von Ansätzen der Überbuchungs- und Kapazitätssteuerung verarbeiten.[32] Im Rahmen dieser Entscheidungsmodelle kann entweder eine simultane oder eine sukzessive Betrachtung der beiden Steuerungsaufgaben erfolgen, wobei aufgrund der damit verbundenen Komplexität die erstgenannte Betrachtungsweise i. d. R. ausscheidet (vgl. Kap. 4).

Die ermittelten Steuerungsvariablen werden an das *Reservierungssystem* der Fluggesellschaft übergeben. Dieses System führt die eigentliche Steuerung, d. h. die Auswertung von Buchungsanfragen und deren Annahme bzw. Ablehnung, anhand der Vorgaben des RM Systems aus. Zu bestimmten Zeitpunkten im Buchungszeitraum bzw. in Abhängigkeit vom Buchungsverlauf findet eine Reoptimierung der Steuerungsvariablen statt. Darüber hinaus erfolgt eine ständige Überwachung und Kontrolle des RM Systems und des Reservierungssystems durch Analysten. Diese besitzen

---

[32] Es kann sich bei den entsprechenden Steuerungsvariablen z. B. um Kontingente handeln, die für Kombinationen von Flügen und Tarifen bereitgestellt werden sollen (vgl. Kap. 3.1.3).

die Aufgabe, etwaige Ineffizienzen in der Steuerung frühzeitig zu erkennen und regelnd einzugreifen. Solche Ineffizienzen können sich etwa ergeben, wenn die tatsächliche Nachfrage stark von der prognostizierten abweicht (z. B. aufgrund von Streiks bei einem Konkurrenten).

Der Zugriff auf das Reservierungssystem kann auf unterschiedliche Arten erfolgen. Die bedeutsamste stellt der Zugriff über ein *globales Distributionssystem* dar. Diese Distributionssysteme werden vornehmlich von Reiseagenturen, d. h. Reisebüros, aber auch Internetportalen wie z. B. Opodo, genutzt und erlauben neben der Buchung von Flügen auch die Buchung von Hotelzimmern, Pauschalreisen, Mietwagen etc. Zu den bekanntesten Vertretern solcher Systeme zählen z. B. Amadeus, Galileo und Magellan (vgl. *Echtermeyer* (1998) sowie *Pompl* (2007, Kap. 7.3)). Darüber hinaus besitzen Fluggesellschaften i. d. R. *proprietäre Distributionssysteme*. Neben dem telefonischen Absatz von Tickets über Call Center gewinnt der Verkauf über das Internet zunehmend an Bedeutung. Zu diesem Zweck haben die Fluggesellschaften in den letzten Jahren entsprechende Internetauftritte entwickelt.

**Bemerkung 1.8:** Der Aufbau des Reservierungssystems, aber auch der globalen Distributionssysteme besitzt erheblichen Einfluss auf die Gestaltung der Instrumente des RM. Dies gilt insbesondere für die Kapazitätssteuerung. Dieser Umstand ist deshalb als problematisch zu erachten, da solche Systeme häufig historisch gewachsen sind und damit die Umsetzung fortschrittlicher Verfahren verhindern können. So setzen viele dieser Systeme eine mengenorientierte Steuerung durch Vorgabe von Buchungslimits voraus, obwohl eine erlösorientierte Steuerung ggf. vorzuziehen wäre (vgl. Kap. 3). Eine entsprechende Umstellung der Systeme scheitert jedoch an den erheblichen damit verbundenen Investitionen.

## 1.4 Anwendungen des Revenue Managements

Wie eingangs bereits erläutert, illustrieren wir nahezu alle in diesem Buch beschriebenen Ansätze und Methoden anhand des ältesten und bis heute bedeutendsten Anwendungsgebiets des RM, dem Passageluftverkehr. Insbesondere unsere Ausführungen zu den Instrumenten des RM in den später folgenden Kapiteln 2 bis 4 werden stets im Lichte dieses vorherrschenden Anwendungsfeldes präsentiert und dabei auch die branchenspezifischen Besonderheiten und situativen Rahmenbedingungen herausgearbeitet.

Dennoch möchten wir an dieser Stelle auf einige weitere Anwendungsgebiete des RM hinweisen. In Kap. 1.4.1 bis 1.4.3 gehen wir dazu exemplarisch näher auf drei wichtige Anwendungsfelder ein, in denen die Methoden des RM bereits einen gewissen Verbreitungsgrad gefunden haben: Luftfracht, Hotellerie und Auftragsfertigung. In Kap. 1.4.4 werden wir – ohne Anspruch auf Vollständigkeit – überblicksartig weitere relevante Branchen ansprechen und zugehörige, weiterführende Literaturhinweise liefern.

### 1.4.1 Luftfracht

Neben der Passage repräsentiert der *Frachttransport* ein wichtiges Geschäftsfeld für Fluggesellschaften, das die in Kap. 1.2.2 diskutierten Anwendungsvoraussetzungen des RM erfüllt.[33] Aufgrund ihrer positiven Erfahrungen mit dem Einsatz des RM im erstgenannten Bereich haben zahlreiche Fluggesellschaften Mitte der 90er Jahre damit begonnen, entsprechende Konzepte auch im Bereich Fracht einzusetzen. Bei der Umsetzung des RM Konzepts in der Luftfracht sind eine Reihe *branchenspezifischer Besonderheiten* zu berücksichtigen (vgl. z.B. *Kasilingam* (1996), *Klophaus* (1999), *Billings et al.* (2003) und *Slager und Kapteijns* (2004)):

– Im Gegensatz zur Passage, bei der ein Passagier jeweils einen Sitzplatz beansprucht, unterscheiden sich die zu transportierenden Güter (Sendungen) bei der Luftfracht hinsichtlich ihres Volumens und ihres Gewichtes. Dabei weisen Anfragen i.d.R. stärkere Schwankungen bzgl. ihres Kapazitätsbedarfs auf. So werden in der Passage zumeist einzelne Sitzplätze bzw. bei selteneren Gruppenbuchungen ein ganzzahliges Vielfaches davon nachgefragt. Dagegen kommen beim Transport von Fracht Sendungen in nahezu allen denkbaren Volumen-Gewicht-Kombinationen vor.

– Die Zahl potenzieller Kunden ist im Frachtbereich deutlich geringer als in der Passage, was zu einer Fokussierung des Angebots auf wenige Hauptkunden führt. Diese besitzen häufig spezielle Verträge mit den Fluggesellschaften, durch die sie mittelfristig – i.d.R. für die Dauer des Winter- bzw. Sommerflugplans – eine gewisse Kapazitätsmenge auf einer bestimmten Verbindung erwerben. Diese Kapazität steht damit für den freien Verkauf, wie er durch die herkömmlichen Instrumente des RM unterstützt wird, nicht mehr zur Verfügung.

---

[33] So ist dem Geschäftsbericht der Lufthansa AG für das Jahr 2003 zu entnehmen, dass der im Bereich Fracht erzielte Gesamterlös ca. 2.2 Mrd. € beträgt. In der Passage wurde im gleichen Jahr ein Gesamterlös von ca. 10.2 Mrd. € erzielt (vgl. Lufthansa (2004a)).

– Im Rahmen des Frachttransports ist zwischen zwei grundlegenden Ressourcentypen zu unterscheiden (vgl. *Pfohl* (2004, S. 296)). Bei dem ersten Ressourcentyp handelt es sich um reine Frachtflugzeuge, deren Kapazitäten weitgehend festliegen.[34] Den zweiten Ressourcentyp repräsentieren Passagierflugzeuge, die in ihrem Laderaum ebenfalls die Möglichkeit zum Frachttransport bieten. Für diesen Ressourcentyp sind die genaue Volumen- und Gewichtskapazität eines Fluges jedoch erst kurzfristig vor dem Abflug bekannt, da sie u. a. von der Anzahl der zu transportierenden Passagiere und ihrem Gepäck abhängen.

– Ein weiterer Unterschied zur Passage besteht darin, dass häufig nur Start- und Zielort einer Sendung sowie ein Zeitfenster, in dem der Transport zu erfolgen hat, durch den Nachfrager festgelegt werden. Die eigentliche Transportroute sowie der genaue Zeitpunkt des Transports lassen sich durch die Fluggesellschaft innerhalb dieser Vorgaben frei wählen. Dabei kann es ggf. sogar zulässig sein, Teilmengen einer Sendung auf unterschiedlichen Transportwegen zu befördern.

– Bei der Beladung von Flugzeugen sind neben der Volumen- und Gewichtsbeschränkung zahlreiche weitere Restriktionen zu beachten, die in der Passage keine Rolle spielen. Dies gilt insbesondere für Sonderfracht wie z. B. Tiere, Großteile, sterbliche Überreste oder Gefahrgüter. Im Rahmen einer *Verladbarkeitsprüfung* ist grundsätzlich festzustellen, ob eine Sendung mit einem bestimmten Flugzeug transportiert werden kann, wobei insbesondere Gewichts- und Dimensionsgrenzen sowie evtl. erforderliche flugspezifische Genehmigungen zu beachten sind. Bei der komplexeren *Zusammenladbarkeitsprüfung* ist sicherzustellen, dass die für einen Flug vorgesehenen Sendungen gemeinsam transportiert werden können.

Aufgrund der genannten Besonderheiten ist ein erfolgreicher Einsatz des RM Konzepts nur mit Hilfe maßgeschneiderter Methoden und mathematischer Modelle möglich. Entsprechende spezialisierte Ansätze werden bspw. in *Gliozzi und Marchetti* (2003), *Pak und Dekker* (2004), *Bartodziej und Derigs* (2004), *Kimms und Klein* (2005), *Blomeyer* (2006) sowie *Bartodziej et al. (2007)* behandelt.

---

[34] Das maximal transportierbare Gewicht wird nicht nur vom Flugzeugtyp bestimmt, sondern hängt auch von örtlichen Gegebenheiten der angeflogenen Flughäfen ab. Dies ist darauf zurückzuführen, dass die benötigte Länge der Start- und Landebahn je nach Gesamtgewicht des Flugzeugs variiert.

## 1.4.2 Hotellerie

Als einer der ersten und stärksten Anwender des RM neben Fluggesellschaften gilt die *Hotellerie* (vgl. z.B. *Jones* (1999)). Die Übertragung des RM Konzepts auf die Hotellerie erscheint naheliegend, da das Vorliegen der in Kap. 1.2.2 diskutierten *Anwendungsvorraussetzungen* leicht nachvollziehbar ist:

- Die Leistungserstellung in Form einer Übernachtung erfordert die Integration des externen Faktors, d.h. die Belegung eines Zimmers durch einen oder mehrere Gäste.

- Die auf operativer Ebene verfügbare Kapazität ist durch die Anzahl der Zimmer in einem Hotel noch stärker fixiert, als dies bei Fluggesellschaften durch die evtl. noch änderbare Zuordnung von Flugzeugen zu Verbindungen der Fall ist.

- Das wie in der Passage zu beobachtende, heterogene Nachfragerverhalten (z.B. bei Geschäfts- und Privatreisenden) ermöglicht eine segmentorientierte Preisdifferenzierung sowie eine Vorausbuchung, d.h. den Absatz der Leistung vor ihrer Erstellung. Des Weiteren resultiert eine Unsicherheit der Nachfrage sowohl in Bezug auf die zu erwartende Höhe als auch im Hinblick auf die zu erwartende Wertigkeit.

- Das grundsätzliche Leistungsprogramm in Form von Übernachtungen in unterschiedlichen Zimmerkategorien ist standardisiert.

Auch für die Hotellerie ergeben sich bei der konkreten Ausgestaltung der Instrumente des RM einige *branchenspezifische Besonderheiten* (vgl. z.B. *Kimes* (1989a), *Badinelli* (2000), *Talluri und van Ryzin* (2004a, Kap. 10.2) sowie *Vinod* (2004)):

- Nur ein Teil der gesamten Kapazität wird durch Vorausbuchungen abgesetzt. Daneben treten bei Hotels regelmäßig sog. *Walk-Ins* auf. Dabei handelt es sich um potenzielle Gäste, die ohne Reservierung ein Hotelzimmer nachfragen und i.d.R. eine höhere Zahlungsbereitschaft als vorausbuchende Gäste aufweisen.

- Insbesondere größere Hotelketten besitzen langfristige Kooperationsverträge mit großen Industrieunternehmen, die den Mitarbeitern dieser Unternehmen die Übernachtung in Hotels der Kette zu günstigeren Preisen erlauben.

- Neben der eigentlichen Übernachtung bieten Hotels häufig eine Reihe zusätzlicher Leistungen. Dazu zählen Angebote wie Restaurants, Wellnesseinrichtungen oder Tagungsräume. Die aus diesem Angebot über die eigentliche Zimmervermietung hinaus potenziell resultierenden Zusatzerlöse (englisch *Expenditure Multipliers*) sind bei der Bewertung von Anfragen zu berücksichtigen.

– Häufig nehmen Hotels eine alternative Nutzung von Ressourcen, d.h. Zimmern, vor. Dabei werden etwa Zimmer mit zwei Betten sowohl als Einzel- als auch als Doppelzimmer verkauft. Auch stellen Hotels Gästen bei knapper Kapazität ggf. Zimmer einer höheren Kategorie nicht nur bei Überbuchung zur Verfügung.

– Durch mehrtägige Buchungen entstehen Verbundeffekte bei der Nutzung von Ressourcen. So kann die Vermietung eines Zimmers an einem Tag t für die Dauer von zwei Tagen eine mögliche längerfristige Vermietung ab dem Tag t + 1 verhindern.

In der Literatur finden sich zahlreiche Ansätze des RM für die Hotellerie, welche die zuvor genannten Besonderheiten explizit berücksichtigen und sich methodisch teilweise erheblich unterscheiden. Wir verweisen exemplarisch auf *Ladany* (1976), *Ladany und Sheva* (1977), *Weatherford* (1995), *Bitran und Mondschein* (1995), *Bitran und Gilbert* (1996), *Baker und Collier* (1999), *Badinelli* (2000), *Goldman et al.* (2002), *Kimms und Klein* (2005) sowie *Lai und Ng* (2005).

## 1.4.3 Auftragsfertigung

Eines der jüngsten Anwendungsfelder des RM repräsentiert die *Auftragsfertigung*, bei der wie in den zuvor geschilderten Branchen regelmäßig Entscheidungen über die Annahme oder Ablehnung von Kundenaufträgen zu treffen sind. Dabei weist die Auftragsfertigung vielfältige Parallelen zur Dienstleistungsproduktion auf. Die wesentliche Parallele besteht darin, dass lediglich die Bereitschaft zur Erstellung von Leistungen bzw. Gütern angeboten werden kann (vgl. Kap. 1.2.2.2). In Bezug auf die in Kap. 1.2.2 diskutierten *Anwendungsvoraussetzungen* des RM lassen sich für die Auftragsfertigung folgende Aussagen treffen:

– In zahlreichen Industriezweigen mit Auftragsfertigung bilden komplexe technische Anlagen die Grundlage für die Herstellung der abzusetzenden Güter. Beispiele finden sich in der chemischen Industrie sowie bei der Mikrochipproduktion, der Stahlfertigung, der Papierherstellung, dem Buchdruck und bei der Textilproduktion. Die Kapazität entsprechender Anlagen ist dabei abhängig von ihrer grundlegenden Dimensionierung und eine kurzfristige Anpassung ist i.d.R. nur in begrenztem Umfang möglich.[35] Wie im Fall der Dienstleistungsproduktion verfallen die bereitgestellten Kapazitäten bei nicht erfolgender Nutzung.

- Die Produktion von Gütern erfordert in der Auftragsfertigung wie in der Dienstleistungsproduktion die Integration eines externen Faktors. Im Gegensatz zu den bisher diskutierten Anwendungen handelt es sich dabei häufig nicht um eine Person oder ein Objekt, sondern i.d.r. um Informationen über das herzustellende Produkt. Im Beispiel des Buchdrucks muss etwa der Nachfrager das Manuskript zur Verfügung stellen, bei der Herstellung von Textilien die Schnittmuster und die gewünschte Farbstellung.

- Die Nachfrager von Produkten weisen analog zur Dienstleistungsproduktion häufig stark heterogenes Verhalten auf. Dies bezieht sich auf Aspekte wie die gewünschte Lieferzeit, das Auftragsvolumen oder die Möglichkeit zur kurzfristigen Anpassung der Produktspezifikation. Im Beispiel des Buchdrucks sind Publikumsverlage bereit, für den kurzfristigen Nachdruck eines Bestsellers höhere Preise zu zahlen als Wissenschaftsverlage für Erstauflagen von Monographien, für die auch ein späterer Erscheinungstermin akzeptabel ist.

- Für die zuvor genannten Branchen ist eine weitgehende Standardisierung der abgesetzten Produkte möglich. Dazu werden die potenziellen Produkte nach geeignet zu bestimmenden Kriterien zu Produkt- bzw. Auftragsklassen zusammengefasst. Im Beispiel des Buchdrucks könnten solche Kriterien die Höhe der Auflage, die Art der Bindung sowie der Zeitraum zwischen Abgabe des Manuskripts und der Fertigstellung des Drucks sein.

Die vorangegangene Diskussion belegt anhand der erfüllten Anwendungsvoraussetzung die grundsätzliche Eignung des RM Konzepts für die Auftragsfertigung. Dabei sind jedoch – wie auch in den anderen, bisher geschilderten Branchen – im Rahmen der Umsetzung der Instrumente des RM eine Reihe *branchenspezifischer Besonderheiten* zu berücksichtigen (vgl. z.B. *Harris und Pinder* (1995) oder *Kalyan* (2002)):

- Im Gegensatz zur Dienstleistungsproduktion sind in der Auftragsfertigung die variablen Kosten zur Herstellung von Produkten zumeist nicht

---

[35] Möglichkeiten zur kurzfristigen Kapazitätserweiterung bei der Auftragsfertigung bestehen z.B. in der Fremdvergabe von Teilaufträgen oder in der Erhöhung der Nutzungsdauer von Anlagen durch Überstunden.

vernachlässigbar und zudem einfacher direkt zurechenbar. Im Beispiel des Buchdrucks beeinflusst etwa die Art der Bindung die Herstellungskosten für ein Buch. Anstelle des Ziels der Erlösmaximierung tritt daher das Ziel der Deckungsbeitragsmaximierung.

– Je nach herzustellendem Produkt kann der Kapazitätsbedarf an einzelnen Ressourcen schwanken. Darüber hinaus können unterschiedliche Technologien zur Herstellung ein und desselben Produkts verfügbar sein, die ebenfalls zu unterschiedlichen Ressourcenbeanspruchungen führen. Dies gilt etwa beim Beispiel des Buchdrucks, wenn in einem Unternehmen verschiedene Druckmaschinen mit unterschiedlicher Geschwindigkeit und unterschiedlichen möglichen Bindungstypen zur Produktion zur Verfügung stehen.

– Je nach Auftragstyp kann bei der Produktion eine gewisse zeitliche Flexibilität bestehen. Dies ist immer dann der Fall, wenn die zur Produktion benötigte Zeit die vereinbarte Lieferzeit unterschreitet und eine Lagerung des Produkts wie etwa im Fall des Buchdrucks möglich ist.

– Grundsätzlich ergibt sich wie in der Hotellerie die Problematik eines zeitlich offenen Entscheidungsfeldes. Dabei kann durch die Annahme langfristiger Produktionsaufträge vor dem aktuellen Planungszeitpunkt die Verwendung der zur Verfügung stehenden Ressourcen für aktuelle, aber auch zukünftige Planungsperioden bereits partiell fixiert werden.

Arbeiten, die sich mit Anwendungen des RM in der Auftragsfertigung auseinandersetzen, stammen z. B. von *Harris und Pinder* (1995), *Balakrishnan et al.* (1996), *Sridharan* (1998), *Elimam und Dodin* (2001), *Kniker und Burman* (2001), *Kalyan* (2002), *Kimms und Müller-Bungart* (2003), *Barut und Sridharan* (2004), *Kuhn und Defregger* (2004), *Kimms und Klein* (2005), *Pinder* (2005) sowie *Gupta und Wang* (2007). Unabhängig vom RM haben sich mit der Problematik der Auftragsselektion bereits *Jacob* (1971), *Laux* (1971) sowie *Schildbach und Ewert* (1988) auseinandergesetzt.

## 1.4.4 Weitere Anwendungsbereiche

Einen weiteren Bereich, für den die Anwendung von Methoden des RM mittlerweile unabdingbar geworden ist, stellen die *Automobilvermietungen* dar. Trotz gewisser Ähnlichkeiten mit der Hotellerie gelten auch hier einige branchenspezifische Besonderheiten (vgl. *Talluri und van Ryzin* (2004a, Kap. 10.3)). So besteht bspw. bei großen Autovermietern hinsichtlich der verfügbaren Ressourcen eine höhere Flexibilität, da Fahrzeuge zwischen einzelnen Standorten eines Vermieters zum Ausgleich von Kapazitätsengpässen leicht verschoben werden können. Gleichzeitig ist die Kapazität aufgrund vorzeitiger bzw. verspäteter Fahrzeugrückgaben oder Rückgaben an anderen Stationen häufig unsicher. Um anfragende Kunden aufgrund eines Kapazitätsengpasses nicht an die Konkurrenz zu verlieren, werden vielfach kostenlose *Upgrades* (Zuteilung eines Fahrzeuges einer höheren als der gebuchten Kategorie) vergeben, wenn die (prognostizierte) Nachfrage nach höherwertigen, noch verfügbaren Fahrzeugklassen gering ausfällt. Wie bei Hotels lässt sich das Klientel von Autovermietungen im Wesentlichen zwei Gruppen zuordnen: Vertragskunden buchen ihr Fahrzeug – i.d.R. bereits im Voraus mit individuellen Konditionen – verbindlich zu einem fixen Tarif und erwarten eine hohe Servicequalität. *Walk-Ins* erhalten je nach Verfügbarkeit einen nachfrageabhängigen, aktuellen Angebotspreis.[36] Mathematische Modelle zur optimalen Annahmepolitik bzgl. dieser beiden Kundensegmente werden in *Savin et. al.* (2005) und *Gans und Savin* (2007) entwickelt. Beispiele aus der Praxis zum RM bei Automobilvermietern liefern bspw. *Carrol und Grimes* (1995) sowie *Geraghty und Johnson* (1997).

Ein weiteres interessantes Anwendungsgebiet des RM besteht bei Fernseh- und Rundfunksendern sowie im Bereich der Printmedien hinsichtlich einer möglichst optimalen Annahme- und Einplanungspolitik von *Werbeaufträgen*.[37] Da sich Anfragen meist nicht auf einen konkreten Sendeplatz bzw. eine genaue Platzierung auf einer Druckseite beziehen, besteht hierbei eine gewisse anbieterseitige Ressourcenflexibilität, die im Sinne eines ganzheitlichen RM Konzepts gewinnbringend ausgenutzt werden kann und sollte.[38] *Müller-Bungart* (2007) bzw. *Kimms und Müller-Bungart* (2007b) entwickeln ein entsprechendes, branchenspezifisches Optimierungsmodell sowie zugehörige Lösungsansätze und evaluieren diese unter praxisnahen Modellparametern.

---

[36] Insbesondere an Flughäfen ist der Markt der Automobilvermietungen hart umkämpft. Im Vergleich zur Hotel-Branche sind daher *Walk-Ins* i.d.R. nicht bereit, grundsätzlich höhere Preise zu zahlen (vgl. *Talluri und van Ryzin* (2004a, S. 531)).

[37] *Talluri und van Ryzin* (2004a, Kap. 10.5) liefern eine Einführung in die branchenspezifischen Besonderheiten sowie typische Planungsansätze aus der Praxis.

[38] Man spricht in diesem Zusammenhang von sog. *Flexiblen Produkten*, die auch in anderen Anwendungsbereichen, bspw. bei Pauschalreisen oder im Charterflugverkehr, eine wichtige Rolle spielen (vgl. z.B. *Petrick et al.* (2008)).

Ein derzeit in der Praxis noch eher exotisches, aber durchaus hoffnungsvolles[39] Anwendungsgebiet des RM ist der *Gastronomiebereich*: Kimes (2005, S. 97) prognostiziert durch den Einsatz des RM ähnliche Erlössteigerungen (3–5%) wie in der (dreimal kleineren) Hotelbranche. Wie dort ist bei einer Umsetzung des RM zusätzlich die zeitliche Dimension der eingehenden Anfragen zu berücksichtigen, so dass an die Stelle einer reinen Erlösmaximierung die Maximierung des Erlöses pro Sitzstunde treten muss.[40] Ein wesentlicher Unterschied zur Hotellerie wie auch zu allen anderen diskutierten Anwendungsbereichen besteht allerdings darin, dass die Verweildauer der Gäste und somit die Nutzungsdauer der zu vergebenden Ressourcen im Vorhinein nicht feststeht. Im Rahmen eines RM Konzepts stellt sich neben der reinen Erlösbetrachtung daher die Frage, inwieweit die Verweildauer der Gäste durch anbieterseitige Aktivität (Optimierung der Warte- und Servicezeiten etc.) insbesondere zu nachfrageintensiven Tageszeiten verkürzt werden kann. *Kimes et al.* (2002) untersuchen die Auswirkungen einer solchen Dauernsteuerung auf die Kundenzufriedenheit. In *Kimes und Robson* (2004) wird der Einfluss von Tischgröße und -platzierung auf die Verweildauer der Gäste mit Hilfe regressionsanalytischer Ansätze empirisch untersucht. *Kimes* (2003) liefert einen umfassenden Überblick ihrer Forschungsaktivitäten im Bereich des Restaurant Revenue Managements.[41]

*Lindenmeier und Tscheulin* (2007) diskutieren, inwieweit die Methoden des RM zur Verbesserung der Erlössituation *öffentlicher Unternehmen* geeignet sind. Gegen etwaige Vorbehalte argumentieren sie, dass das RM durchaus zu einer sozialorientierten Bedarfsdeckung beitragen kann, indem bspw. generierte Zusatzerlöse dazu eingesetzt werden, im Sinne einer Querfinanzierung sozial schwachen Bürgern den vergünstigten Zugang zu bestimmten Leistungen zu gewähren.

Auch im *Gesundheitswesen* gewinnen Methoden des RM aufgrund der angespannten Kostensituation derzeit an Bedeutung. Gerade hier ist jedoch bei der Umsetzung besonders auf Aspekte der Fairness und ethischen Verantwortbarkeit zu achten (vgl. *Lieberman* (2004)). Aktuelle Forschungser-

---

[39] *Kimes* (2004) berichtet bspw. von einem erfolgreichen Pilotprojekt bei einer US-amerikanischen Restaurant-Kette.

[40] Im Englischsprachigen als *Revenue per Available Seat-Hour*, kurz *RevPASH* bezeichnet (vgl. *Kimes* (1999, S. 19 ff.)). *Kimes und Robson* (2004) verwenden eine minutenbezogene Zielgröße, das sog. *Spending per Minute* (*SPM*).

[41] Vgl. zu den beiden Anwendungsbereichen Automobilvermietung und Gastronomie auch *Kimms und Klein* (2005), die jeweils lineare Optimierungsprobleme zur Kapazitätssteuerung formulieren.

gebnisse stammen bspw. von *Green et al.* (2006), die mathematische Modellansätze zur optimalen zeitlichen Einplanung verschiedener Patientenklassen an Magnetresonanztomographen entwickeln. Ein allgemeiner Ansatz zur Überbuchungssteuerung bei der Terminvergabe ärztlicher Leistungen wird von *Kim und Giachetti* (2006) vorgestellt.

Neben Fairness und Verantwortung sind bei der Entwicklung und Umsetzung eines RM Konzepts in der Praxis vielfach auch *rechtliche Rahmenbedingungen* von Bedeutung. Branchenspezifische, rechtliche Aspekte mit Auswirkungen auf die Anwendbarkeit des RM werden von *Boella* (2000) sowie *Boella und Hely* (2004) für verschiedene Anwendungsgebiete diskutiert.

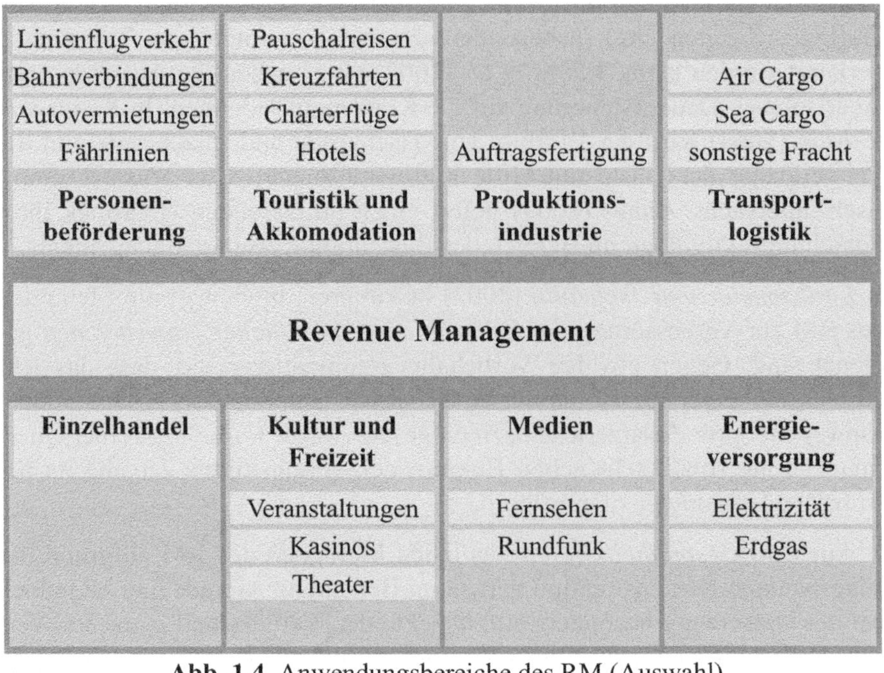

| Linienflugverkehr | Pauschalreisen | | |
|---|---|---|---|
| Bahnverbindungen | Kreuzfahrten | | Air Cargo |
| Autovermietungen | Charterflüge | | Sea Cargo |
| Fährlinien | Hotels | Auftragsfertigung | sonstige Fracht |
| **Personen-beförderung** | **Touristik und Akkomodation** | **Produktions-industrie** | **Transport-logistik** |
| **Revenue Management** | | | |
| **Einzelhandel** | **Kultur und Freizeit** | **Medien** | **Energie-versorgung** |
| | Veranstaltungen | Fernsehen | Elektrizität |
| | Kasinos | Rundfunk | Erdgas |
| | Theater | | |

**Abb. 1.4.** Anwendungsbereiche des RM (Auswahl)

Ohne Anspruch auf Vollständigkeit gibt Abb. 1.4 abschließend einen Überblick wichtiger Branchen, in denen die Methoden des RM bereits umfassende Verbreitung gefunden haben. Eine ausführliche Übersicht zu diesen und weiteren etablierten Anwendungen findet sich in *Talluri und van Ryzin* (2004a, Kap. 10). Der Übersichtsartikel von *Chiang et al.* (2007) geht insbesondere auf aktuelle Publikationen für verschiedene Anwendungsbereiche ein. Fallstudienartige Auseinandersetzungen – teilweise auch mit ausgefalleneren Anwendungen des RM – liefert das Buch von *Yeoman und*

*McMahon-Beattie* (2004). Darüber hinaus enthalten das Journal of Revenue and Pricing Management sowie das International Journal of Revenue Management regelmäßig anwendungsorientierte Beiträge.

**Bemerkung 1.9:** Eine Sonderrolle bzgl. der Anwendung von Methoden des RM nimmt der Einzelhandel ein (vgl. Abb. 1.4). Gemäß unserer Anwendungsvoraussetzungen aus Kap. 1.2.2 gehört er eigentlich nicht zu den Anwendungsgebieten des klassischen RM, da die Integration des externen Faktors in die Leistungserstellung hier nicht benötigt wird – die Produktion kann verkaufsunabhängig auf Lager erfolgen. Dennoch sind insbesondere für Produkte mit kurzen Lebenszyklen (Saisonware, Modeartikel) sowie verderbliche Lebensmittel die typischen RM Zielsetzungen im Sinne eines erlösoptimalen Absatzes einer fixen Angebotskapazität in einem befristeten Zeitraum durchaus gegeben. Zur Erlösmaximierung wendet man hier Methoden des Dynamic Pricing an, das wir unter dem RM i.w.S. subsumieren und in Kap. 5 ausführlich erläutern.

# 2 Preisdifferenzierung

Die segmentorientierte Preisdifferenzierung beruht auf der Gruppierung von Nachfragern in Segmenten und der getrennten Bepreisung von in ihrer Kernleistung identischen Produkten für diese Segmente. Im Gegensatz zur Kapazitäts- und Überbuchungssteuerung findet die Preisdifferenzierung als eigenständiges Instrument kaum Beachtung in der RM orientierten Literatur. Dies ist auf eine Reihe von Gründen zurückzuführen. In der Luftverkehrsindustrie ist die Unterteilung der Nachfrager in Segmente historisch gewachsen und wird lediglich inkrementell an veränderte Marktbedingungen angepasst.[1] Des Weiteren ist aufgrund der hohen Produktanzahl eine Umsetzung wissenschaftlicher Ansätze bei der Bepreisung praktisch nicht möglich (vgl. Kap. 2.3). Schließlich erfordern die einsetzbaren Methoden des Marketings – wie z.B. die Conjoint Analyse – im Gegensatz zur Kapazitäts- und Überbuchungssteuerung keine spezielle Ausgestaltung für ihre Anwendung im RM.

In Anbetracht dieser Beobachtungen erfolgt in diesem Buch eine eher deskriptive Betrachtung der Preisdifferenzierung am Beispiel Passage, um die Wirkungsweise zu erläutern sowie ein Verständnis der daraus resultierenden Vorgaben für die Kapazitätssteuerung zu schaffen. Dabei verzichten wir auf eine Aufbereitung allgemeiner, der Marktforschung entstammender Ansätze und geben lediglich Hinweise auf ihre potenzielle Anwendung.[2]

## 2.1 Begriffliche Grundlagen

Zunächst nehmen wir eine begriffliche Abgrenzung der Preisdifferenzierung vor und nennen ihre grundlegenden Ziele. Im Anschluss daran be-

---

[1] Zudem ist die methodisch fundierte Bestimmung von Marktsegmenten mit erheblichem finanziellen und zeitlichen Aufwand verbunden, wie Arbeiten zur Einführung des neuen Preissystems der Deutsche Bahn AG im Jahr 2002 belegen (vgl. *Perrey* (1998) und *Hunkel* (2001)).

[2] Zu entsprechenden Methoden vgl. z.B. *Hermann und Homburg* (2000) oder *Backhaus et al.* (2006). Ein Standardwerk zur Marktsegmentierung repräsentiert das Buch von *Wedel und Kamakura* (2000).

schreiben wir wesentliche Implementationsformen. Damit legen wir die Grundlagen für die Erläuterung der Wirkungsweisen der Preisdifferenzierung anhand theoretischer Modelle in Kap. 2.2.

### 2.1.1 Definition und Ziele

In der Literatur zum Marketing finden sich zahlreiche *Definitionen* des Begriffs Preisdifferenzierung. Dabei ergeben sich die festzustellenden Unterschiede im Wesentlichen aus dem Umfang, in welchem Variationen der zugrunde liegenden Leistungen noch als Preisdifferenzierung erachtet oder bereits als Produktdifferenzierung aufgefasst werden (vgl. z.B. *Faßnacht* (1996, Kap. 2.1.1) oder *Hunkel* (2001, Kap. 1.2.1)). In diesem Buch sprechen wir von *Preisdifferenzierung*, wenn ein Anbieter in ihrer *Kernleistung* identische Produkte, bei denen es sich um Sach- oder Dienstleistungen handeln kann, an verschiedene Nachfrager zu unterschiedlichen Preisen verkauft; dabei resultieren die Preisunterschiede nicht aus unterschiedlichen Produktionskosten (vgl. auch *Hunkel* (2001, S. 6)).[3] Diese Definition eröffnet aufgrund der Verwendung des Ausdrucks „in ihrer Kernleistung identische Produkte" einen Interpretationsspielraum, der auf die schwierige Abgrenzung zwischen Preis- und Produktdifferenzierung zurückzuführen ist. Wir wollen daher unsere Interpretation anhand von Beispielen verdeutlichen.

**Beispiel 2.1:** *Der Absatz von Tickets für einen Flug innerhalb der Economy Class zu unterschiedlichen Preisen stellt eine Form der Preisdifferenzierung dar. Die Kernleistung ist gleich, d.h. der Transport zwischen Start- und Zielort erfolgt für die Passagiere unter gleichen Bedingungen z.B. in Bezug auf die Verpflegung oder den Sitzplatzkomfort. Mögliche leistungsmäßige, den Preisen zugrunde liegende Unterschiede beruhen auf Einschränkungen hinsichtlich Vorausbuchungsfrist, Stornierungsgebühr oder Umbuchungsmöglichkeit und betreffen den Umfang der Kernleistung nicht (vgl. Kap. 2.3.1). Die Implementierung der Einschränkungen besitzt für die Fluggesellschaft keinen Einfluss auf die mit dem Transport verbundenen Kosten.*

---

[3]  Gelegentlich wird weiter nach vertikaler und horizontaler Preisdifferenzierung unterschieden, wobei es sich bei der im RM verwendeten Art um eine horizontale Differenzierung handelt (vgl. z.B. *Nieschlag et al.* (2002, Kap. 3.2.3.4.1) oder *Diller* (2007, Kap. 7.4.2.1)).

*Das Angebot unterschiedlicher Beförderungsklassen wie der Business Class und der First Class stellt keine Preisdifferenzierung, sondern eine Produktdifferenzierung dar. Über ihre Ausgestaltung wird im Rahmen der Festlegung des Leistungsprogramms entschieden (vgl. Kap. 1.3.1). Ein Transport in der First Class repräsentiert eine andere Kernleistung als der Transport in der Economy Class. Dies gilt sowohl aus der Sicht des Passagiers im Hinblick auf den Reisekomfort als auch aus der Sicht der Fluggesellschaft bzgl. der resultierenden Kosten je Passagierkilometer. Unterschiedliche Kosten zwischen First und Economy Class ergeben sich etwa aus der intensiveren Betreuung oder dem größeren Platzbedarf für einen einzelnen Sitzplatz.*

Die grundlegenden *Ziele* bei der Anwendung der Preisdifferenzierung im Rahmen des RM bestehen in einer Erhöhung der Absatzmengen sowie in einer Erlössteigerung. Dazu muss zum einen zusätzliche Nachfrage durch preissensitive Kunden generiert werden, zum anderen sind die Zahlungsbereitschaften von weniger preissensiblen Kunden weitgehend abzuschöpfen. Das Verfolgen dieser Ziele führt bei richtiger Implementierung der Instrumente des RM zu einer besseren Auslastung der vorgehaltenen Kapazitäten und zu einer Gewinnsteigerung. Dass sich die genannten Ziele durch den Einsatz der Preisdifferenzierung erreichen lassen, wird im Rahmen der Diskussion von entsprechenden Grundmodellen in Kap. 2.2 deutlich. Weitere mögliche Ziele sind die Verbesserung der Kundenbindung oder der Wettbewerbsposition (vgl. z.B. *Diller* (2007, Kap. 7.4.2.2) sowie Kap. 1.3.2).

## 2.1.2 Grad der Preisdifferenzierung

Eine wichtige konzeptionelle Typologisierung der Preisdifferenzierung, welche die Einordnung möglicher Implementationsformen erlaubt, bezieht sich auf den *Grad der Preisdifferenzierung*. In der Marketing-Literatur werden hier in Anlehnung an die grundlegende Arbeit von *Pigou* (1920) üblicherweise die folgenden drei Arten (Grade) der Preisdifferenzierung unterschieden:[4]

– Eine *perfekte Preisdifferenzierung (ersten Grades)* liegt vor, wenn der Anbieter von jedem Nachfrager einen Preis in Höhe seiner maximalen Zahlungsbereitschaft verlangt. In diesem Fall realisiert der Anbieter sei-

---

[4] Vgl. zu ähnlichen Darstellungen z.B. *Simon* (1992, Kap. 9.3), *Faßnacht* (2003) oder *Homburg und Krohmer* (2006, Kap. 12.3.1.2.1).

nen maximal möglichen Erlös und Absatz. Die Umsetzung einer solchen Preisdifferenzierung scheitert i. d. R. an der Komplexität der Bestimmung der individuellen Zahlungsbereitschaften, aber auch aus organisatorischen bzw. juristischen Gründen.[5]

– Die *Preisdifferenzierung zweiten Grades* ist dadurch gekennzeichnet, dass Nachfrager zu Segmenten zusammengefasst werden, wobei der Anbieter für die einzelnen Segmente jeweils unterschiedliche Preise festlegt. Dem Nachfrager sind grundsätzlich sämtliche Preise anzubieten, und er kann über seine Segmentzugehörigkeit selbst entscheiden. Man spricht auch vom Prinzip der *Selbstselektion*. Der Anbieter muss durch die geeignete Variation der Kernleistung sicherstellen, dass der Nachfrager möglichst das für ihn gedachte Segment wählt.

– Die *Preisdifferenzierung dritten Grades* basiert auf der Segmentierung der Nachfrager anhand durch den Anbieter beobachtbarer Kriterien wie sozio-ökonomischen Kundenmerkmalen (z. B. Alter oder Geschlecht). Im Gegensatz zur Preisdifferenzierung zweiten Grades ist dabei das Segment durch den Nachfrager nicht frei wählbar bzw. der Wechsel ist für ihn mit erheblichen Nutzeneinbußen verbunden.

Die Abgrenzung zwischen der Preisdifferenzierung zweiten und dritten Grades fällt häufig schwer. Dies liegt daran, dass auch die Preisdifferenzierung dritten Grades grundsätzlich einen Wechsel zwischen Segmenten erlaubt, dieser jedoch mit Nutzeneinbußen seitens des Nachfragers verbunden ist. Die Bedeutung von Nutzeneinbußen in diesem Zusammenhang wird an den Beispielen der in Kap. 2.1.3 diskutierten zeitlichen und räumlichen Preisdifferenzierung deutlich.

Sobald ein Wechsel zwischen Segmenten möglich ist, werden Nachfrager beim Kauf abwägen, ob sie durch einen solchen Wechsel eine eventuelle Arbitrage realisieren können. Dies kann zur Unwirksamkeit der Preisdifferenzierung mit Erlöseinbußen gegenüber einer Einheitsbepreisung führen (vgl. Kap. 2.2.1). Daher sind bei der Umsetzung wirksame Wechselbarrieren zu errichten, die eine solche *Kannibalisierung* verhindern.[6] Solche Barrieren werden in der jüngeren Literatur als *Fences* bezeichnet, ihre Identifi-

---

[5]  Eine Möglichkeit zur Ermittlung individueller Zahlungsbereitschaften stellt die Durchführung von Auktionen dar, die durch die Verbreitung des E-Commerce an Bedeutung gewinnt (vgl. *Simon und Butscher* (2001, S. 113)).

[6]  Umgekehrt ist auch der Fall denkbar, dass der Nachfrager in ein höherpreisiges und damit für den Anbieter günstigeres Segment wechselt. Dieser Vorgang wird im Englischen als „Diversion" (zu deutsch Umleitung) bezeichnet.

kation und Ausgestaltung als *Fencing* (vgl. z.B. *Botimer* (1996, S. 309) oder *Hunkel* (2001, S. 4)). Die Zuordnung von Fences zu Produkten bezeichnet man als Fencingstruktur. Die gewählte Fencingstruktur besitzt insbesondere bei einer Preisdifferenzierung zweiten Grades erheblichen Einfluss auf die realisierbaren Preise und damit auf die erzielbaren Gesamterlöse (vgl. Beispiel 2.4, S. 54).

### 2.1.3 Implementationsformen der Preisdifferenzierung

Bezüglich der Umsetzung der Preisdifferenzierung zweiten und dritten Grades in der Unternehmenspraxis lässt sich eine Unterteilung der *Implementationsformen* in zwei grundlegende Kategorien vornehmen (vgl. z.B. *Faßnacht* (2003, S. 493 ff.)):

– Eine *mengenorientierte Preisdifferenzierung* liegt vor, wenn der vom Nachfrager im Durchschnitt je Produkteinheit zu zahlende Preis in Abhängigkeit von der erworbenen Menge variiert. Häufig wird die mengenorientierte Preisdifferenzierung als *nichtlineare Preisbildung* bezeichnet, da sich der Gesamtpreis nicht proportional zur erworbenen Menge verhält. Entsprechende Implementationsformen sind Mengenrabatte oder zweiteilige Tarife, wobei die angebotene Tarifstruktur üblicherweise für alle Nachfrager gleich ist.[7] Damit entscheiden die Nachfrager durch die von ihnen gewählte Abnahmemenge über den zu zahlenden Durchschnittspreis. Sie segmentieren sich damit selbst, weswegen es sich bei der mengenorientierten Preisdifferenzierung um eine Preisdifferenzierung zweiten Grades handelt (vgl. *Simon* (1992, S. 399 f.)).

– Eine *segmentorientierte Preisdifferenzierung* basiert auf der Unterteilung der Nachfrager in Segmente und der getrennten Bepreisung der Segmente. Mögliche Implementationsformen, auf die wir im Folgenden eingehen, sind die räumliche, zeitliche, personen- und leistungsbezogene Preisdifferenzierung. Dabei handelt es sich bei den drei zuerst genannten Formen um eine Preisdifferenzierung dritten Grades und bei der letzten Form um eine Differenzierung zweiten Grades.

Da insbesondere die zuletzt genannte Kategorie der segmentorientierten Preisdifferenzierung im Rahmen des RM wesentlich ist, wollen wir die ihr zugeordneten Implementationsformen ausführlicher diskutieren. Dabei be-

---

[7] Ausführliche Darstellungen möglicher Formen der mengenorientierten Preisdifferenzierung finden sich z.B. in *Simon* (1992, Kap. 10) und *Skiera* (1999).

ziehen sich die unterschiedlichen Bezeichnungen auf die jeweils zur Segmentbildung verwendeten Segmentierungskriterien (vgl. auch *Faßnacht* (1996, Kap. 4.2) sowie *Homburg und Krohmer* (2006, Kap. 12.3.1.2.2)):

– Bei einer *räumlichen Preisdifferenzierung* werden Kriterien zur Segmentierung verwendet, die sich auf den Ort des Absatzes oder der Leistungserstellung beziehen. Zur Segmentbildung ordnet man den Kriterien Ausprägungen i. d. R. so zu, dass die resultierenden Segmente Nachfrager aus zusammenhängenden geographischen Gebieten enthalten. Diesen Segmenten wird jeweils ein eigener Preis angeboten. Es handelt sich um eine Preisdifferenzierung dritten Grades. Je nach Art des Produkts kann der Nachfrager zwischen Segmenten wechseln. Nicht beeinflussen kann er den Ort des Produkterwerbs bzw. der Nutzung und damit seine Segmentzugehörigkeit z. B. bei Elektrizität oder Gas. Dagegen kann er eine für ihn günstigere Pauschalreise aus einem Bundesland antreten, in dem bei Reiseantritt keine Schulferien sind. Die ihm daraus resultierenden Nutzeneinbußen bestehen im für den Transfer notwendigen Zeitaufwand sowie den transferbedingten Kosten.

– Im Rahmen einer *zeitlichen Preisdifferenzierung* greift man auf explizite zeitabhängige Segmentierungskriterien zurück, d. h. die Preise werden in Abhängigkeit vom Zeitpunkt/Zeitraum des Kaufs oder der Leistungsnutzung variiert und auf dieser Grundlage entsprechende Produkte definiert. Beispielhaft lassen sich hier differenzierte Preise nach der Tageszeit (z. B. bei Telefongebühren), nach Wochentagen (z. B. für Hotelübernachtungen) oder nach Saisonverläufen (z. B. bei Pauschalreisen) nennen. Ein Beispiel für die zeitliche Preisdifferenzierung in Abhängigkeit vom Zeitpunkt des Leistungserwerbs sind explizite Vorausbuchungsfristen, bspw. in Form von Frühbucherrabatten.[8] Aufgrund der verwendeten Segmentierungskriterien liegt eine Preisdifferenzierung dritten Grades vor. Auch hier ist ein Wechsel zwischen den Segmenten durch den Nachfrager unter Inkaufnahme von Nutzeneinbußen grundsätzlich möglich. So kann er ein Telefonat in die günstigeren Abendstunden verschieben.

– Bei der *personenbezogenen Preisdifferenzierung* werden spezifische Merkmale der Nachfrager als Segmentierungskriterien herangezogen. Beispiele für derartige Kriterien sind Alter, Geschlecht, Familienstatus,

---

[8]  Findet eine solche Differenzierung nur implizit ohne ausdrückliche Definition entsprechender Produkte statt, so spricht man von „Dynamic Pricing", bei dem der Preis eines einzelnen Produkts innerhalb des Buchungszeitraums situativ (beliebig) variiert werden kann (vgl. Kap. 5).

Beruf und Einkommen. Diese Implementationsform ist der Preisdifferenzierung dritten Grades zuzuordnen, wobei durch die eindeutige Definition der Segmente ein Wechsel der Nachfrager zwischen den Segmenten nicht möglich ist. Daher besteht auch kein kausaler Zusammenhang zwischen den Segmentierungskriterien und der eigentlichen Kaufentscheidung. Insofern beruht diese Implementationsform auf der Hoffnung, dass sich anhand der gewählten Kriterien Segmente mit unterschiedlichen Preisbereitschaften identifizieren lassen.

– Bei Anwendung der *leistungsbezogenen Preisdifferenzierung* verändert der Anbieter Produktmerkmale, die nicht die Kernleistung betreffen, und bietet sämtliche Varianten zum Kauf an.[9] Damit ergibt sich beim Absatz eine Selbstselektion durch die potenziellen Nachfrager, und es liegt eine Preisdifferenzierung zweiten Grades vor. Entsprechend ist die Variation so vorzunehmen, dass sich jene Nachfrager (Segmente) mit einer tendenziell höheren Zahlungsbereitschaft für die teurere Produktvariante entscheiden. Geeignete Segmentierungskriterien sind bei dieser Form der Preisdifferenzierung im Gegensatz zu den anderen Ansätzen nicht unmittelbar gegeben, sondern müssen erst noch gefunden werden. Zumeist beruhen sie auf den unterschiedlichen *Nutzenstrukturen*[10] der Nachfrager, wobei die Strukturen von Nachfragern aus gleichen Segmenten möglichst homogen und von Nachfragern aus unterschiedlichen Segmenten möglichst heterogen sein sollten.

Die zur Segmentierung von Nachfragern verwendeten Kriterien lassen sich je nach Implementationsform direkt oder indirekt als Grundlage der Bestimmung von Fencingstrukturen heranziehen. Eine direkte Verwendung von Segmentierungskriterien zur Formulierung entsprechender Bedingungen ist v.a. bei der Preisdifferenzierung dritten Grades möglich. Ein geeignetes Kriterium bei der personenbezogenen Preisdifferenzierung ist das Alter, mit dem sich Segmente wie Kinder und Senioren identifizieren lassen.

---

[9]  Andernfalls handelt es sich um eine Produktdifferenzierung. Vgl. auch die Beispiele im Zusammenhang mit der Definition der Preisdifferenzierung in Kap. 2.1.1.

[10]  Dabei wird unterstellt, dass sich der Gesamtnutzen eines Produkts aus Teilnutzen ergibt, welche die Bewertung unterschiedlicher Produktmerkmale durch den Nachfrager beschreiben. Bei Verkehrsdienstleistungen können solche Teilnutzen in Bezug auf die Flexibilität, die Reisedauer, den Preis oder den Komfort vorliegen. Die Nutzenstruktur erfasst die Zusammensetzung des Gesamtnutzens durch Teilnutzen.

Bei der Preisdifferenzierung zweiten Grades ist eine Umsetzung der Segmentierungskriterien in Fences i.d.R. nicht direkt möglich. So erfolgt bei der leistungsbezogenen Differenzierung von Verkehrsdienstleistungen häufig eine Segmentierung nach dem Reiseanlass, die in einer Unterteilung der Nachfrager in Geschäfts- und Privatreisende resultiert. Geschäftsreisende weisen dabei eine höhere Preisbereitschaft als Privatreisende auf. Zugleich legen sie mehr Wert auf Flexibilität bei der Reisegestaltung. Mögliche Fences, die auf diesen Unterschieden in den Nutzenstrukturen basieren, bestehen in der Vorgabe von Vorausbuchungsfristen oder verbindlichen Wochenendaufenthalten für das Segment der Privatreisenden.

**Bemerkung 2.1:** Im Rahmen des RM werden die genannten Implementationsformen oft gemeinsam angewendet. Beispielsweise kombinieren Hotels und Pauschalreiseveranstalter häufig eine zeitliche und mengenmäßige Preisdifferenzierung. In nachfrageschwachen Zeiten offerieren sie Arrangements, bei denen ab einer gewissen Mindestaufenthaltsdauer eine oder mehrere Übernachtungen kostenlos sind.

## 2.2 Theoretische Grundlagen

Im Folgenden wollen wir theoretische Grundmodelle zur Erklärung der Wirkungsweise der Preisdifferenzierung diskutieren. Dabei behandeln wir zunächst die Preisdifferenzierung ersten und dritten Grades, bevor wir auf die im Rahmen des RM besonders relevante Differenzierung zweiten Grades eingehen. Zur Vereinfachung unterstellen wir Sicherheit bzgl. der erforderlichen Modellparameter.[11]

### 2.2.1 Differenzierung ersten und dritten Grades

Die Wirkungsweise der Preisdifferenzierung ersten und dritten Grades lässt sich sehr anschaulich am klassischen Grundmodell der Preisdifferenzierung, das auf *von Stackelberg* (1939) zurückgeht, verdeutlichen.[12] Dabei gehen wir von den folgenden Annahmen aus (vgl. z.B. *Hardes und Weber* (2000, S. 233), *Helmedag* (2001, S. 10) oder *Faßnacht* (2003, S. 487 f.)):

---

[11] Für den Fall der Unsicherheit vgl. z.B. *Dana* (1999) sowie Kap. 3.1.1.

[12] Zu entsprechenden und teilweise weiterführenden Darstellungen des Grundmodells der Preisdifferenzierung vgl. z.B. *Simon* (1992, Kap. 9.3.1) oder *Diller* (2007, Kap. 7.4).

– Der Anbieter verfolgt das Ziel der Erlösmaximierung als Approximation für die Gewinnmaximierung. Dies ist z. B. sinnvoll, wenn keine variablen Kosten bei der Leistungserstellung entstehen bzw. diese vernachlässigbar oder schwer ermittelbar sind (vgl. Kap. 1.3.2).

– Damit eine Preisdifferenzierung überhaupt möglich ist, muss der Anbieter über einen gewissen monopolistischen Spielraum verfügen. Dieser existiert i. d. R. auf unvollkommenen Märkten, wie sie etwa in der Luftverkehrsindustrie gegeben sind.[13]

– Die Nachfrager müssen unterschiedliche individuelle Preisabsatzfunktionen besitzen. Die *Preisabsatzfunktion* gibt dabei die Absatzmenge (in ME) eines Produkts in Abhängigkeit vom Preis (in GE) wieder (vgl. z. B. *Diller* (2007, Kap. 3.2)).

– Im einfachsten Fall repräsentiert die individuelle Preisabsatzfunktion wie in Abb. 2.1 eine binäre Kaufentscheidung, bei welcher der Nachfrager 1 ME eines Produkts kauft, falls der ihm entstehende Nutzenzuwachs den entsprechenden Entgang durch den zu zahlenden Preis mindestens ausgleicht (vgl. *Simon* (1992, Kap. 4.2.2)).

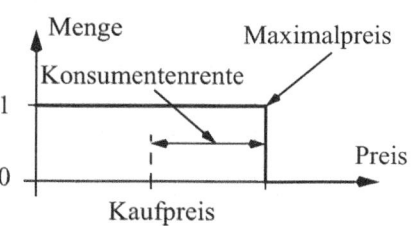

**Abb. 2.1.** Individuelle Preisabsatzfunktion

Der höchste Preis, den der Nachfrager zu zahlen bereit ist, wird als *Maximalpreis* oder *Prohibitivpreis* bezeichnet. Ist der tatsächlich zu zahlende Preis geringer, entsteht dem Nachfrager eine *Konsumentenrente* in Höhe der Differenz aus Maximal- und Kaufpreis.

– Die individuellen Preisabsatzfunktionen müssen sich (zumindest partiell) beobachten und zu einer *aggregierten Preisabsatzfunktion* zusammenfassen lassen. Diese ergibt sich grundsätzlich durch Bestimmung der zu jedem Preis absetzbaren ME.[14] Ist die Anzahl der Nachfrager hinreichend groß und sind ihre Maximalpreise annähernd gleichverteilt, resultiert (zumindest näherungsweise) eine lineare und monoton fallende agg-

---

[13] Zu Marktformen und ihren Eigenschaften vgl. *Domschke und Scholl* (2005, Kap. 5.1.6).

[14] Zu weiteren möglichen Formen von Preisabsatzfunktionen vgl. z. B. *Simon* (1992, Kap. 4.2.3) oder *Diller* (2007, Kap. 3.2). Wesentliche Kennzahlen zur Beschreibung von Preisabsatzfunktionen sind die Preis- und Kreuzpreiselastizität (vgl. ebenda).

regierte Preisabsatzfunktion des Typs $q(r) = a - b \cdot r$, wie wir sie im Folgenden zur Vereinfachung unterstellen. Dabei entspricht r dem Preis und q der Absatzmenge; a und b repräsentieren nichtnegative Parameter der Funktion.

– Bei einer Preisdifferenzierung dritten Grades muss eine Unterteilung der Nachfrager in $n \geq 2$ abgrenzbare *Segmente* der Größe $Q_i$ ($i = 1, \dots, n$) möglich sein, die eine eindeutige Zuordnung der Nachfrager zu den Segmenten erlaubt und einen Wechsel zwischen den Segmenten ausschließt.[15] Für jedes dieser Segmente wird – ausgehend von der Kernleistung des Grundprodukts – eine Produktvariante $P_i$ mit Preis $r_i$ definiert. Dabei sollen durch die Segmentierung keine oder vernachlässigbare Kosten entstehen.

Unter diesen Annahmen lässt sich das Grundmodell wie in Abb. 2.2 grafisch veranschaulichen. Wir gehen von der Preisabsatzfunktion $q(r) = 500 - r$ aus. Die maximal mögliche Absatzmenge beträgt $q_{max} = 500$ ME, falls die Leistung umsonst abgegeben wird. Der Maximalpreis $r_{max} = 500$ GE ist derjenige Preis, ab dem keine Nachfrage mehr existiert. Betrachten wir zunächst die Fälle des Verzichts auf eine Preisdifferenzierung bzw. einer perfekten Preisdifferenzierung.

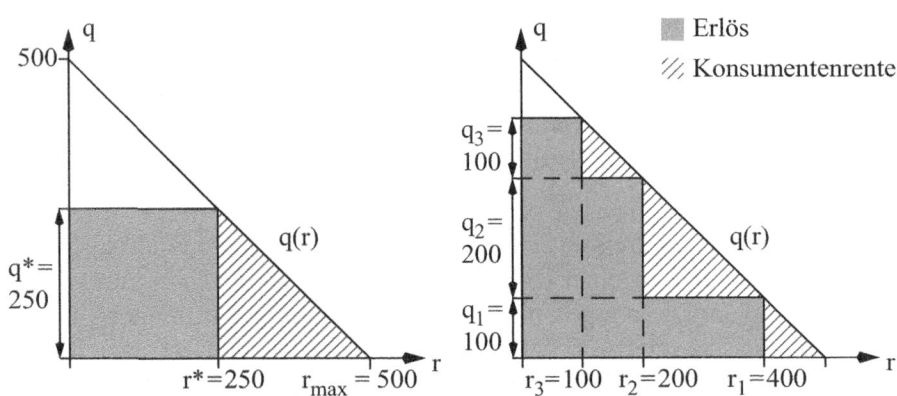

**Abb. 2.2.** Grundprinzip der Preisdifferenzierung

---

[15] Wie wir bei der Diskussion des Grades der Preisdifferenzierung in Kap. 2.1.2 erläutert haben, ist auch bei einer Preisdifferenzierung dritten Grades ein Wechsel zwischen Segmenten grundsätzlich möglich. Wir verweisen für diesen Fall auf die Erläuterungen im Zusammenhang mit der Preisdifferenzierung zweiten Grades in Kap. 2.2.2.

**Beispiel 2.2:**

*Fall a): Der erlösmaximale Einheitspreis von $r^* = 250$ GE/ME bei Verzicht auf eine Preisdifferenzierung lässt sich durch Bestimmung und Ableitung der Erlösfunktion $V(r) = r \cdot q(r)$ ermitteln.[16] Bei diesem Preis verkauft der Anbieter $q^* = q(r^*) = 250$ ME und erzielt einen Gesamterlös von $r^* \cdot q^* = 62\,500$ GE. Der Gesamterlös und der Gesamtumfang der Konsumentenrente werden durch die grau gefärbte bzw. die schraffierte Fläche im linken Teil von Abb. 2.2 repräsentiert.*

*Fall b): Bei einer perfekten Preisdifferenzierung, bei der jeder Kunde seinen individuellen Maximalpreis zahlen würde, ergäbe sich ein Gesamterlös i.H.v. $r_{max} \cdot q_{max}/2 = 125\,000$ GE. Er entspricht der Fläche des in Abb. 2.2 durch die Preisabsatzfunktion sowie die Achsen des Koordinatensystems aufgespannten Dreiecks. In diesem Fall gelänge es dem Anbieter, die Konsumentenrente vollständig abzuschöpfen.*

Für den Fall der Preisdifferenzierung dritten Grades ist zunächst eine Segmentierung der Nachfrager vorzunehmen, und es ist für jedes Segment ein zugehöriges Produkt durch Vorgabe einer Fencingstruktur zu definieren. Anschließend bestimmt man für jedes der Segmente (Produkte) die zugehörige Preisabsatzfunktion. Dabei müssen die ermittelten Preisabsatzfunktionen aufgrund der eindeutigen und disjunkten Segmentierung im Rahmen einer Preisdifferenzierung dritten Grades bei Aggregation die ursprüngliche Preisabsatzfunktion für die Gesamtheit der Nachfrager ergeben.

| i | Variante A | | | Variante B | | |
|---|---|---|---|---|---|---|
| | $Q_i$ | $q_i(r_i)$ | $r_i^*$ | $Q_i$ | $q_i(r_i)$ | $r_i^*$ |
| 1 | 100 | $q_1(r_1) = 100 - \frac{1}{5}r_1$ | 250 | 100 | $q_1(r_1) = \begin{cases} 100 & r_1 \in [0, 400] \\ 500 - r_1 & r_1 \in (400, 500] \end{cases}$ | 400 |
| 2 | 150 | $q_2(r_2) = 150 - \frac{3}{10}r_2$ | 250 | 200 | $q_2(r_2) = \begin{cases} 200 & r_2 \in [0, 200] \\ 400 - r_2 & r_2 \in (200, 400] \\ 0 & r_2 \in (400, 500] \end{cases}$ | 200 |
| 3 | 250 | $q_3(r_3) = 250 - \frac{1}{2}r_3$ | 250 | 200 | $q_3(r_3) = \begin{cases} 200 - r_3 & r_3 \in [0, 200] \\ 0 & r_3 \in (200, 500] \end{cases}$ | 100 |

**Tabelle 2.1.** Mögliche Formen der Preisdifferenzierung

---

[16] Vgl. zur Herleitung z.B. *Domschke und Scholl* (2005, Kap. 5.2.3).

Um die Wirkungsweise der Preisdifferenzierung dritten Grades zu verdeutlichen, untersuchen wir zwei Varianten A und B einer Segmentbildung auf Basis der zuvor betrachteten aggregierten Preisabsatzfunktion $q(r) = 500 - r$ (vgl. Tabelle 2.1). Dazu definieren wir jeweils drei Produkte $P_1$, $P_2$ und $P_3$. Wegen unterschiedlicher Fencingstrukturen ergeben sich differierende Verteilungen der maximal 500 Nachfrager auf die Segmente. Außerdem resultieren unterschiedliche segmentspezifische Preisabsatzfunktionen.[17]

**Beispiel 2.3:**

*Variante A: Untersuchen wir zunächst die Preisdifferenzierung nach Variante A und bestimmen jeweils die segmentoptimalen Preise $r_i^*$. Man erhält für jedes Segment den optimalen Einheitspreis i. H. v. $r^* = 250$ GE/ ME. Die abgesetzten ME der entsprechenden Produkte $P_1$, $P_2$ und $P_3$ bei diesem Preis sind – wie bereits angegeben – 50, 75 und 125 ME, was der Gesamtabsatzmenge von 250 ME bei Verzicht auf die Preisdifferenzierung entspricht. Somit besitzt die vorgenommene Segmentbildung keinen erlössteigernden Effekt.*

*Variante B: Bei Variante B ergibt sich eine andere Aussage. Die segmentoptimalen Preise sind 400, 200 und 100 GE, wobei von den entsprechenden Produkten $P_1$, $P_2$ und $P_3$ jeweils $q_1 = 100$, $q_2 = 200$ bzw. $q_3 = 100$ ME abgesetzt werden (vgl. rechten Teil von Abb. 2.2). Es ergibt sich ein Gesamterlös i. H. v. 90 000 GE, was einer Steigerung von 44% gegenüber dem Einheitspreis entspricht. Darüber hinaus werden 150 ME mehr als bei einer Einheitsbepreisung abgesetzt. Zu beachten ist, dass die Erlössteigerungen nur realisiert werden, so lange die vorgenommene Segmentierung wirklich zur gewünschten Trennung der Nachfrager führt. Gelingt diese nicht, kann die Anwendung der Preisdifferenzierung in einem insgesamt niedrigeren Gesamterlös resultieren. In unserem Beispiel würden dann im ungünstigsten Fall 400 Nachfrager das Produkt $P_3$ erwerben, was den Gesamterlös auf 40 000 GE verringert.*

---

[17] Die Definitionsbereiche der Preisabsatzfunktionen für Variante A ergeben sich leicht aus den Segmentgrößen und sind aus Platzgründen nicht angegeben. Aggregiert man jeweils die angegebenen Funktionen, resultiert die ursprüngliche Preisabsatzfunktion. Dies lässt sich beispielhaft durch Einsetzen des optimalen Einheitspreises von $r^* = 250$ GE verifizieren. Bei Variante A werden von den Produkten $P_1$, $P_2$ und $P_3$ jeweils 50, 75 und 125 ME abgesetzt, bei Variante B 100, 150 und 0 ME. In beiden Fällen ergibt sich eine Gesamtabsatzmenge von 250 ME.

Die zuvor gemachten Ausführungen unterstellen, dass hinreichend Kapazität zur Befriedigung der gesamten Nachfrage zur Verfügung steht. Bei Variante B wären dabei 400 ME notwendig. Ist die tatsächliche Kapazität geringer, muss dies bei der Preisdifferenzierung berücksichtigt werden. In unserem Beispiel ist eine solche Betrachtung aufgrund der linearen Preisabsatzfunktionen mit identischen Steigungen einfach. Für eine Kapazität von lediglich 350 ME ist es erlösmaximal, die in Segment j = 3 abgesetzten ME auf 50 zu beschränken. Dies lässt sich erreichen, indem man für $P_3$ einen Preis von $r_3 = 150$ GE/ME festlegt.

Im Fall, dass die Preisabsatzfunktionen $q_i(r_i)$ der Segmente $i = 1, \ldots, n$ unterschiedliche Steigungen aufweisen bzw. nichtlinear sind, ergibt sich ein nichtlineares Optimierungsmodell zur Bestimmung der erlösmaximierenden Preise $r_1, \ldots, r_n$.

| **M2.1:** Optimierungsmodell Preisdifferenzierung | |
|---|---|
| Maximiere $\sum_{i=1}^{n} r_i \cdot q_i(r_i)$ | (2.1) |
| unter den Nebenbedingungen | |
| $\sum_{i=1}^{n} q_i(r_i) \leq C$ | (2.2) |
| $0 \leq q_i(r_i) \leq Q_i$    für $i = 1, \ldots, n$ | (2.3) |

Gehen wir von einer einzigen knappen Ressource mit Kapazität C aus, lässt sich das Optimierungsmodell wie in M2.1 formulieren. Die Zielfunktion (2.1) besteht in der Maximierung der Summe der in den einzelnen Segmenten erzielten Erlöse. Nebenbedingung (2.2) repräsentiert die Kapazitätsrestriktion. Schließlich stellen die Nebenbedingungen (2.3) sicher, dass keine Preise gewählt werden, für die negative bzw. die jeweilige Segmentgröße überschreitende Absatzmengen resultieren.

## 2.2.2 Differenzierung zweiten Grades

Im Folgenden sollen die Effekte der Selbstselektion im Rahmen der Preisdifferenzierung zweiten Grades anhand einer Erweiterung des Grundmodells aus Kap. 2.2.1 verdeutlicht werden (vgl. auch *Talluri und van Ryzin* (2004a, Kap. 8.3.3.3)). Dabei gehen wir ebenfalls von dem Ziel der Erlösmaximierung und von der Existenz eines unvollkommenen Marktes aus. Wie im Fall der Preisdifferenzierung dritten Grades unterteilt der Anbieter die potenziellen Nachfrager in Segmente $i = 1, \ldots, n$ mit der Größe $Q_i$. Außerdem definiert er n in der Kernleistung identische, aber durch Fencing abgegrenzte Produkte $P_j$ ($j = 1, \ldots, n$). Bezüglich des Verhaltens der Nachfrager treffen wir folgende (vereinfachende) Annahmen:

- Sämtliche Nachfrager des Segments i weisen einen identischen Maximalpreis für Produkt $P_j$ i.H.v. $v_{ij}$ GE/ME auf. Bei Vorgabe eines Preises von $r_j$ GE/ME entsteht ihnen damit eine Konsumentenrente i.H.v. $v_{ij} - r_j$ GE/ME.

- Es gilt $v_{ii} \geq v_{ij}$ für $j = 1, \ldots, n$, so dass für Nachfrager aus Segment i das Produkt $j = i$ den größten Nutzen besitzt.

Unter diesen Annahmen lassen sich Bedingungen für die vom Anbieter zu setzenden Preise formulieren, die im Rahmen der Selbstselektion das erwünschte Wahlverhalten der Nachfrager sicherstellen. Fixiert der Anbieter für die Produkte $j = 1, \ldots, n$ die Preise $r_j$, wählt ein Nachfrager aus Segment i Produkt $P_i$ genau dann, wenn die beiden folgenden Bedingungen gelten:[18]

$$v_{ii} - r_i \geq 0 \qquad\qquad\qquad\qquad\qquad\qquad\qquad (2.4)$$

$$v_{ii} - r_i > v_{ij} - r_j \qquad\qquad \text{für } j \in \{1, \ldots, n\} - \{i\} \qquad (2.5)$$

Die Bedingung (2.4) stellt sicher, dass dem Nachfrager aus dem Kauf von $P_i$ eine nichtnegative Konsumentenrente resultiert, da er nur dann den Kauf als lohnend empfindet. Die Bedingungen (2.5) garantieren, dass der Nachfrager zudem für $P_i$ eine größere Konsumentenrente als für alle anderen Produkte erzielt.[19] Damit wird für sämtliche Nachfrager die gewünschte Selbstselektion erreicht, wenn die Bedingungen (2.4) und (2.5) für alle Segmente $i = 1, \ldots, n$ gelten. Die Auswirkungen der Bedingungen auf die Preisbildung zeigt folgendes Beispiel:

**Beispiel 2.4:** *Im Rahmen einer Preisdifferenzierung zweiten Grades bietet eine Fluggesellschaft zwei Ticketarten an. Der Normaltarif (Produkt $P_1$) weist keine Restriktionen auf, während der Spezialtarif (Produkt $P_2$) einen Wochenendaufenthalt erfordert.[20] Die jeweiligen Produkte sollen einerseits Geschäftsreisende (Segment i = 1), die vor dem Wochenende heimkehren*

| $v_{ij}$ | Produkt j | |
|:---:|:---:|:---:|
|  | 1 | 2 |
| Segment i   1 | 500 | 200 |
| Segment i   2 | 100 | 100 |

**Tabelle 2.2.** Maximalpreise

---

[18] Die beiden Bedingungen werden im Englischen auch als „Participation Constraint" und „Incentive Compatibility Constraint" bezeichnet.

[19] Dabei wird zur Vereinfachung unterstellt, dass nicht mehrere Produkte mit gleicher (maximaler) Konsumentenrente existieren dürfen.

[20] Zu den Begriffen Normal- und Spezialtarif vgl. Kap. 2.3.

*möchten, und andererseits Privatreisende (i = 2), die keine Zeitpräferenz besitzen, ansprechen. Die ermittelten Maximalpreise der Nachfrager sind in Tabelle 2.2 dargestellt.*

*Soll $P_2$ vom Kundensegment 2 nachgefragt werden, so ist $r_2 \leq 100$ zu wählen. Damit gilt sogleich, dass die Segmentierung nur für $r_1 < 400$ gelingt. Bei $r_1 = 400$ sind Geschäftsreisende zwischen beiden Produkten indifferent, ab $r_1 > 400$ präferieren sie Produkt $P_2$. Der Maximalpreis der Geschäftsreisenden von $v_{11} = 500$ lässt sich damit für*

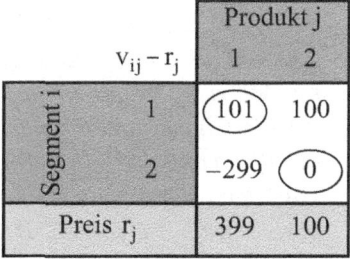

**Tabelle 2.3.** Konsumentenrenten

*die gegebene Fencingstruktur keinesfalls realisieren. Tabelle 2.3 enthält die resultierenden Konsumentenrenten bei $p_1 = 399$ und $p_2 = 100$.*

*Andere Möglichkeiten der Definition des Spezialtarifs können zur Erzielung eines höheren Gesamterlöses führen (vgl. Übungsaufgabe Ü2.1).*

Die vorangegangenen Ausführungen beruhen auf der Annahme, dass sämtliche einem Segment zugeordnete Nachfrager dieselbe Zahlungsbereitschaft und damit denselben Maximalpreis aufweisen. Ist dies – wie in der Realität – nicht der Fall, wird es Nachfrager geben, die selbst bei vermeintlich optimaler Wahl der Preise durch einen möglichen Wechsel in ein anderes Segment eine höhere Konsumentenrente erzielen. Um diesen Sachverhalt in das Grundmodell aus Kap. 2.2.1 zu integrieren, ist für sämtliche Paare $(i, j)$ von Segmenten der Anteil an Nachfragern $\delta_{ij}(\mathbf{r})$ zu bestimmen, die durch die Preisabsatzfunktion von Segment i erfasst werden, jedoch Produkt $P_j$ kaufen (vgl. auch *Botimer und Belobaba* (1999) oder *Ladany und Chou* (2001)). Dabei entspricht $\mathbf{r}$ dem Vektor der Preise $(r_1, ..., r_n)$. Dieser Definition liegt die Idee zugrunde, dass neben den Preisen $r_i$ und $r_j$ auch noch die Preise der anderen Produkte Einfluss auf das Wechselverhalten besitzen. Dies kann etwa auf Referenzpunkteffekte, wie sie aus der deskriptiven Entscheidungstheorie bekannt sind, zurückzuführen sein.[21] Damit ergibt sich eine flexiblere Modellierung als bei der ebenfalls möglichen Verwendung von Kreuzpreiselastizitäten.

Den Effekt des Wechsels zwischen Segmenten wollen wir zunächst durch Erweiterung von Beispiel 2.3, S. 52, erläutern.

---

[21] Vgl. zu Referenzpunkteffekten z.B. *Klein und Scholl* (2004, Kap. 8.3.5.3).

**Beispiel 2.5:** *Wir gehen von einer Segmentierung entsprechend Variante B aus Tabelle 2.1 auf S. 51 mit* $r = (400, 200, 100)$ *GE/ME und* 100, 200 *und* 100 *abgesetzten ME aus. Weiter nehmen wir an, dass im Rahmen einer Kannibalisierung lediglich Wechsel von den Segmenten 1 nach 2 bzw. 2 nach 3 erfolgen. Die Anteile der das Segment wechselnden Nachfrager betragen jeweils* $\delta_{12}(r) = 0.5$ *und*

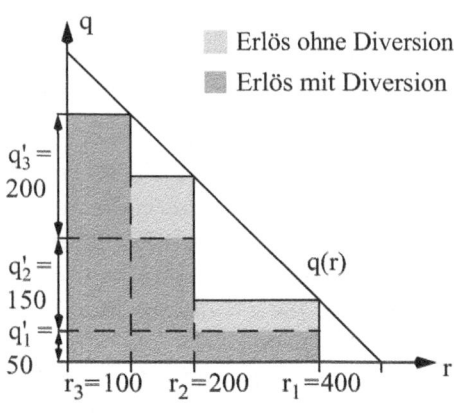

**Abb. 2.3.** Preisdifferenzierung mit Diversion

$\delta_{23}(r) = 0.5$. *Damit wechseln* 50 *Nachfrager von Segment 1 zu Segment 2 und* 100 *Nachfrager von Segment 2 zu Segment 3. Von den Produkten* $P_1$, $P_2$ *und* $P_3$ *werden damit* $q_1' = 50$, $q_2' = 150$ *und* $q_3' = 200$ *ME abgesetzt (vgl. Abb. 2.3), was zu einem Erlös von* 70 000 *GE führt.*

Die obigen Ausführungen gelten erneut unter der Annahme unbeschränkter Kapazität. Wie im Fall einer Preisdifferenzierung dritten Grades ergibt sich bei der Notwendigkeit zur Beachtung von Kapazitätsrestriktionen ein nichtlineares Optimierungsmodell. Dies entspricht in seiner Struktur Modell M2.1, so dass wir auf eine detaillierte Diskussion an dieser Stelle verzichten (vgl. dazu auch *Botimer und Belobaba* (1999)).

**Bemerkung 2.2:** Eine weitere Möglichkeit zur Modellierung des Auswahlverhaltens von Nachfragern bzgl. mehrerer Produktalternativen besteht in der Verwendung sog. *Discrete Choice Modelle*. Diese ökonometrischen Ansätze erlauben eine äußerst realitätsnahe Modellierung individuellen Entscheidungsverhaltens, wobei die benötigten Modellparameter auf Grundlage historischer Verkaufsdaten mit Hilfe statistischer Schätzverfahren leicht ermittelt werden können.[22] Im RM gewinnt insbesondere das multinomiale Logit Modell als der wohl bekannteste Vertreter der Discrete Choice Modelle zunehmend an Bedeutung. Entsprechende Ansätze werden bspw. von *Talluri und van Ryzin* (2004b), *Zhang und Cooper* (2005), *Liu und van Ryzin* (2008) sowie *Vulcano et al.* (2008) präsentiert.

---

[22] Vgl. die deutschsprachige Artikelserie von *Gönsch et al.* (2008a, 2008b) für eine Einführung in die Grundlagen der Discrete Choice Modellierung.

## 2.3 Umsetzung in der Passage

Die Umsetzung der Preisdifferenzierung in der Passage basiert auf der Definition von *Tarifen*. Dabei besteht ein Tarif aus dem für eine Flugverbindung zu zahlenden Preis sowie den aus den Fencingstrukturen abgeleiteten Bedingungen für den Erwerb entsprechender Tickets. Die Fencingstrukturen werden auf taktischer Ebene unabhängig von konkreten Flugverbindungen festgelegt, während Anpassungen der Preise auf operativer Ebene in Abhängigkeit von der aktuellen Marktlage erfolgen. Es ergibt sich prinzipiell eine Sukzessivplanung.[23] Häufig unterscheidet man in diesem Zusammenhang zwischen formeller und materieller Tarifgestaltung (vgl. *Pompl* (2007, S. 225 f.)). Eine Nutzung der zuvor geschilderten Modelle zur Umsetzung der Preisdifferenzierung ist dabei nur bedingt möglich.[24] Hauptgrund ist die in der Praxis wegen des damit verbundenen Aufwands unmögliche Bestimmung sämtlicher relevanten Preisabsatzfunktionen. So sind im Reservierungssystem der Lufthansa AG ca. 1.7 Mio. Preise hinterlegt (vgl. *Lufthansa* (2004b, S. 27)).

Als Folge der eingeschränkten Tauglichkeit modellgestützter Ansätze nehmen in der Praxis Analysten, die organisatorisch eigenständige Abteilungen bei Fluggesellschaften bilden, die Tarifgestaltung vor. Solche sog. Marktteams kennen die Besonderheiten des jeweiligen Verkaufsmarktes und lassen ihre Erfahrungen in die Preisbildung einfließen. Dabei werden sie durch Standardsoftware unterstützt. Die Software dient v.a. der Datenhaltung, dem Monitoring von Verkaufszahlen sowie der Marktüberwachung (vgl. z.B. *Mooney* (2003) und *Loew* (2004)). Zum potenziellen Aufbau modellgestützter Systeme vgl. *Weber et al.* (2003).

### 2.3.1 Formelle Tarifgestaltung

Im Folgenden erläutern wir die *formelle Tarifgestaltung* auf taktischer Ebene im Geschäftsfeld Passage, wobei wir auf eine Darstellung des Aufbaus von Tarifsystemen in der Praxis verzichten und uns auf die für das RM relevanten Aspekte konzentrieren.[25] Dabei ist insbesondere die Unterscheidung zwischen Beförderungs- und Buchungsklassen von Bedeutung.

---

[23] Eine aufgrund der Interdependenzen angebrachte Simultanplanung ist wegen der damit einhergehenden Komplexität nicht möglich.

[24] Entsprechende präskriptive Modelle finden daher in der Literatur bisher kaum Beachtung. Ausnahmen stellen die Arbeiten von *Botimer und Belobaba* (1999) sowie *Côté et al.* (2003) dar.

## 2.3.1.1 Definition von Klassen

Der Tarifgestaltung liegt eine auf strategischer Ebene erfolgende Produkt-differenzierung zugrunde (vgl. Kap. 1.3.1). Bei Fluggesellschaften führt diese Differenzierung zur Definition von *Beförderungsklassen*. Unter Beförderungsklassen versteht man räumlich getrennte Bereiche an Bord eines Flugzeugs (z.B. First, Business und Economy Class), die sich bzgl. des Platzangebots, den dargereichten Speisen und Getränken sowie weiterer Serviceleistungen (z.B. Lounge am Flughafen) unterscheiden. Dabei muss nicht jede Gesellschaft jeden Typ von Beförderungsklasse auf jeder Strecke anbieten. So wird die First Class bei der Lufthansa AG nur auf der Langstrecke, d.h. bei Interkontinentalflügen, verkauft.

Durch die Einführung von Beförderungsklassen wird bereits eine grundlegende Segmentierung der Nachfrager, jedoch noch keine Preisdifferenzierung im eigentlichen Sinne erzielt, da sich diese Klassen in ihrer Kernleistung unterscheiden. Fluggesellschaften identifizieren daher in einem weiteren Schritt für jede Beförderungsklasse Nachfragersegmente mit unterschiedlichen Nutzenstrukturen und daraus resultierenden Zahlungsbereitschaften und grenzen diese durch Vorgabe einer Fencingstruktur, d.h. von Tarifbedingungen, gegeneinander ab. Dabei ergibt sich aufgrund der Vielzahl an angebotenen Flügen und Verbindungen ein Komplexitätsproblem sowohl in Bezug auf die erforderliche Prognose des Nachfragerverhaltens als auch auf das spätere Handling durch Computerreservierungssysteme. Die Komplexität lässt sich durch die Einführung einer oder mehrerer *Buchungsklassen* für jede Beförderungsklasse reduzieren. Dabei besitzt die Economy Class i.d.R. die meisten Buchungsklassen. So sind es bspw. bei der Lufthansa AG derzeit 14, während die Business bzw. First Class drei bzw. zwei Buchungsklassen aufweisen.

Buchungsklassen werden auf taktischer Ebene unabhängig von konkreten Flügen bestimmt. Für jede Buchungsklasse sind Fencingstrukturen für den Erwerb des Tickets definiert, wodurch sich sowohl eine Preisdifferenzierung zweiten als auch dritten Grades realisieren lässt. Jedem Tarif einer Beförderungsklasse ist dabei jeweils genau eine Buchungsklasse zugeordnet. Der teuerste Tarif wird als *Normaltarif* bezeichnet und weist keinerlei Bedingungen auf, während günstigere *Spezialtarife* zusätzlichen Bedingungen unterliegen.

---

[25] Zu einer ausführlichen Darstellung von Tarifsystemen bei Fluggesellschaften vgl. *Pompl* (2007, Kap. 6.4)).

## 2.3.1.2 Arten von Fences

Bei der Definition von Buchungsklassen sind die von Fluggesellschaften verwendeten Fences weitgehend gleich und leiten sich grundsätzlich aus der Unterscheidung zwischen Geschäftsreisenden mit tendenziell höherer Zahlungsbereitschaft und Privatreisenden mit eher niedrigerer Zahlungsbereitschaft ab. Aufgrund ihrer Bedeutung wollen wir einige der wesentlichen Typen von Fences diskutieren (vgl. z.B. *Botimer* (1996, 2000)). Dabei lassen sich die am häufigsten verwendeten Ideen zur Ableitung von Fences wie folgt gruppieren:

– Ein wesentlicher Ansatz zur Ableitung von Fences besteht in der Regulierung der möglichen *Erwerbszeitpunkte* von Tickets. Dabei handelt es sich um die älteste und am stärksten genutzte Tarifbedingung. Typisch sind notwendige Vorausbuchungsfristen zwischen einer und sechs Wochen. Die Bedingung basiert auf der Annahme, dass kurzfristig buchende Nachfrager, i.d.R. Geschäftsreisende ohne Möglichkeit zur langfristigen Reiseplanung, eine höhere Zahlungsbereitschaft aufweisen.

– Ein weiterer Ansatz basiert auf der Definition von Einschränkungen der möglichen *Reisegestaltung* durch den Nachfrager im Hinblick auf die erlaubten Routen und den zulässigen Zeitraum. Zur ersten Gruppe zählen Bedingungen, die für den Hin- und Rückflug die gleichen Destinationen fordern oder die Möglichkeit eines Zwischenstopps ausschließen. Die zweite Gruppe umfasst Bedingungen wie einen Aufenthalt über das Wochenende oder einen Mindestaufenthalt von mehreren Tagen am Zielort. Insbesondere die zuletzt genannten Bedingungen sind für Geschäftsreisende häufig nicht akzeptabel.

– Schließlich ergeben sich Fences durch die Restringierung von Möglichkeiten zur *flexiblen Nutzung* von Tickets. Dabei sind insbesondere Einschränkungen der Möglichkeiten zur Umbuchung oder Stornierung zu nennen. Die beiden extremen Ausprägungen diesbezüglich bestehen in der beliebigen Umbuchbarkeit und vollständigen Erstattung des Ticketpreises bei nicht erfolgtem Flugantritt und dem vollkommenen Wegfall dieser Möglichkeiten. Wie die Ansätze zuvor eignen sich diese Kriterien gut zur Trennung zwischen Geschäfts- und Privatreisenden.

Heute werden im Rahmen der Definition von Buchungsklassen zumeist mehrere der genannten Ansätze kombiniert. Unterschiedliche Buchungsklassen bezeichnet man dabei mit Buchstaben; zu den Standardbuchungsklassen zählen F für die First Class, J und C für die Business Class, Y für den Normaltarif in der Economy Class sowie M, B, K, H, Q, W und Z für die Spezialtarife in dieser Klasse. Ein Beispiel für eine typische Kombination der aufgezählten Fences stellt die günstigste Buchungsklasse W der Lufthansa AG dar. Sie erfordert eine Vorausbuchung von 42 Tagen und einen Mindestaufenthalt am Zielort über einen Sonntag oder von mindestens vier Tagen. Eine Umbuchung des Fluges und Erstattung des Preises bei Nichtantritt ist für entsprechende Tickets nicht möglich.

### 2.3.1.3 Bestimmung von Fences

Die durch Fluggesellschaften zur Bildung von Buchungsklassen verwendeten Kombinationen von Bedingungen und ihre konkrete Ausgestaltung sind i.d.R. im Laufe der Jahre mit dem zunehmenden Einsatz von RM Systemen entstanden und unterliegen einer regelmäßigen Überprüfung und Anpassung (vgl. *Talluri und van Ryzin* (2004a, Kap. 10.1.1)). So bot American Airlines 1975 erstmals Tickets mit einer Vorausbuchungsfrist von sieben Tagen an. Inzwischen existieren i.d.R. diverse Tarife mit unterschiedlichen Vorausbuchungsfristen, wobei die längste Zeitspanne bis zu 42 Tage betragen kann. Im Jahr 1987 führte Texas Air Corporation die erste Buchungsklasse mit nicht erstattbaren Tickets für den Fall eines nicht angetretenen Fluges ein. Ebenfalls zu dieser Zeit entstanden Produkte, die einen Aufenthalt am Zielort über Nacht zum Samstag erfordern.

Von Anwendungen entsprechender Marktforschungsmethoden zur Segmentbildung und einer darauf beruhenden Definition von Buchungsklassen wird in der wissenschaftlichen Literatur nicht berichtet (vgl. *Talluri und van Ryzin* (2004a, S. 587)). Geeignet sind hier in erster Linie Ansätze einer nutzenorientierten Marktsegmentierung. Diese beruhen auf der Ermittlung von Nutzenstrukturen von Nachfragern mit Hilfe der Conjoint Analyse und anschließender Gruppierung von Nachfragern mit ähnlichen Strukturen durch eine Cluster Analyse (vgl. z.B. *Homburg und Krohmer* (2006, Kap. 7.2.1.3 sowie Kap. 9.3.2)). Eine Darstellung dieser Ansätze im Zusammenhang mit der Neugestaltung des Preissystems der Deutschen Bahn AG findet sich bei *Perrey* (1998) und *Hunkel* (2001).

### 2.3.2 Materielle Tarifgestaltung

Im Rahmen der *materiellen Tarifgestaltung* sind durch eine Preisbildung Kombinationen von Flugverbindungen[26] und Buchungsklassen Preise zu-

---

[26] Dabei kann es sich um einen einzelnen Flug oder eine Menge von sinnvoll verknüpfbaren Flügen handeln.

zuweisen. Dabei ist die Art und Weise, wie eine solche Preisbildung seitens der Fluggesellschaften erfolgt, für Außenstehende nicht vollständig nachvollziehbar, zumal die genauen Prinzipien – v.a. zur Wahrung von Wettbewerbsvorteilen – nicht offen kommuniziert werden.[27] Da die resultierende Forschungslücke in diesem Buch aufgrund des Schwerpunkts auf der Kapazitätssteuerung nicht geschlossen werden kann, beschränkt sich die folgende Darstellung auf Determinanten, welche die Preisbildung beeinflussen, und grundlegende Ansätze der Preisbildung, wie sie im Marketing diskutiert werden.[28]

### 2.3.2.1 Determinanten der Preisbildung

Die folgende Auflistung enthält wesentliche Determinanten, welche im Rahmen der Preisbildung in der Passage Berücksichtigung finden:[29]

– Die *Unternehmensziele* beeinflussen unmittelbar die Ziele des RM und sind somit auch bei der Preisbildung zu berücksichtigen (vgl. Kap. 1.3.2). Die Unternehmensziele können z.B. in der Gewinnmaximierung, der Steigerung des Marktanteils oder der Erhöhung der Passagierzahlen bestehen.

– Im Rahmen von *Kooperationen* wie z.B. der Star Alliance stimmen immer mehr Fluggesellschaften ihre Netzstruktur und ihr Flugangebot aufeinander ab und bieten gemeinsam sog. Interline-Verbindungen an. Von solchen Produkten spricht man, wenn ein Nachfrager Teilstrecken der von ihm gewünschten Verbindung mit unterschiedlichen Fluggesellschaften zurücklegt. Im Fall einer solchen Kooperation ist eine koordinierte Preisbildung erforderlich.[30]

– Die *Kosten* zur Durchführung eines Fluges als mögliche Basis der Preisbildung sind u.a. abhängig von der Länge der Flugstrecke, dem eingesetzten Fluggerät, regionalen Kostenunterschieden (wie z.B. Landegebühren), aber auch dem Marktpotenzial (in Form der zu erwartenden Gesamtnachfrage für den Flug). Letzteres erlaubt mit wachsender Passa-

---

[27] Es existieren daher Arbeiten, die versuchen, die von Fluggesellschaften verwendeten Preisbildungsmechanismen mit Hilfe empirischer Analysen der am Markt beobachteten Preise zu identifizieren (vgl. z.B. *Lijesen et al.* (2002)).

[28] *Hoffman et al.* (2002) verweisen in diesem Zusammenhang darauf, dass die Preisbildung für Dienstleistungen eines der am wenigsten erforschten Teilgebiete des Marketings darstellt.

[29] Vgl. *Pompl* (2007, Kap. 6.2.1) für weitere Determinanten.

gierzahl die Realisierung von Economies of Scale (vgl. z.B. *Holloway* (2003, S. 332 ff.)).

– Die *Stärke des Wettbewerbs* auf der zu bepreisenden Verbindung beein- flusst ebenfalls die Preise. Bieten mehrere Fluggesellschaften eine Ver- bindung an, muss sich die eigene Preisbildung an der der Konkurrenz orientieren. Besonders auf Kurz- und Mittelstrecken kann Wettbewerb darüber hinaus durch alternative Verkehrsmittel (z.B. Bahn oder Auto- mobil) entstehen.

– Die von der betrachteten Verbindung abhängige *Zusammensetzung der Nachfrager* aus Geschäfts- und Privatreisenden führt über die unter- schiedliche Nachfrage nach entsprechenden Buchungsklassen zu unter- schiedlichen Erlösstrukturen. Dabei werden zur Kostendeckung bei einem hohen Anteil an Privatreisenden die Preise für einen günstigen Spezialtarif in Relation zum Normaltarif höher sein müssen als bei einem niedrigen Anteil.

### 2.3.2.2 Ansätze zur Preisbildung

Insbesondere die drei zuletzt genannten Determinanten besitzen unmittel- baren Einfluss auf die Ausgestaltung von Ansätzen zur Preisbildung. Dabei wird im Rahmen des Marketings typischerweise zwischen kosten-, konkur- renz- und nachfragerorientierter Preisbildung unterschieden (vgl. z.B. *Phil- lips* (2005, S. 23 ff.) oder *Homburg und Krohmer* (2006, Kap. 12.3)). Die beiden zuerst genannten Ansätze dienen bei Fluggesellschaften v.a. der Er- mittlung von entscheidungsrelevanten Informationen für den letzten An- satz.

Eine *kostenorientierte Preisbildung* (*Cost-Plus Pricing*) beruht auf der Ermittlung der Kosten der Leistungserstellung, d.h. in der Passage der Kos- ten je Passagierkilometer. Diese Kosten finden in vielen Branchen wie der Sachgüterproduktion als Preisuntergrenze Verwendung, aus der der gesuch- te Preis durch einen prozentualen Aufschlag ermittelt wird. Als problema- tisch erweist sich dabei im Flugverkehr der im Vergleich zu anderen Bran-

---

[30] Ein weiteres Problem besteht dabei in der Aufteilung der erzielten Erlöse zwi- schen den beteiligten Fluggesellschaften. Besitzen die Fluggesellschaften kein entsprechendes Abkommen, übernimmt die Aufteilung das IATA (International Air Transport Association) Clearing House. Zu diesem Zweck legen die Flugge- sellschaften auf entsprechenden Konferenzen der IATA multilaterale und Inter- line-fähige Flugtarife fest. Vgl. zu offenen Forschungsfragen im Zusammen- hang mit Allianzen auch *Shumsky* (2006).

chen sehr hohe Fixkostenanteil. Aufgrund der Nichtlagerfähigkeit einer
Flugleistung kann der Verkauf von Teilkapazitäten zu Preisen, die nicht die
Vollkosten decken, kurzfristig sinnvoll sein. Eine langfristige Orientierung
an Teilkosten scheidet jedoch aufgrund der erheblichen resultierenden De-
ckungslücke aus. Daher wird zur Bestimmung eines ausgewogenen Tarifmixes i.d.R. sowohl eine Vollkosten- als auch eine Teilkostenbetrachtung
notwendig sein. Dementsprechend ist zwischen lang- und kurzfristigen
Preisuntergrenzen zu unterscheiden.

Insbesondere durch die Verbreitung des Internets gewinnen *konkurrenz-
orientierte Ansätze* (*Market-Based Pricing*) immer mehr an Bedeutung, da
sich Nachfrager inzwischen leicht einen Überblick über sämtliche möglichen Preise für die von ihnen gewünschten Reisen verschaffen können. Wesentliche Ausprägungen eines solchen Ansatzes können in der Orientierung
am Branchendurchschnitt oder einer konsequenten Unterbietung der Konkurrenzpreise bestehen. Problematisch ist dabei die Anzahl der zu überwa-
chenden Tarife. So umfasste die Datenbank der Airline Tariff Publishing
Company, die für die weltweite Veröffentlichung von Tarifen zuständig ist,
im Sommer 2003 ca. 50 Mio. Tarife (vgl. *Loew* (2004, S. 19)).

Die Ausgestaltung eines Tarifmixes durch eine *nachfragerorientierte
Preisbildung* (*Value Pricing*) stellt den bei Fluggesellschaften dominieren-
den Ansatz zur Festlegung von Preisen dar. Eine solche Preisbildung versucht, die Preise an der Zahlungsbereitschaft der Nachfrager auszurichten,
und führt zu der zuvor ausführlich erläuterten Preisdifferenzierung. Die eigentliche Zuordnung von Preisen zu Buchungsklassen erfolgt i.d.R. durch
spezielle Abteilungen der Fluggesellschaften. Dabei werden sowohl kurz-
und langfristige Preisuntergrenzen als auch Konkurrenzpreise in den Entscheidungsprozess einbezogen. Entsprechende Standardsoftware verfügt
zudem über Komponenten, die eine simulative Auswertung der Preisbil-
dungsmaßnahmen erlauben.

Unabhängig von der grundsätzlichen Vorgehensweise bei der Preisbildung besteht für Fluggesellschaften ein Problem in der geeigneten Verwal-
tung der Preise. Dabei ist es i.d.R. nicht möglich, für jede denkbare Verbindung einen entsprechenden Tarif zu definieren und mit einem Preis zu versehen. Fluggesellschaften behelfen sich häufig damit, dass sie Tarife nur für
Verbindungen bestehend aus maximal zwei oder drei Teilstrecken festlegen. Des Weiteren werden häufig alle Flüge innerhalb geeignet definierter
Abflug- und Zielregionen homogen bepreist. Zur Erhöhung der Flexibilität
bei dieser Form der Tarifdefinition besteht die Möglichkeit, bestimmte Ab-
flugorte und -zeiten mit Aufpreisen zu versehen.

## 2.4 Übungsaufgaben

**Ü2.1:** Betrachten Sie das Beispiel 2.4, S. 54. Eine alternative Möglichkeit der Definition des Spezialtarifs besteht in der Vorgabe einer Vorausbuchungsfrist von 28 Tagen. Während die restlichen Maximalpreise dadurch unverändert bleiben, soll sich $v_{12}$ auf 99 GE reduzieren. Welche Angebotspreise kann der Anbieter wählen, wenn er weiterhin beide Segmente bedienen möchte?

**Ü2.2:** Im Rahmen einer Preisdifferenzierung dritten Grades wurde der betrachtete Gesamtmarkt für ein bestimmtes Produkt in drei Teilsegmente mit den folgenden Preisabsatzfunktionen zerlegt:

$$q_1(r_1) = 20e^{-0,01r_1}, \ r_1 > 0, \ q(r_1) > 0$$

$$q_2(r_2) = 40e^{-0,02r_2}, \ r_2 > 0, \ q(r_2) > 0$$

$$q_3(r_3) = 60e^{-0,03r_3}, \ r_3 > 0, \ q(r_3) > 0$$

Insgesamt stehen 80 Einheiten des Produkts zum Absatz zur Verfügung.

a) Veranschaulichen Sie die drei Preisabsatzfunktionen zunächst grafisch! Welche Kundensegmente könnten jeweils angesprochen werden? Berechnen und zeichnen Sie auch die Preisabsatzfunktion für den Gesamtmarkt!

b) Zur Bestimmung optimaler Preise für die drei Segmente wurde eine Lagrange-Optimierung durchgeführt, wobei zur Berücksichtigung der Nebenbedingung $q_1(r_1) + q_2(r_2) + q_3(r_3) = 80$ der Term $\lambda \cdot (q_1(r_1) + q_2(r_2) + q_3(r_3) - 80)$ zur Zielfunktion addiert wurde. Die Berechnung lieferte die Variablenwerte $r_1 \approx 75.22$, $r_2 \approx 25.22$, $r_3 \approx 8.55$, $\lambda \approx 24.78$ mit Gesamterlös $u \approx 1715$ GE.

Begründen Sie möglichst ohne Rechnung, warum das beschriebene Vorgehen nicht das bestmögliche Ergebnis für die vorliegende Anwendungssituation liefert!

c) Ermitteln Sie die optimalen Preise für die drei Segmente!

Ü2.3: Die neu gegründete Linienfluggesellschaft AirAugusta möchte den Flughafen Augsburg reaktivieren und eine Flugverbindung zwischen Augsburg und Stuttgart einführen. Dazu hat sie im Rahmen einer umfassenden Marktanalyse zunächst folgende aggregierte Preisabsatzfunktion $q(r) : \mathbb{R}^+ \to \mathbb{R}^+$ ermittelt:

$$q(r) = \begin{cases} 120 - \dfrac{17}{20}r & r \in [0; 141.18] \\ 0 & \text{sonst} \end{cases}$$

a) Als erstes soll der Fall untersucht werden, bei dem der Flug zu einem Einheitspreis angeboten wird. Welcher erlösmaximale Einheitspreis ist zu verlangen? Welche Kapazität sollte die eingesetzte Maschine (mindestens) aufweisen?

Die Marketingabteilung der Airline möchte nun untersuchen, wie durch ein geschicktes Fencing einzelne Segmente des Marktes separat angesprochen werden könnten (Preisdifferenzierung dritten Grades). Dabei schlägt sie zwei alternative Segmentierungsstrategien (mit jeweils drei Buchungsklassen $P_1$, $P_2$ und $P_3$) vor, die den Tabellen auf der nächsten Seite zu entnehmen sind.

b) Die Parameter $\alpha$ und $\beta$ der ersten Segmentierungsstrategie sind aufgrund eines Computerfehlers verloren gegangen. Lassen sich die fehlenden Werte rekonstruieren? Wenn ja, wie?

c) Welche Kundensegmente werden durch Strategie I angesprochen?

d) Welche Besonderheit ist bei den Preisabsatzfunktionen von Strategie II zu beobachten? Welche Konsequenzen hat dies für die Vermarktung der Produkte?

e) Welche der beiden vorgeschlagenen Strategien ist zu wählen? Welche Preise und Absatzmengen ergeben sich für die einzelnen Buchungsklassen? Wie ist die eingesetzte Maschine zu dimensionieren?

| Produkt | Restriktionen | Preisabsatzfunktionen |
|---|---|---|
| $P_1$ | keine Restriktionen | $q_1(r_1) = \begin{cases} 30 - \dfrac{1}{60}r_1 & r_1 \in [0;100] \\ \alpha - \beta r_1 & r_1 \in (100;120] \\ 120 - \dfrac{17}{20}r_1 & r_1 \in (120;141.18] \\ 0 & \text{sonst} \end{cases}$ |
| $P_2$ | Wochenende zwischen Hin- und Rückflug | $q_2(r_2) = \begin{cases} 40 - \dfrac{1}{3}r_2 & r_2 \in [0;120] \\ 0 & \text{sonst} \end{cases}$ |
| $P_3$ | zwischen Hin- und Rückflug muss mindestens eine Woche liegen | $q_3(r_3) = \begin{cases} 50 - \dfrac{1}{2}r_3 & r_3 \in [0;100] \\ 0 & \text{sonst} \end{cases}$ |

Strategie I

| Produkt | Restriktionen | Preisabsatzfunktionen |
|---|---|---|
| $P_1$ | ab 65 Jahren | $q_1(r_1) = \begin{cases} 20 - \dfrac{3}{20}r_1 & r_1 \in [0;133.33] \\ 0 & \text{sonst} \end{cases}$ |
| $P_2$ | Alter zwischen 27 und 65 Jahren | $q_2(r_2) = \begin{cases} 40 - \dfrac{3}{10}r_2 & r_2 \in [0;133.33] \\ 0 & \text{sonst} \end{cases}$ |
| $P_3$ | Alter zwischen 2 und 26 Jahren | $q_3(r_3) = \begin{cases} 60 - \dfrac{2}{5}r_3 & r_3 \in [0;133.33] \\ 120 - \dfrac{17}{20}r_3 & r_3 \in (133.33;141.18] \\ 0 & \text{sonst} \end{cases}$ |

Strategie II

Ü2.4: Der Kreuzfahrtanbieter ADIA bietet auf seinem Kreuzfahrtschiff „ADIA-diwa" die beiden Produkte „Innenkabine" (IK) und „Außenkabine" (AK) an. Im Rahmen einer Last Minute-Aktion eröffnet sich kurz vor der Ausschiffung für ADIA die Möglichkeit, die noch verfügbaren

| Kunde | $v_{IK}$ | $v_{AK}$ |
|-------|----------|----------|
| 1 | 1400 | 1400 |
| 2 | 0 | 1300 |
| 3 | 1150 | 1500 |
| 4 | 1200 | 1800 |
| 5 | 1100 | 1100 |

Restkapazitäten (je 2 Innen- und Außenkabinen) zu vergünstigten Preisen anzubieten. Dabei kann vereinfachend davon ausgegangen werden, dass bis zum Reiseantritt potenziell noch 5 Kunden – mit jeweils unterschiedlichen Zahlungsbereitschaften $v_{IK}$ bzw. $v_{AK}$ – anfragen können (s. Tabelle).

a) Vernachlässigen Sie zunächst die Reihenfolge des Eintreffens der Anfragen und gehen Sie davon aus, dass jedem Kunden individuell *höchstens ein Produkt* mit zugehörigem *individuellen Preis* angeboten wird. Der Kunde nimmt das Angebot genau dann an, wenn für ihn die *Participation-Constraint* (PC, vgl. Kap. 2.2.2) erfüllt ist.

   Welcher Gesamterlös ist maximal zu erzielen, wenn an die beiden Kunden mit den höchsten Zahlungsbereitschaften $v_{IK}$ auf jeden Fall jeweils eine Innenkabine abgesetzt werden soll?

   Welcher Gesamterlös kann alternativ erzielt werden, wenn an die beiden Kunden mit den höchsten Zahlungsbereitschaften $v_{AK}$ auf jeden Fall jeweils eine Außenkabine verkauft werden soll?

b) Gehen Sie nun davon aus, dass anstelle der individuellen Preise *produktspezifische Einheitspreise* festgelegt werden, die den gesamten verbleibenden Zeitraum über nicht verändert werden können. Alle übrigen Annahmen aus Aufgabenteil a) bleiben erhalten (Auswahl der Kunden durch Anbieter, PC etc.).

   Wie sind die Einheitspreise festzulegen, wenn die Produkte genau wie in der besseren Strategie aus Aufgabenteil a) abgesetzt werden sollen? Welcher Gesamterlös ist dadurch möglich?

c) Behalten Sie die ermittelten produktspezifischen Einheitspreise aus Aufgabenteil b) bei und berücksichtigen Sie nun zusätzlich die *Incentive-Compatibility-Constraint* (ICC, vgl. Kap. 2.2.2), d.h. ein Kunde fragt ein Produkt genau dann nach, wenn sowohl

PC als auch ICC erfüllt sind. Berücksichtigen Sie ferner die *zeitliche Reihenfolge* der Anfragen (Anfragen können nicht mehr abgelehnt/ausgesucht werden). Welche Kunden werden nun bedient? Welcher Gesamterlös ergibt sich?

d) Die Absatzmengen aus Aufgabenteil c) sind offensichtlich suboptimal. Wie sind die produktspezifischen Einheitspreise anzupassen, damit die Produkte erneut genau wie in der besseren Strategie aus Aufgabenteil a) abgesetzt werden? Welcher Gesamterlös ergibt sich?

e) Zeigen Sie, dass die in Aufgabenteil d) ermittelte Lösung – unter der Prämisse ganzzahliger Preise – optimal ist!

# 3 Kapazitätssteuerung

Im Folgenden liefern wir eine umfassende Darstellung zum Kernelement des RM, der *Kapazitätssteuerung*. Ihre grundlegende Aufgabe in der Passage besteht in der erlösmaximierenden Steuerung von Verkaufsprozessen durch Annahme oder Ablehnung von Buchungsanfragen für einzelne Flüge bzw. Flugkombinationen, wie sie für Flugverbindungen in Hub&Spoke-Netzen typisch sind.[1] Dabei soll sie die Umsetzung der Preisdifferenzierung unterstützen und mögliche negative Effekte ausgleichen, die durch stochastische Schwankungen in der Nachfrage und durch ein mangelhaftes Fencing entstehen können.

Nachdem wir zunächst ausführlich auf die Grundlagen der Kapazitätssteuerung und dabei insbesondere auf die Betrachtung von Opportunitätskosten als grundlegendes Element eingehen, schildern wir anschließend sowohl für die Steuerung von Einzelflügen als auch für Flugnetze verschiedene Ansätze, die explizit oder implizit auf der Formulierung und Lösung von mathematischen Optimierungsmodellen beruhen. Abschließend beschreiben wir die Teilaufgaben, die zur Durchführung von Prognosen für die im Rahmen der Modellformulierungen verwendeten Parameter durchgeführt werden müssen.

## 3.1 Grundlagen der Kapazitätssteuerung

Wie in Kap. 2.2 erläutert, lässt sich das Ziel des erlösmaximierenden Absatzes bei heterogenem Nachfragerverhalten grundsätzlich durch eine Preisdifferenzierung erreichen. Dies gilt jedoch nur unter restriktiven Annahmen, die bei der praktischen Umsetzung nicht erfüllt sind. Wie wir zunächst zeigen, muss die Preisdifferenzierung daher um eine Kapazitätssteuerung, welche die Annahme oder Ablehnung von Anfragen während des Verkaufsprozesses steuert, ergänzt werden. Danach erläutern wir die Bestimmung von Opportunitätskosten als elementares Prinzip der Kapazitätssteuerung und gehen auf grundlegende Arten der Kapazitätssteuerung ein. Abschließend beschäftigen wir uns mit Konzepten zur Abbildung der unsicheren

---

[1]  Zu Hub&Spoke-Netzen vgl. Kap. 3.3.1.

Nachfrage sowie wesentlichen Annahmen bei der Formulierung von Modellen zur Gestaltung der Kapazitätssteuerung.

### 3.1.1 Notwendigkeit einer Kapazitätssteuerung

Die Notwendigkeit einer Kapazitätssteuerung lässt sich am Grundmodell der Preisdifferenzierung aus Kap. 2.2.1 erläutern. Die Anwendung des Modells sowie die Realisierung der dadurch erzielbaren Erlöszuwächse ist unter folgenden Voraussetzungen möglich:

– Es muss ein ausreichendes Kapazitätsangebot zur Verfügung stehen, um den Kapazitätsbedarf zu decken, der durch die geplanten Absatzmengen der Produkte entsteht.

– Die Nachfrage darf keinen stochastischen Einflüssen unterliegen, so dass sich für jedes Produkt (jeden Preis) tatsächlich die aus der zugehörigen (deterministischen) Preisabsatzfunktion ermittelte Nachfrage ergibt.

– Beruht die Segmentbildung auf einer Preisdifferenzierung zweiten Grades, müssen die verwendeten Fencingstrukturen eine Kannibalisierung im Rahmen der Selbstselektion verhindern.

In der Regel ist mindestens eine der genannten Voraussetzungen bei Anwendung der Preisdifferenzierung nicht erfüllt. Ein unzureichendes Kapazitätsangebot lässt sich, wie auf S. 53 erläutert, durch eine entsprechende Gestaltung der Preise berücksichtigen. Wird eine der anderen beiden Voraussetzungen verletzt, kann ebenfalls eine geeignete Anpassung der Preise erfolgen. Diese wäre jedoch kurzfristig, dynamisch und in Abhängigkeit von eingehenden Buchungsanfragen durchzuführen, und es ergäbe sich ein Problem des Dynamic Pricing (vgl. Kap. 5). Ermöglicht die Gestaltung des Verkaufsprozesses eine solche Anpassung nicht, ist eine Kapazitätssteuerung erforderlich. Wir wollen dies anhand von Beispielen belegen.

Zunächst untersuchen wir den Fall unsicherer Nachfrage durch Erweiterung von Beispiel 2.3, S. 52:

**Beispiel 3.1:** *In Variante B von Beispiel 2.3, S. 52, erfolgt die Definition von Produkten* $P_1$, $P_2$ *und* $P_3$ *mit Preisen von* $r_1 = 400$, $r_2 = 200$ *und* $r_3 = 100$ GE. *Für die vorgegebene Preisabsatzfunktion ergeben sich daraus Absatzmengen i.H.v.* $q_1 = 100$, $q_2 = 200$ *und* $q_3 = 100$ ME; *der erwartete Gesamterlös beträgt* 90 000 GE.

*Wir unterstellen, dass die vorgenommene Segmentierung auf einer zeitlichen Preisdifferenzierung beruht. Dazu bietet das Unternehmen die Pro-*

*dukte in der Reihenfolge steigender Preise, d. h.* $P_3$, $P_2$ *und* $P_1$ *an. Die jeweiligen Verkaufszeiträume sind vor Beginn des Verkaufsprozesses festgelegt und überlappen im Sinne der zeitlichen Preisdifferenzierung nicht. Der Kapazitätsbedarf der Produkte beträgt jeweils* 1 KE/ME; *es stehen* 400 KE *zur Verfügung.*

*Zunächst gehen wir davon aus, dass die Nachfrage nach Produkt* $P_3$ *innerhalb seines Angebotszeitraums die vorgesehene Absatzmenge von* $q_3 = 100$ *ME übersteigt. Erfolgt der Absatz während des vorgesehenen Verkaufszeitraums unkontrolliert und damit in beliebiger Höhe, reicht die verbleibende Kapazität nicht aus, um die später eintreffende, höherwertige Nachfrage nach* $P_2$ *und* $P_1$ *zu befriedigen.*

*Die naheliegende Lösung, den Absatz von* $P_3$ *generell auf* 100 ME *zu beschränken, wirkt für den Fall ausbleibender Nachfrage nach* $P_2$ *und* $P_1$ *erlösmindernd.[2] Beträgt z. B. die Nachfrage für das höherwertige Produkt* $P_2$ *weniger als* 200 ME*, ist der Absatz einer weiteren ME von* $P_3$ *sinnvoll. Für den Fall einer Ablehnung entgehen dem Anbieter Erlöse i. H. v.* $r_3 = 100$ *GE.*

Den geschilderten Fall, dass Kapazität, die zu niedrigen Preisen verkauft wurde, für spätere höherwertige Anfragen nicht mehr zur Verfügung steht, bezeichnet man als *Umsatzverdrängung*. Umgekehrt spricht man im Fall der Ablehnung einer Anfrage, die zu ungenutzten Kapazitäten zum Zeitpunkt der Leistungserstellung führt, von *Umsatzverlust*. Die Kapazitätssteuerung muss damit bei der Entscheidung über die Annahme einer Anfrage die Risiken einer Umsatzverdrängung und eines Umsatzverlustes gegeneinander abwägen.

Den Effekt der Kannibalisierung bei einer Preisdifferenzierung zweiten Grades haben wir in Beispiel 2.5, S. 56, diskutiert. Wir zeigen im Folgenden, dass sich auch dieser Effekt durch eine Kapazitätssteuerung grundsätzlich vermeiden lässt:

**Beispiel 3.2:** *Eine mögliche Fencingstruktur, die in der Passage Wechsel zwischen Segmenten grundsätzlich erlaubt, gibt für* $P_2$ *die Bedingung identischer Strecken für Hin- und Rückflug und für* $P_3$ *die zusätzliche Bedingung eines Mindestaufenthalts von vier Tagen vor. Dabei werden entsprechend des Prinzips der Preisdifferenzierung zweiten Grades im Gegensatz zu Beispiel 3.1 immer sämtliche Produkte angeboten. Gehen*

---

[2]  Ein grundsätzliches Problem besteht dabei darin, dass die genaue Nachfrage nach $P_1$ und $P_2$ während des Verkaufszeitraums von $P_3$ noch nicht bekannt ist.

*wir von den Preisen und Absatzmengen aus Beispiel 2.5, S. 56, aus und unterstellen wie dort einen Wechsel von 50% der Nachfrager aus den Segmenten 1 bzw. 2 in die jeweils niederwertigeren Segmente 2 bzw. 3, ergeben sich Absatzmengen von 50, 150 und 200 ME für $P_1$, $P_2$ und $P_3$.*

*Erneut besteht die Möglichkeit, im Rahmen einer einfachen Kapazitätssteuerung die Absatzmengen der Produkte auf 100, 200 und 100 ME zu begrenzen.*

*Treffen die Nachfrager in der Reihenfolge steigender Zahlungsbereitschaften ein, verhindern diese Vorgaben die Kannibalisierung. Die ersten 100 Anfragen stammen damit von Nachfragern aus Segment 3, denen jeweils $P_3$ verkauft wird. Die 101. Buchungsanfrage erfolgt durch einen Nachfrager aus Segment 2 mit einem Maximalpreis von mindestens 200 GE. Er erwirbt $P_2$, da $P_3$ nicht mehr angeboten wird.*

*Ist dagegen die Reihenfolge des Eintreffens beliebig, besteht die Möglichkeit, dass z. B. ein Nachfrager aus Segment 2 $P_3$ erwirbt. Dies führt unmittelbar zu einem Umsatzverlust i. H. v. $r_2 - r_3 = 100$ GE. Ein weiterer Verlust ergibt sich indirekt durch die Begrenzung der Absatzmenge von $P_3$ auf 100 ME. Durch die erfolgte Kannibalisierung verbleiben für Nachfrager des Segments 3 lediglich 99 ME, so dass eine Anfrage aus diesem Segment abgewiesen wird. Der resultierende Gesamtverlust beträgt damit 200 GE.*

Die vorangegangenen Beispiele haben die grundlegende Notwendigkeit einer Kapazitätssteuerung als Ergänzung der Preisdifferenzierung verdeutlicht, wobei die geschilderten Effekte in der Realität i. d. R. kombiniert auftreten. Zugleich zeigen sie, dass die einfache Beschränkung von Absatzmengen für Produkte in Form von Kontingenten der Komplexität der Problemstellung nicht gerecht werden. Dabei wurde von der vereinfachenden Annahme einer einzelnen Ressource ausgegangen. Eine Kapazitätssteuerung ist auch für den Fall erforderlich, dass eine unterschiedliche Nutzung von Ressourcen durch die angebotenen Produkte erfolgt. Diese führt auch ohne eine explizite Preisdifferenzierung zu einer unterschiedlichen Wertigkeit der Nachfrage (vgl. auch Kap. 1.2.2.4). Dieser Aspekt wird im Zusammenhang mit der Betrachtung der Kapazitätssteuerung für Flugnetze in Kap. 3.3 deutlich.

## 3.1.2 Opportunitätskosten als Grundprinzip der Steuerung

Der Begriff *Opportunitätskosten* (OK) stammt aus dem Bereich der entscheidungsorientierten Betriebswirtschaftslehre und weist enge Bezüge zum wertmäßigen Kostenbegriff auf.[3] In der Literatur zur Kostenrechnung und zum Controlling werden OK allgemein als Nutzenentgang bei der alternativen Allokation von knappen Faktoren aufgefasst (vgl. z.B. *Ewert und Wagenhofer* (2008, S. 114 ff.)). Beim zu messenden Nutzen kann es sich in Abhängigkeit vom zugrunde liegenden Planungsproblem um Erlöse, Deckungsbeiträge oder Gewinne handeln. Die knappen Faktoren stellen z.B. zur Leistungserstellung genutzte Ressourcen dar. Im Rahmen der Kapazitätssteuerung in der Passage entstehen OK in Form entgangener Erlöse, wenn eine Buchungsanfrage angenommen wird und der dadurch vergebene Sitzplatz für spätere Anfragen nicht mehr zur Verfügung steht. Grundsätzlich ist zwischen input- und outputorientierten OK zu unterscheiden.

Zur Bestimmung von OK im Rahmen des RM ist die Vorgabe einer *Wertfunktion* erforderlich, welche den optimalen Nutzen in Abhängigkeit von den verfügbaren Kapazitäten der betrachteten Ressourcen ermittelt. Wir bezeichnen diese Funktion mit $V(\mathbf{c})$, wobei $\mathbf{c}$ einen Vektor von Kapazitäten darstellt.[4] Wird in der Passage etwa die Menge $\mathcal{H} = \{1, ..., m\}$ von Flügen betrachtet, repräsentiert jedes der Elemente $c_h$ ($h \in \mathcal{H}$) eine Sitzplatzanzahl aus dem Intervall von 0 bis zur maximalen Sitzplatzkapazität $C_h$ des für Flug h eingesetzten Flugzeugs.[5] Die Wertfunktion entspricht dem optimalen (erwarteten) Gesamterlös, der sich mit den zur Verfügung stehenden Kapazitäten für die eintreffenden Buchungsanfragen erzielen lässt.

**Bemerkung 3.1:** Die Bestimmung der Wertfunktion und daraus abgeleitet der OK stellt eine der zentralen Herausforderungen der Kapazitätssteuerung dar, insbesondere bei stochastischer Nachfrage und mehreren Ressourcen. Wir kommen daher an verschiedenen Stellen dieses Kapitels darauf zurück. Einführend soll an dieser Stelle zunächst der Fall deterministischer Nachfrage mit nur einer Ressource diskutiert werden.

---

[3]  Für eine ausführlichere Diskussion des Opportunitätskostenbegriffs vgl. z.B. *Domschke und Klein* (2004).

[4]  Später werden wir $V(\mathbf{c})$ mit einem Index t versehen. Dieser drückt aus, dass bei unsicherer und dynamisch eintreffender Nachfrage die Wertfunktion außer von der Restkapazität auch von der Zeit abhängt.

[5]  Bei der Betrachtung eines einzelnen Fluges ($m = 1$) verzichten wir auf die Verwendung des Index h.

#### 3.1.2.1 Inputorientierte Opportunitätskosten

*Inputorientierte Opportunitätskosten* liefern eine Bewertung einer zur Leistungserstellung vorgehaltenen Ressource h, wobei es sich um Grenzkosten für eine hinreichend kleine Kapazitätsmenge handelt.[6] Bei einer erlösorientierten Betrachtung errechnet sich die Bewertung aus der Differenz der optimalen Gesamterlöse $V(\mathbf{c})$ und $V(\mathbf{c}')$, die jeweils für die ursprüngliche Kapazitätsmenge $c_h$ und der im Umfang der alternativen Verwendung verringerten Kapazitätsmenge $c_h'$ erzielbar sind. Erfordert die Leistungserstellung von Produkten weitere Ressourcen neben der untersuchten, bleiben deren Kapazitäten bei der Bestimmung unverändert, d.h. $c_j = c_j'$ für alle $j \in \mathcal{H} - \{h\}$.

Zur Verdeutlichung der Bestimmung inputorientierter OK greifen wir Beispiel 3.1, S. 70, auf, wobei wir erneut einen Kapazitätsbedarf von 1 ME/ KE für sämtliche Produkte sowie deterministische Nachfragemengen unterstellen.

**Beispiel 3.3:** *Bei einer Kapazität von* c = 400 *KE für die einzige Ressource lässt sich durch Verkauf von* $P_1$, $P_2$ *und* $P_3$ *mit* **r** = (400, 200, 100) *GE/ME ein Gesamterlös i.H.v.* $V(c)$ = 90 000 *GE erzielen. Wird 1 KE der Ressource anderweitig genutzt, reduziert sich der optimale Gesamterlös auf* $V(c-1)$ = 89 900 *GE, wobei 1 ME von* $P_3$ *weniger abgesetzt wird. Somit ergibt sich eine Differenz von* $V(c) - V(c-1)$ = 100 *GE, die alternative Verwendung führt zu inputorientierten OK in entsprechender Höhe. Die OK von 100 GE/KE bleiben bei alternativer Verwendung weiterer KE unverändert, bis die verfügbare Kapazität den Wert* c = 300 *erreicht. Ab jetzt geht die alternative Nutzung zu Lasten von* $P_2$, *die OK je KE erhöhen sich auf 200 GE/KE. Ein weiterer Anstieg auf 400 GE/KE ergibt sich bei einer Restkapazität von 100 KE.*

*Die Anstiege bei Restkapazitäten von 300 und 100 KE setzen jeweils voraus, dass noch 200 bzw. 100 Nachfragen nach den Produkten* $P_2$ *und* $P_1$ *erfolgen. Bei einer Restkapazität von 100 KE und einer Nachfrage von lediglich 99 ME nach* $P_1$ *und 0 ME nach* $P_2$ *und* $P_3$ *kann die 100. KE nicht genutzt werden, und die Ressource besitzt OK i.H.v. 0 GE.*

---

[6] Grundsätzlich ist eine weitere Unterteilung in allgemeine und grenzkostenorientierte OK sinnvoll, auf die wir im Rahmen dieses Buches verzichten (vgl. *Domschke und Klein* (2004)).

Die Beispiele zeigen, dass der Wert inputorientierter OK von der Verfügbarkeit der Kapazitäten abhängt. Im Allgemeinen lassen sich keine Kapazitätsintervalle angeben, in denen bestimmte OK Gültigkeit besitzen.[7] Außerdem müssen die inputorientierten OK einer Ressource mit sinkender Restkapazität nicht steigen, sondern können bei simultaner Nutzung mehrerer Ressourcen sinken (vgl. Kap. 3.3.4.4). Am Beispiel wird außerdem deutlich, dass die ermittelten Werte von den Nachfragemengen abhängen.

### 3.1.2.2 Outputorientierte Opportunitätskosten

*Outputorientierte Opportunitätskosten* bewerten den Nutzenentgang der durch den Absatz (Erstellung) einer (weiteren) Einheit eines Produkts $P_i$ resultiert, wobei keine Verrechnung des dadurch erzielten Nutzens stattfindet.[8] Dazu wird ebenfalls die Differenz zweier Wertfunktionen $V(c)$ und $V(c')$ berechnet. Bei Erlösmaximierung entspricht der Minuend dem optimalen Gesamterlös $V(c)$ mit den vor Absatz des Produkts verfügbaren Kapazitäten. Zur Ermittlung des Subtrahenden werden die Kapazitäten der genutzten Ressourcen jeweils um die zur Produkterstellung benötigten KE reduziert, und man bestimmt den dann noch möglichen optimalen Gesamterlös $V(c')$. Zur Verdeutlichung soll folgendes Beispiel dienen:

**Beispiel 3.4:** *Wir betrachten Beispiel 3.3 in leicht modifizierter Form mit einer Kapazität* c = 300 *KE und einer Nachfrage nach* $P_1$, $P_2$ *und* $P_3$ *von* 100, 200 *und* 10 *ME. Die bestmögliche Kapazitätsverwendung besteht im Absatz von* 100 *ME von* $P_1$ *und* 200 *ME von* $P_2$ *mit einem Gesamterlös von* $V(c) = 80\,000$ *GE. Wird* 1 *ME von* $P_3$ *abgesetzt, reduziert sich der für die verbleibenden* 299 *KE maximal mögliche Gesamterlös auf* $V(c-1) = 79\,800$ *GE. Damit fallen bei Absatz einer Einheit von* $P_3$ *outputorientierte OK i.H.v.* $V(c) - V(c-1) = 200$ *GE/KE an, die größer als der durch den Absatz erzielbare Erlös sind. Werden* $P_1$ *und* $P_2$ *betrachtet, ergeben sich ebenfalls outputorientierte OK i.H.v.* 200 *GE. Ihr Erlös übersteigt bzw. entspricht den jeweiligen OK. Für eine Kapazität von* c = 100 *KE resultieren unter den genannten Voraussetzungen outputorientierte OK i.H.v.* 400 *GE für sämtliche Produkte.*

Das Beispiel legt bereits das Grundprinzip einer an OK-orientierten Kapazitätssteuerung nahe. Die Bestätigung einer Buchungsanfrage ist immer

---

[7]    Eine solche Analyse ist lediglich für lineare Optimierungsprobleme möglich (vgl. *Domschke und Klein* (2004)).

[8]    Sie werden im RM gelegentlich als „Displacement Cost" bezeichnet (vgl. *Talluri und van Ryzin* (2004a, S. 33)).

dann sinnvoll, wenn der Erlös des Produkts die zugehörigen outputorientierten OK übersteigt. So ist für c = 300 jede Anfrage nach $P_3$ abzulehnen, während die Anfragen nach $P_2$ und $P_1$ anzunehmen sind. Wir bezeichnen daher die outputorientierten OK auch als *Preisuntergrenze*. Allgemein repräsentiert eine Preisuntergrenze den niedrigsten Preis, zu dem ein Produkt gerade noch oder mit einer bestimmten Menge angeboten wird (vgl. z. B. *Ewert und Wagenhofer* (2008, S. 131)).

**Bemerkung 3.2:** Die outputorientierten OK entsprechen nur dann unmittelbar einer Preisuntergrenze, wenn die Bewertung von Produkten – wie in der Passage unterstellt – auf Erlösen beruht. Sobald etwa eine deckungsbeitragsorientierte Betrachtung erfolgt, sind bei der Ermittlung der Preisuntergrenze für ein Produkt die outputorientierten OK um die bei der Bestimmung des Deckungsbeitrags angesetzten variablen Kosten zu erhöhen.

Die intuitive Logik dieses Prinzips verschleiert die tatsächliche Komplexität der Kapazitätssteuerung im Rahmen des RM. Diese ist auf die in der Praxis deutlich schwierigere Bestimmung der OK zurückzuführen. Bereits bei bekannter Nachfrage ist die Ermittlung komplex, wenn Produkte wie bei der Betrachtung von Flugnetzen mehr als eine Ressource benutzen. Als deutlich schwieriger erweist sich die darüber hinaus notwendige Berücksichtigung unsicherer Nachfrage und dynamisch eintreffender Buchungsanfragen. Beide Aspekte führen dazu, dass es sich bei OK nicht um statische, sondern um dynamische Werte handelt, die sowohl von den bisher verkauften Produkten als auch von der noch zu erwartenden Nachfrage abhängig sind. Folglich müssten OK bei Realisierung des geschilderten Prinzips für jede Anfrage anhand unsicherer, geeignet zu prognostizierender Daten neu bestimmt werden. Das ist aufgrund des damit verbundenen Rechenaufwands i. d. R. nicht möglich.

### 3.1.3 Arten der Kapazitätssteuerung

Aufgrund der zuvor geschilderten problematischen Bestimmung von OK für jede Buchungsanfrage wurden unterschiedliche, eine leichtere Umsetzung erlaubende Formen einer Kapazitätssteuerung entwickelt. Bei einer direkten Umsetzung des erläuterten Grundprinzips im Rahmen einer *erlösorientierten Steuerung* werden die erwarteten outputorientierten OK (als Preisuntergrenze) approximiert, und das Prinzip kommt unmittelbar zum Tragen. Bei einer indirekten Umsetzung im Zuge einer *mengenorientierten Steuerung* bestimmt man für jedes Produkt grundsätzlich die maximale Anzahl an Einheiten, für welche die outputorientierten OK bei Verkauf einer weiteren Einheit unter dem durch den Absatz des Produkts erzielbaren Erlös liegen. Neben diesen beiden grundlegenden Arten existieren noch Ansätze basierend auf stochastischer dynamischer Optimierung, deren praktische Umsetzung aufgrund des mit ihrer Anwendung verbundenen Rechenaufwands jedoch erschwert ist (vgl. Kap. 3.3.2).

Bei den genannten Formen handelt es sich zunächst um grundlegende Steuerungskonzepte, zu deren Realisierung unterschiedliche Steuerungsarten entwickelt wurden. Soll eine *Steuerungsart* in einem realen Verkaufsprozess zur Anwendung kommen, muss sie zunächst durch Vorgabe geeigneter Steuerungsinformationen, die wir als *Steuerungsvariablen* bezeichnen, parametrisiert werden. Zu diesem Zweck wurden zahlreiche modellgestützte Vorgehensweisen entwickelt, die wir in den Kapiteln 3.2 und 3.3 ausführlich am Beispiel der Passage behandeln. Durch Verknüpfung dieser Variablen mit einer Steuerungsart ergibt sich eine *Steuerungsregel*, mit deren Hilfe für eine oder mehrere eintreffende Anfrage(n) über ihre Annahme oder Ablehnung entschieden werden kann. In der Praxis ist die Wahl der Steuerungsart häufig aufgrund des eingesetzten Computerreservierungssystems eingeschränkt (vgl. Bem. 1.8, S. 29).

Im Folgenden wollen wir die grundlegenden Vorgehensweisen der unterschiedlichen Steuerungsarten näher erläutern. Zur Vereinfachung betrachten wir eine einzige Ressource, d.h. im Fall der Passage eine Beförderungsklasse eines einzelnen Fluges. Des Weiteren gehen wir – wie in der Passage ebenfalls üblich – davon aus, dass die Kapazitätsbedarfe sämtlicher Produkte einer KE/ME, d.h. einem Sitzplatz, entsprechen.[9] Die Menge $\mathcal{I} = \{1, ..., n\}$ der zu betrachtenden Produkte $P_i$ ergibt sich aus den im Rahmen der formellen Tarifgestaltung definierten Buchungsklassen. Die Elemente der Menge sind nach nicht-fallenden Erlösen sortiert, d.h. $r_1 \geq r_2 \geq ... \geq r_n$.

### 3.1.3.1 Mengenorientierte Steuerung

Eine *mengenorientierte Steuerung* beruht grundsätzlich auf dem Vergleich der bereits abgesetzten ME eines Produkts gegenüber einer Referenzgröße, die im Rahmen der Parametrisierung vorzugeben ist. Die einfachste Art einer solchen Steuerung, wie wir sie bereits in Kap. 3.1.1 betrachtet haben, besteht in der Vorgabe von *Kontingenten* $x_i$. Dabei handelt es sich um maximale Absatzmengen für jedes Produkt (Buchungsklasse) $i \in \mathcal{I}$. Anfragen

---

[9] Dies bedeutet, dass Gruppenbuchungen nicht explizit berücksichtigt, sondern als Folge von Einzelbuchungen aufgefasst werden.

nach einem Produkt $P_i$ werden so lange akzeptiert, bis das Kontingent $x_i$ erschöpft ist. Aufgrund dieses Prinzips spricht man von *disjunkten Buchungslimits*.[10] Bei stochastischer Nachfrage besitzt dieser Ansatz einen wesentlichen Nachteil. Wurde die Nachfrage nach einem höherwertigen Produkt $P_i$ unterschätzt, kann es bei Ausschöpfung seines Kontingents $x_i$ zu einer Ablehnung kommen, obwohl noch ursprünglich für niederwertigere Produkte reservierte Kapazität, deren Kontingente noch nicht ausgeschöpft sind, verfügbar ist.

Diese Problematik vermeidet das Prinzip der *Schachtelung* (englisch *Nesting*). Die Grundidee besteht darin, einem höherwertigen Produkt $P_i$ auch den Zugriff auf für niederwertigere Produkte $P_j$ (mit $j > i$) reservierte Kapazität zu erlauben und umgekehrt die für $P_i$ vorgesehene Kapazität weiter vor dem Zugriff niederwertiger Produkte zu schützen. Dies lässt sich erreichen, indem für jedes Produkt $P_i$ ein *geschachteltes Buchungslimit* $b_i$ errechnet wird. Bei der Annahme eines Kapazitätsbedarfs von 1 KE/ME (Sitzplatz) für sämtliche Produkte entspricht es der Summe des eigenen Kontingents sowie der Kontingente aller niederwertigeren Produkte mit $j > i$. Damit gilt $b_i = \sum_{j \in \mathcal{I} \wedge j \geq i} x_j$. Die Annahme einer Buchungsanfrage erfolgt grundsätzlich, so lange noch Restkapazität verfügbar ist und die Gesamtanzahl an Buchungen für das gewünschte Produkt $P_i$ und für die niederwertigeren Produkte $P_j$ mit $j > i$ das Buchungslimit $b_i$ noch nicht erreicht hat. Wird in einer Buchungsklasse aufgrund des Erreichens des Buchungslimits kein weiteres Ticket mehr verkauft, so spricht man in der Praxis häufig vom Schließen der Buchungsklasse, da diese danach über die Computerreservierungssysteme nicht länger angeboten wird. Der Zusammenhang zwischen Kontingenten und Buchungslimits ist in Abb. 3.1 verdeutlicht.

**Beispiel 3.5:** *Abb. 3.1 zeigt eine Aufteilung der Sitzplätze eines fiktiven Fluges mit C = 400 und den aus den vorangegangenen Beispielen bekannten Produkten $P_1$, $P_2$ und $P_3$. Die Kontingente ergeben sich entsprechend der deterministischen Preisabsatzfunktion der Variante B aus Tabelle 2.1 auf S. 51 und betragen $x_1 = 100$, $x_2 = 200$ sowie $x_3 = 100$ ME (Sitzplätze). Daraus ergeben sich geschachtelte Buchungslimits i.H.v. $b_1 = 400$, $b_2 = 300$ sowie $b_3 = 100$ ME.*

---

[10] Die Bedeutung des Adjektivs „disjunkt" wird bei der Diskussion geschachtelter Buchungslimits deutlich. Die Vorgabe von Kontingenten ist eine Standardvorgehensweise in der Produktionsprogrammplanung (vgl. *Günther und Tempelmeier* (2007, Kap. 8.3)).

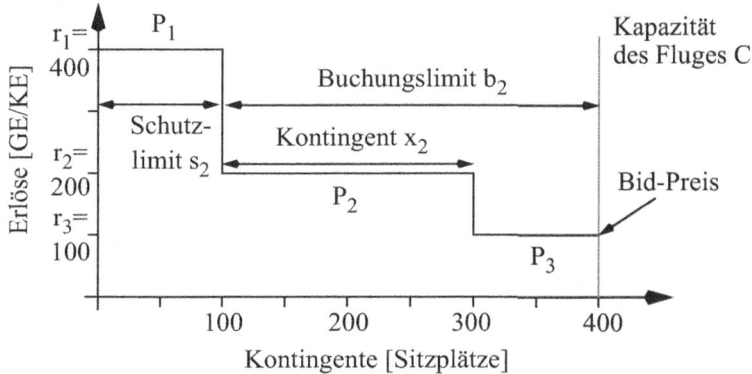

**Abb. 3.1.** Mengenorientierte Steuerungsarten

Eine Alternative zur Vorgabe von Buchungslimits stellt die Verwendung von *Schutzlimits* dar. Während ein Buchungslimit die einem Produkt $P_i$ zur Verfügung stehende Kapazität beschränkt, definiert ein Schutzlimit die für höherwertige Produkte vor dem Zugriff dieses Produkts zu schützenden KE. Buchungs- und Schutzlimits lassen sich einfach ineinander überführen. Bei einer Kapazität von $C_h$ KE einer Ressource $h \in \mathcal{H}$ gilt für ein Produkt $P_i$ die Beziehung $s_i = C_h - b_i$ (vgl. Abb. 3.1). Für eine weitergehende Darstellung, die auch Vor- und Nachteile des Einsatzes von Buchungs- bzw. Schutzlimits im Zusammenhang mit Verwendung in Computerreservierungssystemen diskutiert, verweisen wir z.B. auf *Talluri und van Ryzin* (2004a, Kap. 2.1.1.2).

**Bemerkung 3.3:** Im Fall von ungleichen Kapazitätsbedarfen gestaltet sich die Bestimmung von Buchungslimits auf Basis von ME von Produkten schwieriger. Diese Problematik wird in der Literatur aufgrund der Fokussierung auf die Passage, bei der 1 ME eines abgesetzten Produkts stets einen Kapazitätsbedarf von 1 KE aufweist, bisher nicht thematisiert. In der Regel ergibt sich bei ungleichen Kapazitätsbedarfen eine einfachere Implementierung, wenn Buchungslimits für Produkte nicht in ME, sondern in den zur Verfügung stehenden KE ausgedrückt werden. Dazu sind die ermittelten produktorientierten Buchungslimits mit den jeweiligen Kapazitätsbedarfen zu multiplizieren. Wir behandeln diesen Aspekt ausführlicher in Kap. 3.3.5.3.

**Bemerkung 3.4:** Das geschilderte Prinzip der Schachtelung basiert auf der Annahme einer einzigen, zur Leistungserstellung notwendigen Ressource. Sind mehrere Ressourcen zu betrachten, die zudem von den Produkten in unterschiedlichem Unfang genutzt werden, ist das Prinzip in der geschilderten Form nicht unmittelbar anzuwenden. In diesem Fall wird eine *ressourcenspezifische Schachtelung* vorgenommen, auf die wir in Kap. 3.3.5 eingehen. Dabei ermittelt man für jede Ressource und jedes Produkt ein spezifisches Buchungs- oder Schutzlimit. Zu diesem Zweck wird zunächst für jedes Produkt der zugehörige Erlös anteilig auf die genutzten Ressourcen verteilt, um geeignete Referenzgrößen für die Schachtelung zu gewinnen. Ist die Anzahl der Produkte, die eine Ressource gemeinsam nutzen, wie etwa in einem Hub&Spoke-Netz sehr groß, werden Produkte mit dicht beieinander liegenden anteiligen Erlösen häufig zu *virtuellen Buchungsklassen* kombiniert. Dies ist in der Passage notwendig, um bestehende Reservierungssysteme einsetzen zu können, die i.d.R. nur die Vorgabe einer beschränkten Anzahl von Buchungslimits für jeden Flug erlauben (vgl. Kap. 3.3.5).

### 3.1.3.2 Erlösorientierte Steuerung

Eine *erlösorientierte Steuerung* basiert auf dem Vergleich des durch den Absatz eines Produkts erzielbaren Erlöses mit einer Preisuntergrenze. Führt eine Buchungsanfrage zu einem Erlös in mindestens der Höhe der Preisuntergrenze und ist ausreichend Kapazität vorhanden, wird sie akzeptiert. Die gesuchte Preisuntergrenze ergibt sich entsprechend des in Kap. 3.1.2 geschilderten Prinzips aus den outputorientierten OK des angefragten Produkts $P_i$. Aufgrund ihrer schwierigen Bestimmung werden diese OK zumeist unter Verwendung sog. *Bid-Preise*, die Verrechnungspreise im Sinne der Kostenrechnung darstellen, approximiert.

Bei der Steuerung eines Einzelfluges repräsentiert der Bid-Preis einen Mindestpreis, den die Fluggesellschaft bei Verkauf eines Tickets für einen bestimmten Flug erzielen möchte. Wie aus Abb. 3.1 ersichtlich, entspricht er bei Betrachtung eines einzelnen Fluges und einer einzigen Beförderungsklasse sinnvollerweise dem Preis eines Tickets des niederwertigsten Produkts (der niederwertigsten Buchungsklasse), dem (der) noch ein positives Kontingent zugewiesen wurde. Man erkennt, dass es sich um die inputorientierten OK des Fluges handelt. Werden auch Verbindungen betrachtet, die sich aus mehreren Flügen zusammensetzen, ergibt sich die gesuchte Preisuntergrenze durch Addition der Bid-Preise der durch die Verbindung genutzten Flüge. Für ein entsprechendes Beispiel verweisen wir auf Kap. 3.3.4.

Im Gegensatz zur mengenorientierten Steuerung erfolgt bei Verwendung einer erlösorientierten Steuerung lediglich eine Gruppierung der Produkte in zwei Teilmengen. Für die in der ersten Teilmenge enthaltenen Produkte, die einen Erlös aufweisen, der die Preisuntergrenze nicht unterschreitet, wird jede Buchungsanfrage angenommen. Dagegen werden für die Klassen der zweiten Teilmenge alle Anfragen abgelehnt. Damit ist es innerhalb der ersten Teilmenge nicht möglich, die Kapazität für höherwertigere Produkte vor dem Zugriff von niederwertigeren Produkten zu schützen. Diese Problematik lässt sich durch eine häufige Neubestimmung der Bid-Preise umgehen. Eine Neuberechnung kann z.B. immer dann durchgeführt werden, wenn für ein Produkt das im Rahmen der Bestimmung der Bid-Preise ermittelte Kontingent erschöpft ist (vgl. Kap. 3.3.4.2).[11]

## 3.1.4 Abbildung der Nachfrage

Die vorangegangenen Kapitel haben gezeigt, dass die Realisierung der Kapazitätssteuerung im Rahmen des RM stark durch die bzgl. ihrer Höhe und zeitlichen Verteilung unsichere Nachfrage geprägt ist. So ist die Notwendigkeit der Kapazitätssteuerung als Ergänzung der Preisdifferenzierung im Wesentlichen durch diese Unsicherheit zu begründen (vgl. Kap. 3.1.1). Auch erfordert die Unsicherheit die grundsätzliche Neubestimmung von OK für jede Buchungsanfrage oder die Betrachtung von geschachtelten Buchungslimits bei einer erlös- bzw. mengenorientierten Steuerung (vgl. Kap. 3.1.2 und 3.1.3). Wir wollen im Folgenden darstellen, wie sich die unsichere Nachfrage nach Produkten als Grundlage von Entscheidungs- und Simulationsmodellen zur Kapazitätssteuerung abbilden lässt.[12] Dabei wird in der Literatur zwischen statischen und dynamischen Ansätzen unterschieden.

### 3.1.4.1 Definition des Buchungszeitraums

Die Nachfrage nach Produkten realisiert sich verteilt über eine Zeitspanne, die wir als *Buchungszeitraum* bezeichnen. Entspre-

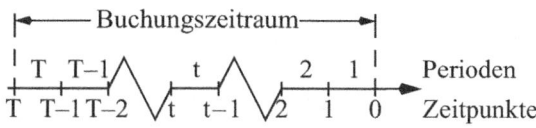

**Abb. 3.2.** Perioden und Zeitpunkte

---

[11] Eine alternative Möglichkeit besteht in der Verwendung sog. autoadaptiver Bid-Preise (vgl. *Klein* (2007)).

[12] Zur Nachfrageprognose im Rahmen der Kapazitätssteuerung vgl. Kap. 3.4. Eine entsprechende Diskussion im Zusammenhang mit der Überbuchungssteuerung findet sich in Kap. 4.4.

chend der Diskussion in Kap. 1.2.2.2 und Kap. 1.2.2.4 endet der Buchungs-zeitraum vor der eigentlichen Leistungserstellung. Zu seiner Beschreibung verwenden wir die Bezeichner T für seine Gesamtdauer und t für einzelne Zeitpunkte. Die Messung von Zeitpunkten erfolgt entgegengesetzt des Zeit-ablaufs, so dass der Wert von t den Zeitabstand bis zum Ende des Bu-chungszeitraums erfasst. Der Buchungszeitraum beginnt damit zum Zeit-punkt T und endet zum Zeitpunkt 0. Häufig wird der Buchungszeitraum in gleich lange Perioden unterteilt. Wählt man T Perioden, beginnt Periode t zum Zeitpunkt t und endet zum Zeitpunkt $t-1$. Abb. 3.2 verdeutlicht die geschilderten Zusammenhänge.

### 3.1.4.2 Statische Nachfragebetrachtung

Im Rahmen einer *statischen Betrachtung* wird lediglich die Unsicherheit der Nachfrage im Hinblick auf deren Höhe abgebildet und bei der Bestim-mung von Steuerungsvariablen berücksichtigt. Dazu erfolgt für jedes Pro-dukt $P_i$ die Definition einer Zufallsvariablen $D_i$, welche die Gesamtnach-frage nach Produkt $P_i$ im Buchungszeitraum beschreibt und deren Vertei-lung geeignet zu prognostizieren ist (vgl. Kap. 3.4). Den Erwartungswert $E[D_i]$ einer solchen Zufallsvariablen bezeichnen wir mit $\overline{D}_i$. Wird die Zu-fallsvariable durch eine stetige Verteilung beschrieben, bezeichnen wir die Verteilungsfunktion mit $F_i(\cdot)$ und die Dichtefunktion mit $f_i(\cdot)$.[13] Bei einer diskreten Verteilung entspricht $f_i(\cdot)$ der Wahrscheinlichkeitsfunktion.

**Bemerkung 3.5:** Zur Beschreibung der unsicheren Nachfrage wird i.d.R. entweder die Poissonverteilung oder die Normalverteilung als Approxima-tion verwendet. Im ersten Fall handelt es sich um eine diskrete und im zweiten Fall um eine stetige Verteilung. Die Parameter der beiden Vertei-lungen bezeichnen wir im Folgenden mit $\mu$ bzw. mit $\mu$ und $\sigma^2$. Zu ihrer Definition vgl. *Klein und Scholl* (2004, Kap. 6.3.1.3).

Zahlreiche Ansätze zur Kapazitätssteuerung sehen eine Anpassung von Steuerungsvariablen im Zeitablauf vor, wozu die der Parametrisierung zu-grunde liegenden Entscheidungs- bzw. Simulationsmodelle ausgehend von der aktuellen Datenlage zu einem Zeitpunkt t neu gelöst werden. Zu diesem Zweck ist es erforderlich, die Höhe der noch eintreffenden Restnachfrage zu prognostizieren, die im Englischsprachigen als *Demand-to-Come* be-zeichnet wird. Die entsprechende Zufallsvariable bzw. ihren Erwartungs-wert bezeichnen wir mit $D_{it}$ bzw. $\overline{D}_{it}$.

---

[13] Zu grundlegenden Begriffen im Zusammenhang mit Zufallsvariablen und Ver-teilungen vgl. z.B. *Klein und Scholl* (2004, Kap. 6.3.1.1).

**Bemerkung 3.6:** Insbesondere bei einer einzelnen Ressource versucht man die Dynamik eintreffender Buchungsanfragen im Rahmen einer statischen Nachfragebetrachtung partiell abzubilden, indem man den Buchungszeitraum in disjunkte, ggf. unterschiedlich lange Intervalle unterteilt. Des Weiteren nimmt man an, dass sich in jedem dieser Intervalle die gesamte Nachfrage genau eines der Produkte realisiert. Diese Annahme liegt u. a. vielen Ansätzen zur Steuerung von Einzelflügen bei statischer Nachfragebetrachtung zugrunde (vgl. Kap. 3.2).

### 3.1.4.3 Dynamische Nachfragebetrachtung

Bei einer *dynamischen Betrachtung* wird zusätzlich die unsichere zeitliche Verteilung von Buchungsanfragen abgebildet, wobei deren Visualisierung häufig in Form einer *Buchungskurve* erfolgt. Zu diesem Zweck unterteilt man den Planungszeitraum, wie oben geschildert, in Perioden. Dabei werden die Periodengrenzen so gewählt, dass in jeder Periode maximal eine Anfrage nach einem Produkt eintrifft.[14] Die Wahrscheinlichkeit einer Anfrage nach einem Produkt i in Periode t, die der *Ankunftsrate* bzw. *Intensität der Nachfrage* entspricht, bezeichnen wir mit $p_i(t)$.[15] Dabei impliziert die Annahme maximal einer Anfrage, dass in jeder Periode t die Beziehung $\sum_{i=1}^{n} p_i(t) \leq 1$ gilt. Der Erwartungswert der verbleibenden Gesamtnachfrage $\overline{D}_i(t)$ in den Perioden t bis 1 entspricht der Summe $\sum_{\tau=1}^{t} p_i(\tau)$.

**Beispiel 3.6:** *Wir wollen die Abbildung der zeitlichen Verteilung von Buchungsanfragen an einem Beispiel verdeutlichen. Die erwartete Gesamtnachfrage nach einem Produkt $P_i$ beträgt $\overline{D}_i = 50$ ME, wobei das Produkt über einen Zeitraum von T = 200 Zeiteinheiten (ZE) angeboten werden soll.*

*Besitzen die Anfragen nach diesem Produkt eine gleichmäßige Verteilung über den Buchungszeitraum, ergibt sich bei einer Periodenlänge von 1 ZE eine konstante Ankunftsrate (Intensität) von $p_i(t) = 50/200 = 1/4$ für sämtliche Perioden T = 200, ..., 1.*

---

[14] Man spricht in diesem Zusammenhang auch von Mikroperioden. Dabei müssen die Perioden nicht gleich lang sein. Zur Vereinfachung wollen wir jedoch im Folgenden von einer konstanten Periodenlänge ausgehen.

[15] Die hier vorgenommene Diskretisierung des Buchungszeitraums erleichtert die Darstellung in den folgenden Kapiteln. Im Allgemeinen ergibt sich für jeden Zeitpunkt des Buchungszeitraums eine Ankunftsrate $\lambda_i(t)$, wie dies durch den Verlauf der Buchungskurve in Abb. 3.3 angedeutet ist.

*Nehmen wir nun an, dass die Nachfra-
geintensität für* $P_i$ *im Zeitraum
[200, 50) kontinuierlich steigt und
ausgehend von der höchsten Intensität
im Zeitraum [50, 0] kontinuierlich abnimmt. Damit ergibt sich unter Ver-
nachlässigung der eigentlich diskreten
Periodenwahrscheinlichkeiten eine*

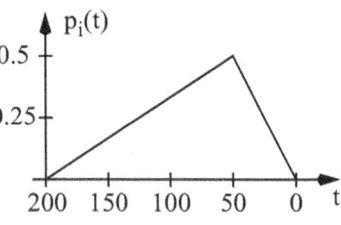

**Abb. 3.3.** Buchungskurve

*Buchungskurve wie in Abb. 3.3, wobei die Fläche unter der Kurve dem
Erwartungswert der Nachfrage* $\overline{D}_i$ = 50 *entspricht. Aus der Abbildung
lassen sich die Werte für* $p_i(t)$ *ablesen. Die größten Wahrscheinlichkeiten für das Eintreffen einer Buchungsanfrage sind in den Perioden 51
und 50 zu beobachten und betragen näherungsweise* $p_i(51)$ =
$p_i(50)$ = 0.5.

Die Modelle zur Parametrisierung von Steuerungsansätzen, die wir in
Kap. 3.2 behandeln, gehen von einer statischen Betrachtung der Nachfrage
aus. Ansätze basierend auf einer dynamischen Betrachtung diskutieren wir
in Kap. 3.3.

### 3.1.5 Annahmen bei der Steuerung

Um zur Parametrisierung von Steuerungsarten geeignete Modelle entwickeln zu können, sind eine Reihe von vereinfachenden *Annahmen* zu treffen. Im Folgenden geben wir einen Überblick über die wesentlichen Annahmen, die den Grundmodellen der Kapazitätssteuerung sowohl bei der
Betrachtung von Einzelfügen als auch von Flugnetzen zugrunde liegen. Zu
den wesentlichen Annahmen zählen:

– Der Verkauf von Tickets für unterschiedliche Beförderungsklassen wird
  getrennt gesteuert. Damit wird z. B. kein Upgrading vorgesehen, bei dem
  Passagiere mit einem Ticket für die Economy Class in der Business
  Class transportiert werden können, um dort verfügbare Kapazitäten zu
  nutzen.

– Die formelle Tarifgestaltung führt zur Definition von Buchungsklassen
  für jede Beförderungsklasse. Durch Verknüpfung von Verbindungen, die
  aus einem oder mehreren Flügen bestehen können, mit Buchungsklassen
  und Preisen entstehen die abzusetzenden Produkte. Die Preise der Produkte lassen sich während des Buchungszeitraums nicht anpassen.

- Die Nachfrage nach einzelnen Produkten ist stochastisch unabhängig. Dies bedeutet, dass z.B. eine höhere Nachfrage für ein Produkt nicht zugleich eine höhere oder niedrigere Nachfrage für andere Produkte bedingt.

- Für die zu erwartenden, unsicheren Nachfragen nach den Produkten liegen geeignete Prognosen vor, die entweder eine statische oder dynamische Betrachtung im Sinne von Kap. 3.1.4 erlauben. Dabei kann es sich z.B. um die erwartete Nachfrage, Parameter zur Spezifikation der Verteilungsfunktion oder eine Buchungskurve handeln.

- Das Schließen einer Buchungsklasse durch die Kapazitätssteuerung führt nicht zu Nachfrageverschiebungen, d.h. zum Anstieg der Nachfrage in einer anderen Buchungsklasse.

- Buchungsanfragen beziehen sich jeweils auf einen Sitzplatz. Jede abgesetzte ME besitzt damit einen Kapazitätsbedarf von 1 KE/ME für jede der benötigten Ressourcen. Gruppenbuchungen werden als Folge von Einzelbuchungen behandelt.

- Stornierungen von Flügen durch Nachfrager sind nicht zulässig. Darüber hinaus treten keine No-Shows auf, bei denen Passagiere ohne Stornierung nicht zum Abflug erscheinen. Eine integrierte Betrachtung der Kapazitäts- und Überbuchungssteuerung ist damit nicht erforderlich.

- Auf den betrachteten Flugstrecken existiert kein Wettbewerb, so dass Steuerungsmaßnahmen nicht zur Abwanderung (Zuwanderung) von Nachfragern zu (von) Wettbewerbern führen können.

- Das durch die Steuerung verfolgte Ziel ist die Maximierung des erwarteten Gesamterlöses für jede Beförderungsklasse. Dieses Ziel wird trotz der Risikoneutralität des Erwartungswerts aufgrund der Vielzahl gleichartiger Entscheidungssituationen betrachtet.

Obwohl die genannten Annahmen sehr restriktiv erscheinen, hat sich der Einsatz von auf diesen Annahmen basierenden Modellen in der Praxis bewährt. Dabei ist zu berücksichtigen, dass der Verzicht auf entsprechende Annahmen zu komplexeren Steuerungsentscheidungen führt, die in der Praxis aufgrund des damit verbundenen Aufwands teilweise nicht umsetzbar sind.

## 3.2 Steuerung bei Einzelflügen

In der Passage wird zwischen Produkten in Form von „Single Leg"- und „Multi Leg"-Verbindungen unterschieden, die sich aus einer einzigen bzw. mehreren Teilstrecken zusammensetzen. Bietet eine Fluggesellschaft lediglich Single Leg-Verbindungen an, lässt sich der Verkauf entsprechender Produkte für die einzelnen Flüge separat steuern; man spricht im Englischsprachigen von *Single Leg Inventory Control*.[16] Im Folgenden wollen wir die gängigsten Ansätze zu einer mengenorientierten Ausgestaltung einer solchen Steuerung, die auf einer statischen Nachfragebetrachtung[17] und der Bestimmung des sog. Expected Marginal Seat Revenue beruhen, erläutern. Die Anpassung für mehrere Ressourcen (Flüge) diskutieren wir ausführlich in Kap. 3.3.5, wo sich auch umfangreichere Beispiele finden. Außerdem gehen wir dort auf verschiedene Möglichkeiten der zeitlichen Anpassung entsprechend ermittelter Buchungslimits ein.

### 3.2.1 Steuerung bei n = 2 Produkten

Wir wollen zunächst auf den Fall von n = 2 Produkten eingehen, der sich durch die Zuweisung von zwei Buchungsklassen zu einer Beförderungsklasse ergibt. Wie bereits in Kap. 3.1.3 gehen wir von einer Sortierung nach nicht-fallenden Erlösen aus, d. h. $r_1 \geq r_2$. Dabei wird im Rahmen einer statischen Betrachtung entsprechend Kap. 3.1.4 die Höhe der Nachfrage für die Produkte $P_1$ und $P_2$ durch die Zufallsvariablen $D_1$ und $D_2$ beschrieben. Des Weiteren unterstellen wir, dass die Nachfrage nach $P_2$ vollständig vor der nach $P_1$ eintrifft (vgl. Bem. 3.6, S. 83). Die Kapazität der Beförderungsklasse beträgt C KE.

Unter diesen Annahmen ist eine optimale Bestimmung von Buchungs- bzw. Schutzlimits mit Hilfe der *Regel von Littlewood* möglich, bei der es sich um den ältesten in der Literatur beschriebenen Ansatz zur Kapazitätssteuerung handelt (vgl. *Littlewood* (1972)). Die Ableitung dieser Regel basiert auf den folgenden OK-orientierten Überlegungen entsprechend Kap. 3.1.2:[18]

---

[16] Der Absatz von Multi Leg-basierten Produkten wird im Englischsprachigen unter dem Begriff *Origin Destination Control* subsumiert und ist Gegenstand von Kap. 3.3.

[17] Zu Ansätzen, die eine dynamische Nachfragebetrachtung vornehmen, verweisen wir auf *Talluri und van Ryzin* (2004a, Kap. 2.5) sowie auf unsere Ausführungen für den allgemeineren Fall mit mehreren Ressourcen in Kap. 3.3.2.

Wir gehen davon aus, dass bereits $x_2$ Anfragen nach Produkt $P_2$ akzeptiert wurden. Nun trifft eine weitere Anfrage nach $P_2$ ein. Bei Annahme der Anfrage resultiert ein sicherer Erlös i.H.v. $r_2$ GE. Diesem Erlös stehen potenzielle outputorientierte OK gegenüber, die aus der um 1 KE reduzierten Kapazität für das im Anschluss nachgefragte Produkt $P_1$ resultieren können. Sie entstehen jedoch nur, falls die Nachfrage $D_1$ größer oder gleich der Restkapazität $c = C - x_2$ ist. Die Wahrscheinlichkeit dafür beträgt $P(D_1 \geq c) = 1 - F_1(c)$. Damit ergeben sich die erwarteten OK für $P_2$ aus dem zu erwartenden Grenzerlös $r_1 \cdot P(D_1 \geq c)$ für $P_1$, der im Englischsprachigen als *Expected Marginal (Seat) Revenue* bezeichnet wird. Entsprechend des in Kap. 3.1.2 geschilderten Prinzips erfolgt der Verkauf von $P_2$ unter folgender Bedingung:

$$r_2 \geq r_1 \cdot P(D_1 \geq c) \qquad (3.1)$$

Der Wert auf der rechten Seite von Bedingung (3.1) steigt mit fallender Restkapazität c. Umgekehrt bedeutet dies, dass er mit einer zunehmenden Anzahl an exklusiv für $P_1$ reservierten KE (Sitzplätzen) sinkt. Damit existiert ein optimales Schutzlimit $s_2^*$, für das bei kleinerer oder gleich großer Restkapazität c kein weiterer Verkauf von $P_2$ erfolgen sollte. Formal gilt für $s_2^*$:

$$r_2 < r_1 \cdot P(D_1 \geq s_2^*) \wedge r_2 \geq r_1 \cdot P(D_1 \geq s_2^* + 1) \qquad (3.2)$$

Man erkennt, dass für das errechnete Schutzlimit $s_2^*$ der erwartete Erlös, der sich durch den möglichen Absatz der $s_2^*$-ten Einheit von $P_1$ ergibt, den Erlös $r_2$ von $P_2$ gerade noch übersteigt. Dagegen würde eine weitere Erhöhung von $s_2^*$ dazu führen, dass der durch den Verkauf einer zusätzlichen Einheit von $P_2$ resultierende Erlös in der Höhe mindestens dem Wert entspricht, der als erwarteter Erlös der $s_2^* + 1$-ten Einheit von $P_1$ resultiert.

Grundsätzlich lässt sich damit das optimale Schutzlimit durch Betrachtung aufsteigender Werte $s_2 = 1, ..., C$ ermitteln, wobei die Wahrscheinlichkeiten $P(D_1 \geq s_2)$ und $P(D_1 \geq s_2 + 1)$ durch $F_1(s_2)$ bzw. $F_1(s_2 + 1)$ gegeben sind. Wird die Nachfrage mit Hilfe einer umkehrbaren, stetigen Verteilungsfunktion abgebildet, lässt sich das optimale Schutzlimit vereinfacht wie folgt bestimmen:

---

[18] Im Zusammenhang mit der Überbuchungssteuerung schildern wir eine der Regel von Littlewood entsprechende Entscheidungsbaumdarstellung (vgl. Kap. 4.3.1.1).

$$r_2 = r_1 \cdot P(D_1 \geq s_2^*) = r_1 \cdot (1 - F_1(s_2^*)) \Rightarrow s_2^* = F_1^{-1}\left(1 - \frac{r_2}{r_1}\right) \qquad (3.3)$$

Als zugehöriges optimales Buchungslimit für $P_2$ ergibt sich $b_2^* = C - s_2^*$.

**Beispiel 3.7:** *Wir wollen die zuvor geschilderte Regel an einem Beispiel verdeutlichen. Dazu betrachten wir in Anlehnung an Beispiel 3.5, S. 78, zwei Produkte $P_1$ und $P_2$ mit Preisen von $r_1 = 400$ und $r_2 = 200$ GE und erwarteten Nachfragen i.H.v. $\overline{D}_1 = 100$ und $\overline{D}_2 = 200$ ME. Die Kapazität der betrachteten Beförderungsklasse soll $C = 300$ KE betragen.*

| $s_2$ | $r_1 \cdot P(D_1 \geq s_2)$ |
|-------|------------------------------|
| 97    | 237.05                       |
| 98    | 221.26                       |
| 99*   | 205.32                       |
| 100   | 189.38                       |
| 101   | 173.59                       |

**Tabelle 3.1.** EMSR-Berechnung

*Eine geeignete diskrete theoretische Verteilung zur Beschreibung der unsicheren Nachfrage stellt die Poissonverteilung dar (vgl. Bem. 3.5, S. 82, sowie Kap. 3.4). Als Verteilungsparameter $\mu_1$ wählen wir die erwartete Nachfrage nach $P_1$. Bestimmen wir tabellarisch die zu erwartenden Grenzerlöse $r_1 \cdot P(D_1 \geq s_2)$ für sämtliche Schutzlimits $s_2$ im Intervall $[0, 300]$, so stellen wir fest, dass die Bedingung (3.2) für $s_2^* = 99$ ME mit $r_1 \cdot P(D_1 \geq 99) = 205.32$ und $r_1 \cdot P(D_1 \geq 100) = 189.38$ GE erfüllt ist (vgl. Tabelle 3.1). Es ergibt sich ein Buchungslimit i.H.v. $b_2^* = 300 - 99 = 201$ KE. Weist Produkt $P_2$ einen Preis von lediglich $r_2' = 100$ GE auf, errechnet sich ein optimales Schutzlimit von $s_2^* = 106$ KE und damit ein Buchungslimit von $b_2^* = 300 - 106 = 194$ (vgl. Abb. 3.4).*

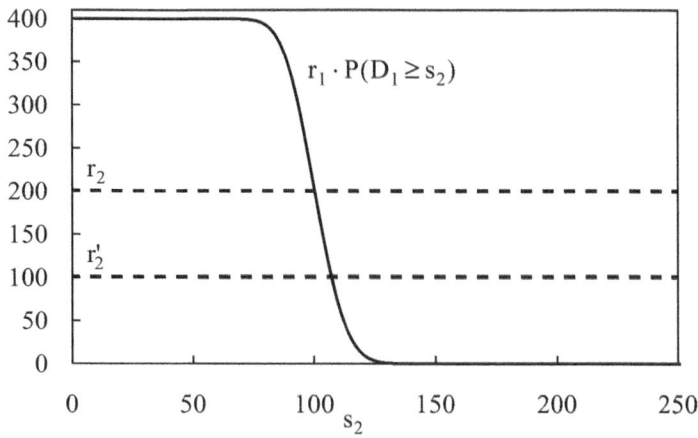

**Abb. 3.4.** Anwendung der Regel von Littlewood

*Häufig wird die Poissonverteilung durch die Normalverteilung approximiert, so dass sich die Formel (3.3) zur Berechnung des optimalen Schutzlimits anwenden lässt. Die Normalverteilung besitzt neben $\mu$ einen weiteren Parameter $\sigma$, der die Streuung der Ausprägungen der Zufallsvariablen beschreibt. Soll eine Poissonverteilung durch eine Normalverteilung angenähert werden, nutzt man den Umstand, dass die Varianz der Poissonverteilung gleich dem Erwartungswert ist, und wählt $\sigma^2 = \mu$. Entsprechend setzen wir die Parameter $\mu_1 = 100$ und $\sigma_1 = \sqrt{100} = 10$. Durch Auswertung von (3.3) erhalten wir (nach geeigneter Rundung[19]) ebenfalls das Schutzlimit von $s_2^* = 99 \, ME$ bzw. von $s_2^* = 106 \, ME$ bei einem alternativen Preis von $r_2' = 100 \, GE$.*

**Bemerkung 3.7:** Möchte man eine erlösorientierte Steuerung implementieren, ermittelt sich ein optimaler Bid-Preis in Abhängigkeit von der Restkapazität c durch $\pi = r_1 \cdot P(D_1 \geq c)$.

### 3.2.2 Steuerung bei n>2 Produkten

Erweitern wir die Betrachtung aus Kap. 3.2.1 auf den Fall von $n > 2$ Produkten, so lassen sich optimale Buchungs- oder Schutzlimits nicht länger durch einfache OK-orientierte Überlegungen, wie sie der Regel von Littlewood zugrunde liegen, ermitteln. Stattdessen ergeben sich stochastische, dynamische Optimierungsmodelle, wie wir sie für den allgemeineren Fall mit mehreren Ressourcen in Kap. 3.3.2 behandeln. Wir verzichten daher an dieser Stelle auf eine entsprechende Darstellung und verweisen auf die ausführliche Diskussion in *Talluri und van Ryzin* (2004a, Kap. 2.2.2 und 2.2.3).[20] Stellvertretend behandeln wir eine Gruppe heuristischer Ansätze, die auf Arbeiten von Belobaba zurückgehen und als *Expected Marginal Seat Revenue (EMSR) Verfahren* bezeichnet werden (vgl. *Belobaba* (1987a, 1989)). Diese Verfahren haben in der Praxis starke Verbreitung gefunden und sind auch noch heute Grundlage zahlreicher RM Systeme.

---

[19] Das gerundete Schutzlimit berechnet sich wie folgt: $s_2^* = \left\lceil F_1^{-1}(1 - r_2/r_1) - 1 \right\rceil$. Auf eine zusätzlich mögliche Stetigkeitskorrektur (vgl. z.B. *Bamberg et al.* (2007, S. 131)) wird verzichtet.

[20] Weiterführende Arbeiten auf diesem Gebiet stammen u.a. von *Curry* (1990), *Wollmer* (1992), *Brumelle und McGill* (1993), *Robinson* (1995), *Li* (1997), *Lautenbacher und Stidham* (1999), *Liang* (1999) sowie *Brumelle und Walczak* (2003).

### 3.2.2.1 EMSR-a Verfahren

Wir beginnen unsere Darstellung mit dem sog. *EMSR-a Verfahren*. Das Verfahren beruht auf einer Verallgemeinerung der Regel von Littlewood. Die Grundidee besteht darin, zunächst paarweise Schutzlimits $s_{ij}$ für sämtliche Paare $(i, j)$ mit $i < j$ und $i, j \in \mathcal{I}$ zu bestimmen. Diese geben jeweils an, wie viel KE für Produkt $P_i$ vor dem Zugriff durch Produkt $P_j$ zu schützen sind. Für eine stetige Nachfrageverteilung ermittelt man das Schutzlimit $s_{ij}$ entsprechend (3.3) durch $s_{ij} = F_i^{-1}(1 - r_j/r_i)$. Das eigentliche gesuchte Schutz- oder Buchungslimit $s_j$ bzw. $b_j$ für ein Produkt $P_j$ ($j = 2, ..., n$) ergibt sich dann, indem man die paarweise bestimmten Werte $s_{ij}$ mit $i < j$ geeignet aggregiert:[21]

$$s_j = \min\left\{\sum_{i=1}^{j-1} s_{ij}, C\right\} \qquad b_j = \max\left\{0, C - \sum_{i=1}^{j-1} s_{ij}\right\} = C - s_j \quad (3.4)$$

Das zugrunde liegende Prinzip wird für $n = 3$ durch Abb. 3.5 verdeutlicht. Dabei repräsentieren die Kurven in Abb. 3.5 jeweils den Expected Marginal Seat Revenue von Produkt $P_i$ bei einem Schutzlimit in Höhe von $s_{ij}$. Zur Bestimmung des

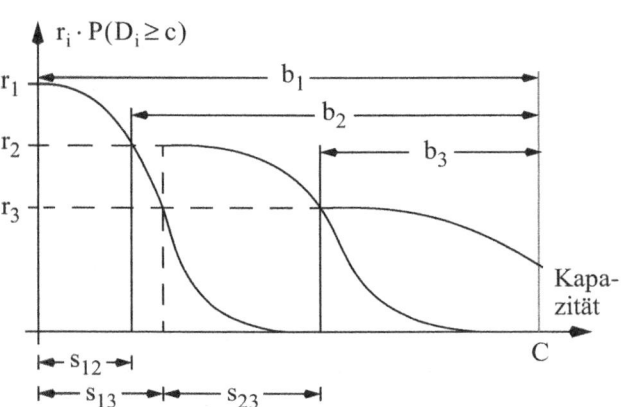

**Abb. 3.5.** Bestimmung von Buchungslimits nach EMSR-a

Schutzlimits $s_2$ für die vor dem Zugriff durch $P_2$ zu schützende Kapazität ist lediglich die Berechnung des paarweisen Schutzlimits $s_{12}$ erforderlich. Das zugehörige Buchungslimit ergibt sich dann durch $C - s_{12}$. Die Ermittlung der entsprechenden Werte für $P_3$ setzt zunächst die Berechnung der paarweisen Schutzlimits $s_{13}$ und $s_{23}$ voraus. Durch Addition der beiden Werte erhält man dann $s_3 = s_{13} + s_{23}$ und daraus abgeleitet $b_3 = C - s_3$.

*Wollmer* (1992) und *Brumelle und McGill* (1993) zeigen, dass die ermittelten Schutzlimits die optimalen Werte sowohl über- als auch unterschrei-

---

[21] Für $P_1$ gilt $s_1 = 0$ und $b_1 = C$.

ten können. Dabei sind die relativen Abweichungen zwischen ermittelten und optimalen Werten umso größer, je dichter die Erlöse der Produkte zusammenliegen. Die Abweichungen sind dabei auf die separate Bestimmung von Schutzlimits zurückzuführen, die mögliche stochastische Ausgleichseffekte, welche durch simultane Nachfrageschwankungen in mehreren Klassen entstehen können, ignoriert (vgl. *Talluri und van Ryzin* (2004a, Kap. 2.2.4.1) sowie Übungsaufgabe Ü3.4).

### 3.2.2.2 EMSR-b Verfahren

Eine bessere Berücksichtigung dieser Ausgleichseffekte ermöglicht das sog. *EMSR-b Verfahren*, das ebenfalls auf der Betrachtung von jeweils zwei Produkten beruht (vgl. *Belobaba* (1992)). Dabei werden bei der Berechnung des Schutzlimits $s_j$ für eine Klasse j die höherwertigen Produkte $i = 1, ..., j-1$ zu einem virtuellen Produkt $\tilde{P}_{j-1}$ aggregiert. Zu diesem Zweck definiert man zunächst eine Zufallsvariable für die zu erwartende Gesamtnachfrage $\tilde{D}_{j-1}$ sowie den bei Realisierung der erwarteten Nachfragen erzielbaren Durchschnittsertrag $\tilde{r}_{j-1}$ wie folgt:

$$\tilde{D}_{j-1} = \sum_{i=1}^{j-1} D_i \qquad\qquad \tilde{r}_{j-1} = [\sum_{i=1}^{j-1} r_i \cdot \overline{D}_i] / [\sum_{i=1}^{j-1} \overline{D}_i] \qquad (3.5)$$

Danach lässt sich die Regel von Littlewood, wie in Kap. 3.2.1 geschildert, anwenden, wobei $\tilde{P}_{j-1}$ dem dortigen Produkt $P_1$ entspricht. Bei Abbildung der unsicheren Nachfrage durch stetige Verteilungen errechnet sich das Schutzlimit entsprechend durch $r_j = \tilde{r}_{j-1} \cdot P(\tilde{D}_{j-1} \geq s_j)$ bzw. durch $s_j = \tilde{F}_{j-1}^{-1}(1 - r_j/\tilde{r}_{j-1})$ (vgl. Bedingung (3.3), S. 88).

**Beispiel 3.8:** *Wir wollen die Wirkungsweise der beiden Ansätze in einer Erweiterung von Beispiel 3.5, S. 78, einander gegenüberstellen, wobei wir von jeweils approximativ normalverteilten Nachfragen ausgehen. Die benötigten Daten der n = 3 Produkte sind in Tabelle 3.2 zusammengefasst.*

*Bei Betrachtung des EMSR-a Verfahrens ergeben sich paarweise Schutzlimits von $s_{12} = 99$, $s_{13} = 106$ und $s_{23} = 99$ KE. Als Folge ermitteln wir Schutz- und Buchungslimits von $s_1 = 0$, $s_2 = 99$ und $s_3 = 205$ KE bzw. $b_1 = 400$, $b_2 = 301$ und $b_3 = 195$ KE.*

| i | $r_i$ | $\mu_i$ | $\sigma_i^2$ |
|---|---|---|---|
| 1 | 400 | 100 | 100 |
| 2 | 200 | 100 | 100 |
| 3 | 100 | 100 | 100 |

**Tabelle 3.2.** Produktdaten

*Wenden wir das EMSR-b Verfahren an, lässt sich das Schutzlimit von $s_2 = 99$ KE unmittelbar ermitteln. Zur Berech-*

*nung des Schutzlimits* $s_3$ *sind die aggregierte Verteilung sowie der zu erwartende Durchschnittsertrag der Produkte* $P_1$ *und* $P_2$ *zu bestimmen. Die Parameter der aggregierten Verteilung ergeben sich aufgrund der Normalverteilung durch Addition der jeweiligen Einzelwerte zu* $\tilde{\mu} = 200$ *und* $\tilde{\sigma}^2 = 200$*. Der zu erwartende Durschnittsertrag beträgt* $\tilde{r}_2 = (100 \cdot 400 + 100 \cdot 200)/200 = 300$ *GE. Für diese Werte errechnet man mit Hilfe von Bedingung (3.3) ein Schutzlimit i.H.v.* $s_3 = 206$ *KE (nach entsprechender Rundung analog zu Beispiel 3.7). Das resultierende Buchungslimit von* $b_3 = 194$ *KE ist damit geringfügig niedriger als bei Anwendung des EMSR-a Verfahrens.*

## 3.3 Steuerung in Flugnetzen

Als Folge der Einrichtung von Hub&Spoke-Netzen, bei denen Teilverkehre in ausgewählten Flughäfen gebündelt werden, bieten die meisten Fluggesellschaften heutzutage ihren Kunden eine Vielzahl sog. *„Multi Leg"*-Verbindungen an, die sich aus mehreren Teilstrecken zusammensetzen.[22] Produkte (Verbindungen, englisch *Itinerary*) sind dann jeweils durch ihren Startort (englisch *Origin*) und Zielort (englisch *Destination*) definiert, so dass man eine entsprechend ausgerichtete Kapazitätssteuerung im Englischsprachigen als *Origin Destination Inventory Control* bezeichnet (vgl. *Vinod* (1995)). Werden sämtliche Instrumente des RM und nicht nur die Kapazitätssteuerung betrachtet, spricht man häufig von *Network Revenue Management. Boyd und Bilegan* (2003) geben an, dass sich durch Einsatz speziell auf Netzwerke ausgerichteter Instrumente gegenüber der Betrachtung von Einzelflügen als Grundlage der Steuerung weitere Erlössteigerungen i.H.v. bis zu 2% erzielen lassen.

Im Folgenden wollen wir zunächst sog. Netzeffekte, die durch das Angebot von Multi Leg-Verbindungen entstehen, diskutieren. Anschließend formulieren wir das Problem der Kapazitätssteuerung als ein stochastisches, dynamisches Optimierungsmodell und erläutern darauf aufbauende Formulierungen unter Verwendung von Ersatzmodellen zur Approximation der Wertfunktion. Im Anschluss diskutieren wir ausführlich die Ausgestaltung erlös- und mengenorientierter Ansätze basierend auf den geschilderten Ersatzmodellen.

---

[22] Ausnahmen stellen Fluggesellschaften dar, die im Niedrigpreissektor operieren. Dazu zählen in Europa z.B. RyanAir und in den USA Southwest Airlines. Zum Geschäftsmodell solcher Fluggesellschaften vgl. z.B. *Lawton* (1999) sowie unsere Ausführungen in Kap. 5.

### 3.3.1 Netzeffekte

Die bereits zuvor erwähnten *Netzeffekte*, die im
Rahmen der Kapazitätssteuerung in Flugnetzen
zu berücksichtigen sind, lassen sich auf den typischen Aufbau des Streckennetzes von Fluggesellschaften in Form von *Hub&Spoke-Netzen*
zurückführen. Dabei handelt es sich grundsätzlich um radiale Verkehrsnetze, in denen Verbindungen (Spokes, Speichen) strahlen- oder stern-
förmig auf einen Punkt (Hub, Nabe) zulaufen

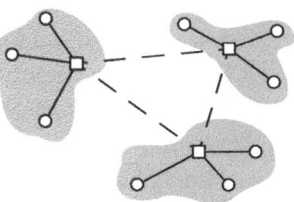

**Abb. 3.6.** Hub&Spoke-
Netz

(vgl. *Mayer* (2001, Kap. 2.1.1.2)). In der Regel werden mehrere solcher
Netze zu einem Multi-Hub-Netz verknüpft. Städtepaare sind – falls es sich
nicht um Hubs handelt – nicht direkt, sondern indirekt über einen einzelnen
Hub oder mehrere Hubs verbunden.

Abb. 3.6 zeigt beispielhaft den Aufbau eines solchen Netzes. Es setzt
sich aus drei einzelnen Hub&Spoke-Netzen, die jeweils grau hinterlegt
sind, zusammen. Die quadratischen Knoten im Netz repräsentieren dabei
jeweils die Hubs. Durch die Bündelung von Passagieraufkommen auf den
Speichen sowie auf den Hub-Hub Verbindungen ergeben sich signifikante
ökonomische Vorteile (vgl. z.B. *Domschke und Krispin* (1999)). Zu den
wesentlichen zählen eine höhere Anzahl an Verbindungen bei gleicher Anzahl an Flugstrecken sowie eine Kostendegression aufgrund der Verkehrs-
verdichtung auf den Teilstrecken und in den Hubs.

Als Konsequenz des Betriebes von Hub&Spoke-Netzen lässt sich fest-
stellen, dass viele unterschiedliche Verbindungen gemeinsame Flüge nutzen. Daher beeinflusst eine Buchung für eine bestimmte Verbindung zugleich die verfügbare Kapazität für andere Verbindungen und damit den im
Flugnetz erzielbaren Gesamterlös. Diese Wechselwirkungen werden häufig
als Netzeffekte bezeichnet. Wir wollen sie an einem Beispiel erläutern:

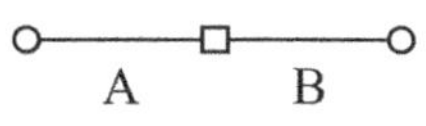

**Beispiel 3.9:** *Wir betrachten das einfachste denkbare Flugnetz bestehend aus* m = 2 *Teilstrecken
und benennen diese mit A bzw. B (vgl. Abb. 3.7).
Bei jeweils einem Flug hin und weg vom Hub er-*

$$\underset{A}{\circ} \quad \underset{B}{\square} \quad \circ$$

**Abb. 3.7.** Beispielnetz

*geben sich die möglichen Verbindungen A, B sowie AB. Bei einer hoch-
und einer niederwertigen Buchungsklasse resultieren* n = 6 *Produkte,
die wir mit* $P_{A1}$, $P_{A2}$, $P_{B1}$, $P_{B2}$, $P_{AB1}$ *und* $P_{AB2}$ *bezeichnen.*[23] *Die Indexwerte geben einerseits die Teilstrecke(n) der Verbindung an, anderer-*

*seits die Buchungsklasse. Die* 1 *steht dabei für die höherwertige, die* 2 *für die niederwertige Klasse.*

*Nehmen wir an, dass es sich bei Teilstrecke A um einen Kurzstreckenflug (z. B. München-Frankfurt) und bei Teilstrecke B um einen Mittelstreckenflug (z. B. Frankfurt-Stockholm) handelt. Strecke A weist eine Restkapazität von nur einem Sitzplatz auf, während die für Teilstrecke B noch zu erwartende Nachfrage nicht für den vollständigen Absatz der Restkapazität ausreicht. Liegt jeweils eine Anfrage sowohl für* $P_{A1}$ *mit* $r_{A1}$ = 400 GE *sowie* $P_{AB2}$ *mit* $r_{AB2}$ = 560 GE *vor, würde bei einer Kapazitätssteuerung basierend auf einzelnen Flügen die Anfrage nach* $P_{AB2}$ *abgelehnt, da der Zuschlag an die Anfrage in der höherwertigen Buchungsklasse gehen würde. Dies hätte zur Folge, dass Teilstrecke B in ihrem schlechten Auslastungszustand verbleibt und eine Reduktion des Gesamterlöses i. H. v.* $r_{AB2} - r_{A1}$ = 160 GE *auftritt.*

Das Beispiel zeigt, dass eine Steuerung basierend auf Einzelflügen in Flugnetzen aufgrund der Nichtberücksichtigung von Netzeffekten zur Minderung des erzielten Gesamterlöses führen kann. Solche Effekte können allgemein auftreten, wenn Produkte mehrere Ressourcen in unterschiedlichem Umfang nutzen. Sie sind daher im Rahmen der Kapazitätssteuerung geeignet zu berücksichtigen.

## 3.3.2 Stochastisches, dynamisches Grundmodell

Die bisherigen Ausführungen haben deutlich gemacht, dass es sich bei dem Problem der Kapazitätssteuerung zum einen um ein stochastisches Entscheidungsproblem handelt, da zukünftige Anfragen nach Produkten unsicher sind, und zum anderen um ein dynamisches Problem, da Entscheidungen zu unterschiedlichen Zeitpunkten des Buchungszeitraums getroffen werden müssen.[24] Solche Entscheidungsprobleme lassen sich als stochastische, dynamische Optimierungsmodelle formulieren und lösen. Im Folgenden präsentieren wir eine entsprechende Formulierung, wobei wir Grundkenntnisse der dynamischen Optimierung voraussetzen.[25]

---

[23] Wir verzichten auf eine Indexierung über ganzzahlige Werte 1, ..., n, um die leichtere Zuordnung von Produkten zu Verbindungen und Buchungsklassen zu ermöglichen. Trotzdem behalten wir i als allgemeinen Indexbezeichner bei.

[24] Zur Klassifikation von Entscheidungsproblemen vgl. *Klein und Scholl* (2004, Kap. 2.1.2).

Das stochastische, dynamische Grundmodell der Kapazitätssteuerung wurde bereits vor der Verbreitung des RM betrachtet. Zu nennen sind in der deutschsprachigen Literatur etwa die Arbeiten von *Jacob* (1971), *Laux* (1971) sowie *Schildbach und Ewert* (1988), die das Problem in unmittelbarer bzw. leicht variierter Form untersuchen. Ausführliche Darstellungen einer entsprechenden Formulierung in der RM orientierten Literatur finden sich für den Fall der Passage in *Talluri und van Ryzin* (1998) sowie *Bertsimas und Popescu* (2003), wobei jeweils unterschiedliche Modellierungsansätze gewählt werden. Wir orientieren uns an der zuerst genannten Arbeit, da die dort vorgenommene Modellierung leichter nachvollziehbar ist, und erweitern die Betrachtung auf den Fall beliebiger Kapazitätsbedarfe.

### 3.3.2.1 Grundprinzip der dynamischen Optimierung

Die *dynamische Optimierung* repräsentiert ein Prinzip zur Lösung von Entscheidungsproblemen, bei denen eine Folge voneinander abhängiger Einzelentscheidungen mit dem Ziel der Maximierung des Gesamtnutzens der Entscheidungsfolge zu treffen ist. Eine solche Folge von Entscheidungen wird als *Politik* bezeichnet. Dabei können im Fall von stochastischen Entscheidungsproblemen in Abhängigkeit von den eintretenden *Umweltlagen* unterschiedliche Entscheidungsfolgen (*Teilpolitiken*) Bestandteil einer Politik sein. Grundsätzlich wird zur Bestimmung einer optimalen Politik das Problem so in *Stufen* zerlegt, dass auf jeder Stufe genau oder bei stochastischen Problemen höchstens eine Entscheidung zu treffen ist.[26]

Die möglichen Alternativen bei der Entscheidung auf einer Stufe sind vom aktuellen Zustand des dem Entscheidungsproblem zugrunde liegenden Systems abhängig. Dieser *Zustand* wird einerseits durch vorangegangene Entscheidungen, andererseits durch potenziell unsichere Umweltlagen bestimmt. Bei der Auswahl einer Alternative auf einer Stufe ist neben dem unmittelbar resultierenden Nutzen der in Abhängigkeit von der Wahl erziel-

---

[25] Zu einer entsprechenden Einführung vgl. *Domschke und Drexl* (2007, Kap. 7). Eine ausführliche Darstellung von Techniken der dynamischen Optimierung findet sich in *Bertsekas* (2005, 2007).

[26] Die Verwendung des Begriffs „Optimalität" ist im Zusammenhang mit stochastischen Entscheidungsproblemen schwierig. Allgemein wäre eine Politik nur dann optimal, wenn sie für alle denkbaren Umweltlagen den dann größtmöglichen Nutzen aufweist. Da die Umweltentwicklung zum Planungszeitpunkt nicht bekannt ist, lassen sich solche Politiken i. d. R. nicht finden. Die Eigenschaft der Optimalität soll sich daher im Folgenden auf das verwendete Entscheidungskriterium (z. B. den Erwartungswert) bei der Bewertung von Politiken beziehen.

bare Nutzen auf den nachfolgenden Stufen einzubeziehen. Eine grafische Darstellung von stochastischen, dynamischen Optimierungsproblemen ist mit Hilfe eines *Entscheidungsbaums* möglich (vgl. Abb. 3.8, S. 99).

### 3.3.2.2 Modellannahmen und Notation

Zur Abbildung des Problems der Kapazitätssteuerung als stochastisches, dynamisches Optimierungsmodell gehen wir von den folgenden Annahmen bzw. folgender Notation aus:

– Wir untersuchen den Fall der Leistungserstellung während genau einer Periode.[27] Bei der Passage liegt dieser Fall vor, wenn man einen einzelnen Abflugtag betrachtet.

– Das Unternehmen bietet die Menge $\mathcal{I} = \{1, ..., n\}$ von Produkten $P_i$ an. Diese ergeben sich in dem hier diskutierten Fall der Kapazitätssteuerung in Flugnetzen durch die Kombination einer Verbindung – bestehend aus einer oder mehreren Teilstrecken im Flugnetz – mit einer Buchungsklasse. Jedes Produkt $P_i$ besitzt einen Nutzen von $r_i > 0$ je abgesetzter ME. Dabei kann es sich bei der vorgenommenen Bewertung wie in der Passage um den Erlös oder wie bei der Auftragsfertigung um den Deckungsbeitrag handeln.

– Es erfolgt eine dynamische Nachfragebetrachtung entsprechend Kap. 3.1.4.3. Dabei wird die Dauer des Buchungszeitraums T so gewählt, dass in jeder Periode $t = T, ..., 1$ maximal eine Anfrage nach einem Produkt – d.h. in der Passage der Wunsch nach Kauf eines entsprechenden Tickets – eintrifft (Mikroperioden).[28] Bezeichnen wir die Wahrscheinlichkeit für eine Anfrage nach Produkt $P_i$ in Periode t mit $p_i(t)$, gilt damit die Bedingung $\sum_{i=1}^{n} p_i(t) \leq 1$. Für die Wahrscheinlichkeit $1 - \sum_{i=1}^{n} p_i(t)$, dass keine Anfrage in Periode t auftritt, wählen wir den Bezeichner $p_0(t)$. Der Buchungszeitraum endet mit der Leistungserstellung (Abflug).

– Die Zufallsvariable $D_{it}$ beschreibt die verbleibende aggregierte Nachfrage, also den Demand-to-Come, in den Perioden $t, ..., 1$;[29] ihr Erwartungswert entspricht $\overline{D}_{it}$. Die zugehörige Verteilungsfunktion bezeichnen

---

[27] Eine Verallgemeinerung auf den mehrperiodigen Fall ist leicht möglich. Dazu führt man für jede Ressource und jede Periode der Leistungserstellung eine eigene „virtuelle" Ressource ein.

[28] Ggf. ist dazu eine geeignete Skalierung der „natürlichen" Dauer des Buchungszeitraums erforderlich.

wir mit $F_{it}(\cdot)$ und die Dichte- oder Wahrscheinlichkeitsfunktion mit $f_{it}(\cdot)$.

- Das System zur Leistungserstellung umfasst die Menge $\mathcal{H} = \{1, \ldots, m\}$ an Ressourcen; in der Passage ergeben sich diese durch die am Abflugtag durchzuführenden Flüge. Unter der in Kap. 3.1.5 getroffenen Annahme, dass die Beförderungsklassen voneinander getrennt gesteuert werden, ist damit für jeden Flug genau eine Ressource vorzusehen. Die Gesamtkapazität einer Ressource h beträgt $C_h$ KE, entspricht in unserem Anwendungsfall also der Anzahl der Sitzplätze des Fluges h in der zu steuernden Beförderungsklasse. Die in Abhängigkeit von den bisher verkauften Produkteinheiten verbleibende Restkapazität (im Fall der Passage die freien Sitzplätze) einer Ressource h bezeichnen wir mit $c_h$. Der ursprüngliche sowie der aktuelle Zustand des Systems in Periode t lassen sich damit durch die Vektoren $\mathbf{C} = (C_1, \ldots, C_m)$ und $\mathbf{c} = (c_1, \ldots, c_m)$ beschreiben.[30]

- Die Leistungserstellung je abgesetzter ME von Produkt $P_i$ erfordert $a_{hi}$ KE. Dabei gehen wir von ganzzahligen Werten $a_{hi}$ aus, die sich ggf. durch eine geeignete Skalierung der Kapazitätsbedarfe und -verfügbarkeiten für sämtliche Produkte bzw. Ressourcen erreichen lassen. Beschränken wir uns wie in Kap. 3.2 auf mögliche Buchungsanfragen für einzelne Sitzplätze, so nimmt $a_{hi}$ den Wert 1 an, wenn Produkt $P_i$ Flug h nutzt.[31] Die Kapazitätsbedarfe fassen wir in einer $m \times n$ Matrix A zusammen. Der Vektor $\mathbf{a}_i$ entspricht der i-ten Spalte von A, welche die Kapazitätsbedarfe von Produkt $P_i$ definiert. Bei der Passage lässt sich damit aus der Spalte ablesen, welche Flüge Bestandteil des Produkts (Verbindung) sind. Die Menge $\mathcal{A}^h$ enthält sämtliche Produkte, die eine Ressource (Flug) h nutzen. Umgekehrt entspricht $\mathcal{A}_i$ der Menge der Ressourcen (Flüge), die Produkt $P_i$ benötigt.

- Es erfolgt keine explizite Integration der Überbuchungssteuerung im Modell.[32] Dies kann einerseits dadurch gerechtfertigt sein, dass im

---

[29] In der Passage entspricht dies der gesamten im verbleibenden Buchungszeitraum noch eintreffenden Anzahl an Buchungswünschen.

[30] Beim Vektor c verzichten wir zur kompakteren Darstellung auf einen möglichen Index t.

[31] Entsprechend würde man zur Abbildung von Gruppenbuchungen $a_{hi}$ die Gruppengröße als Wert zuweisen.

[32] Dieser Aspekt lässt sich leicht in das Modell integrieren. Vgl. für eine entsprechende Formulierung *Bertsimas und Popescu* (2003).

betrachteten Anwendungsfall keine Stornierungen und No-Shows auftreten. Andererseits besteht – wie wir in Kap. 4.3 schildern – die Möglichkeit der vorherigen Bestimmung sog. Überbuchungslimits und einer entsprechenden Anpassung der Ressourcenkapazitäten.

– Die Zielsetzung besteht darin, die Kapazitätssteuerung durch Annahme
bzw. Ablehnung von Anfragen so durchzuführen, dass der erwartete
Gesamtnutzen (Erlös) maximiert wird. Zur Bestimmung dieses Werts
benötigen wir die *Wertfunktion* $V(c, t)$ (vgl. auch Kap. 3.1.2). Sie gibt
für jeden möglichen Zustand, definiert durch die Periode t und den Vektor $c$, den in den verbleibenden Perioden t, ..., 1 erzielbaren erwarteten
Nutzen an.

### 3.3.2.3 Abbildung als Entscheidungsbaum

Abb. 3.8 zeigt – ausgehend von einem Zustand mit Restkapazität $c$ zu Beginn von Periode t – einen Ausschnitt des Entscheidungsbaums, welcher
der folgenden Formulierung des Entscheidungsproblems der Kapazitätssteuerung als stochastisches, dynamisches Optimierungsmodell zugrunde
liegt.[33] Ein solcher Baum enthält einerseits Entscheidungsknoten für die
Auswahl von Alternativen und andererseits stochastische oder Zufallsknoten für die Abbildung der unsicheren Umweltlagen (vgl. *Klein und Scholl*
(2004, Kap. 8.4)). In Abb. 3.8 werden die Entscheidungsknoten durch Quadrate, die Zufallsknoten durch Kreise symbolisiert.

Aufgrund der unterstellten Annahmen trifft in Periode t höchstens eine
Anfrage nach einem Produkt $P_i$ mit Wahrscheinlichkeit $p_i(t)$ ein. Im Rahmen der Kapazitätssteuerung ist zu entscheiden, ob diese Anfrage angenommen werden soll oder nicht. Damit entspricht jede Periode t einer Stufe
des stochastischen, dynamischen Optimierungsmodells. In den stochastischen Knoten des Entscheidungsbaums ergeben sich damit inklusive des
Falls ausbleibender Nachfrage n + 1 Verzweigungen und in den Entscheidungsknoten für die Annahme bzw. Ablehnung einer Produktanfrage jeweils zwei Verzweigungen. Im Fall einer Annahme erfolgt aufgrund des damit entstehenden Ressourcenverbrauchs ein Übergang des Systems vom
Zustand $c$ in den Zustand $c = c - a_i$; In der Passage entspricht dieser der
Reduktion der Restkapazitäten der genutzten Flüge jeweils um einen Sitz-

---

[33] In der Betriebswirtschaftslehre wird eine Formulierung von stochastischen,
dynamischen Optimierungsproblemen mit Hilfe von Entscheidungsbäumen
häufig auch als flexible Planung bezeichnet (vgl. *Klein und Scholl* (2004,
Kap. 8.4)).

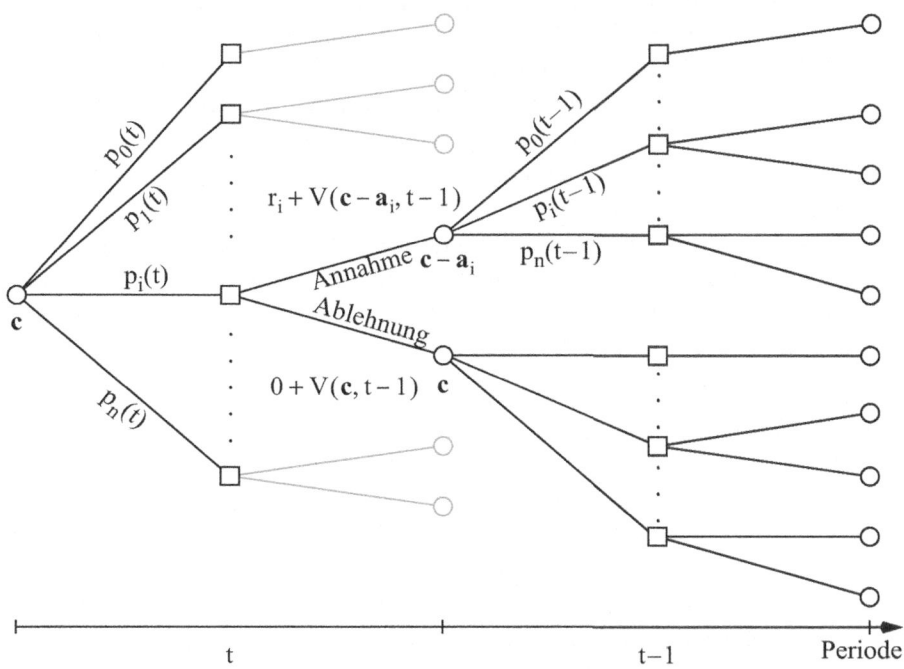

**Abb. 3.8.** Aufbau des Entscheidungsbaums

platz. Der zugehörige Nutzen ergibt sich durch Summation des aus dem unmittelbar aus dem Verkauf von $P_i$ resultierenden Nutzens $r_i$ und des auf nachfolgenden Stufen noch zu erzielenden Nutzens $V(\mathbf{c} - \mathbf{a}_i, t - 1)$. Bei der Passage ist damit der erzielte Ticketpreis zu dem im restlichen Buchungszeitraum noch zu erwartenden Gesamterlös bei entsprechend reduzierter Sitzplatzkapazität zu addieren. Im Fall der Ablehnung ergibt sich dagegen keine Kapazitätsveränderung, und es resultiert ausschließlich der Nutzen auf den nachfolgenden Stufen i.H.v. $V(\mathbf{c}, t - 1)$. Dieser entspricht dem erwarteten Gesamterlös, der sich durch Absatz der unveränderten Kapazitäten im Buchungszeitraum noch ergeben kann.

In einem entsprechend Abb. 3.8 aufgebauten Entscheidungsbaum lässt sich die optimale Politik durch eine stufenweise Rückwärtsrechnung (*Roll Back-Verfahren*) ermitteln, d.h. der Baum wird, von den Blattknoten ausgehend, stufenweise bis zum Wurzelknoten abgearbeitet.[34] Dabei ist an den stochastischen Knoten in den Perioden 1, ..., T jeweils der erwartete Gesamtnutzen zu berechnen, der sich als Summe der mit den Wahrscheinlich-

---

[34] Zur Vorgehensweise vgl. z.B. *Bamberg und Coenenberg* (2006, Kap. 9.3) oder *Laux* (2007, Kap. IX).

keiten gewichteten Ergebnisse der jeweiligen Teilpolitiken aus Periode $t-1$ ergibt. An jedem Entscheidungsknoten einer Stufe t ist diejenige Entscheidung zu treffen, die das höchste erwartete Ergebnis verspricht. Damit wird eine Anfrage für ein Produkt $P_i$ angenommen, wenn die Summe aus $r_i$ und $V(c-a_i, t-1)$ größer oder gleich dem Ergebnis von $V(c, t-1)$ ist, und ansonsten abgelehnt. Dadurch resultiert (unter Einbeziehung der Entscheidungen in späteren, schon ausgewerteten Perioden) eine Menge optimaler Teilpolitiken von diesem Knoten bis zum Ende des Buchungszeitraums. Ist man im Wurzelknoten angelangt, liegt die optimale Gesamtpolitik vor, die aus optimalen Teilpolitiken für alle möglichen Umweltlagen besteht.

**Bemerkung 3.8:** Aus den vorherigen Ausführungen ergibt sich, dass in einer optimalen Teilpolitik die Annahme einer Anfrage bei $r_i \geq V(c, t-1) - V(c-a_i, t-1)$ erfolgt, während es zu einer Ablehnung für $r_i < V(c, t-1) - V(c-a_i, t-1)$ kommt. Die zu ermittelnde Differenz $V(c, t-1) - V(c-a_i, t-1)$ entspricht dabei den *outputorientierten OK* für Produkt $P_i$, und man erkennt das in Kap. 3.1.2 geschilderte Grundprinzip einer Kapazitätssteuerung durch Betrachtung von Opportunitätskosten. In Bezug auf die Passage bedeutet dies, dass eine Buchungsanfrage genau dann angenommen wird, wenn der Ticketpreis mindestens dem entgangenen Erlös entspricht, der sich aus der entsprechenden Reduktion der Sitzplatzkapazitäten ergibt.

Die Vorgehensweise des Roll Back-Verfahrens soll im Folgenden anhand eines Beispiels verdeutlicht werden. Dazu greifen wir Beispiel 3.9, S. 93, auf. Dort wurde ein Flugnetz bestehend aus zwei Teilstrecken A und B sowie insgesamt drei möglichen Verbindungen A, B und AB betrachtet.

**Beispiel 3.10:** *Der verbleibende Buchungszeitraum besitzt eine Länge von T = 2 und es wird lediglich die günstigere der beiden Buchungsklassen angeboten. Damit sind im Rahmen der Kapazitätssteuerung die Produkte $P_{A2}$, $P_{B2}$ und $P_{AB2}$ zu betrachten. Auf beiden Teilstrecken ist noch ein Sitzplatz verfügbar.*

*Die Wahrscheinlichkeiten für das Eintreffen einer Anfrage nach einem Produkt $P_i$ in den Perioden t = 2 und t = 1 sowie der zugehörige Erlös sind in Tabelle 3.3 angegeben. Daraus ergeben sich die Wahrscheinlichkeiten $p_0(2) = 0$ und $p_0(1) = 0.2$ für den*

| Produkte | $P_{A2}$ | $P_{B2}$ | $P_{AB2}$ |
|---|---|---|---|
| $r_i$ | 280 | 380 | 560 |
| $p_i(2)$ | 0.4 | 0.4 | 0.2 |
| $p_i(1)$ | 0 | 0 | 0.8 |

**Tabelle 3.3.** Produktdaten

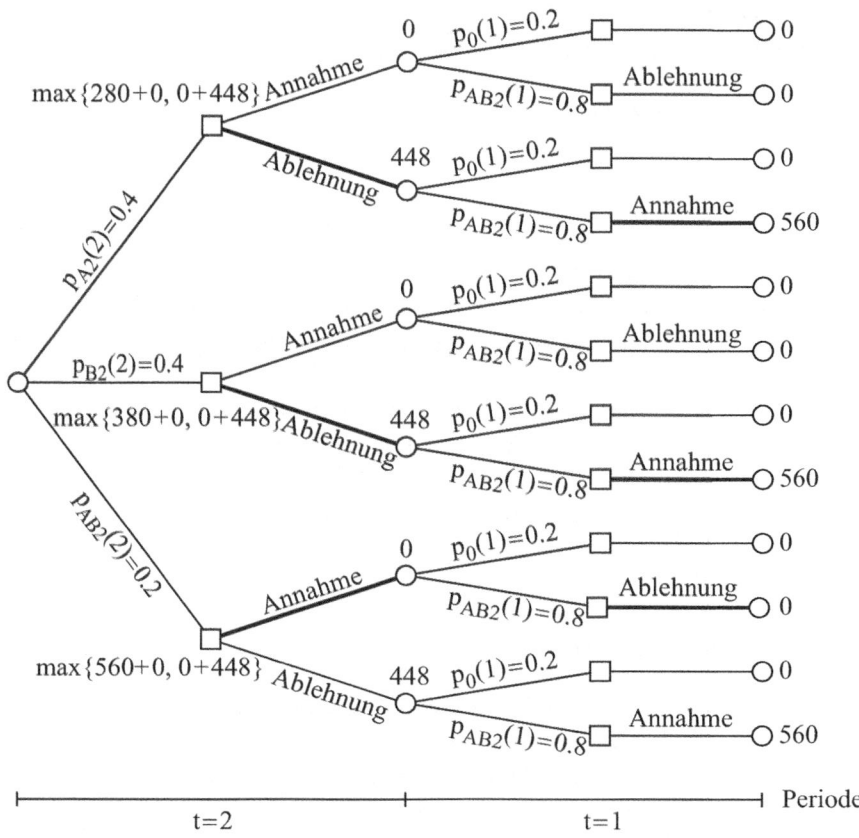

**Abb. 3.9.** Entscheidungsbaum für Beispielproblem

*Fall, dass überhaupt keine Nachfrage in der Periode* t = 2 *bzw.* t = 1 *auftritt. Abb. 3.9 zeigt den zugehörigen Entscheidungsbaum.*

*Im Entscheidungsbaum sind in Periode* t = 1 *jeweils die Entscheidungen ausgespart, die aufgrund der verfügbaren Restkapazität im zugehörigen Zustand nicht realisierbar oder nicht sinnvoll sind. Dabei handelt es sich zum einen um die Annahme einer Anfrage nach Produkt* $P_{AB2}$ *für den Fall, dass bereits in* t = 2 *eine Anfrage akzeptiert wurde, bzw. um die Ablehnung einer Anfrage bei ausreichender Restkapazität, die zu ungenutzter Kapazität am Ende des Buchungszeitraums führen würde.*

*Zur Bestimmung der optimalen Politiken werden zunächst für Periode 1 die Erwartungswerte in den stochastischen Knoten berechnet. Im Anschluss ist für die Entscheidungsknoten jeweils das Maximum der erwarteten Erlöse bei Annahme und Ablehnung zu bilden. Man erkennt, dass*

*Anfragen für die Produkte* $P_{A2}$ *und* $P_{B2}$ *in Periode 2 abzulehnen sind, während die Anfrage nach* $P_{AB2}$ *stets akzeptiert werden sollte. Die jeweils optimale Teilpolitik in Abhängigkeit von der eintretenden Umweltlage ist im Entscheidungsbaum fett hervorgehoben. Im Wurzelknoten ergibt sich ein erwarteter Gesamterlös i.H.v. 470.40 GE.*

Beim geschilderten Aufbau des Entscheidungsbaums wächst die Anzahl der zu betrachtenden Entscheidungsknoten und damit der auszuwertenden Zustände exponentiell mit der Anzahl an Perioden und Produkten.[35] Im Rahmen eines stochastischen, dynamischen Optimierungsmodells lässt sich die Anzahl der auszuwertenden Zustände durch eine geeignete Zusammenfassung deutlich verringern. So müssen in unserem Beispiel die Zustandsknoten, die zu Beginn von Periode t = 1 den Zustand $c_1 = c_2 = 1$ (ein freier Sitzplatz auf den Flügen A und B) repräsentieren, nur einmal ausgewertet werden. Im abgebildeten Entscheidungsbaum erfolgt ihre Betrachtung jedoch insgesamt dreimal, nämlich immer dann, wenn die Anfrage in t = 2 abgelehnt wurde. Wir beschreiben daher im Folgenden eine entsprechende Formulierung.

### 3.3.2.4 Modellformulierung

Eine Möglichkeit zur Formulierung eines stochastischen, dynamischen Optimierungsproblems besteht in der Definition der sog. *Bellman'schen Funktionalgleichung* sowie von Randbedingungen, welche die Zulässigkeit der ermittelten Politik sicherstellen. Die Bellman'sche Funktionalgleichung beschreibt, wie sich der Nutzen für einen Zustand in einer Periode aus den Entscheidungen und Zuständen der nachfolgenden Perioden ermitteln lässt. Ihr jeweiliger Wert entspricht dabei unmittelbar dem der Wertfunktion $V(\mathbf{c}, t)$.

Für das Entscheidungsproblem der Kapazitätssteuerung ergibt sich unter Verwendung der zuvor eingeführten Notation die folgende Bellman'sche Funktionalgleichung:

$$V(\mathbf{c}, t) = \sum_{i=1}^{n} (p_i(t) \cdot \max\{V(\mathbf{c}, t-1), r_i + V(\mathbf{c} - \mathbf{a}_i, t-1)\} +$$

$$p_0(t) \cdot V(\mathbf{c}, t-1)) \quad \text{für alle } \mathbf{0} \leq \mathbf{c} \leq \mathbf{C}^{36} \text{ und } t = 1, ..., T \quad (3.6)$$

---

[35] Die Anzahl der Knoten lässt sich für unser Problem der Kapazitätssteuerung durch $O(n^T)$ abschätzen. Zur Bedeutung der O-Notation vgl. z.B. *Domschke und Drexl* (2007, Kap. 6.2.1).

[36] Dabei entspricht $\mathbf{0}$ dem Nullvektor.

Die zu beachtenden Randbedingungen lauten:

$$V(\mathbf{c}, t) = -\infty \qquad \text{falls ein } c_h < 0 \text{ für } h \in \mathcal{H} \qquad (3.7)$$

$$V(\mathbf{c}, 0) = 0 \qquad \text{für alle } \mathbf{c} \geq \mathbf{0} \qquad (3.8)$$

Diese Formulierung lässt sich wie folgt erläutern: Ziel des Entscheidungs-problems ist die Bestimmung einer Politik, welche den erwarteten Gesamt-nutzen maximiert. Dieser Gesamtnutzen ermittelt sich auf Stufe T, aber auch auf allen nachfolgenden Stufen $T - 1, \ldots, 1$ als Erwartungswert der Teilnutzen der bestmöglichen stufenbezogenen Entscheidung für jede mögliche Anfrage (vgl. (3.6)). Dabei ergibt sich der bestmögliche Teilnutzen für eine Anfrage nach Produkt $P_i$ jeweils aus dem Maximum des Nutzens bei Annahme $r_i + V(\mathbf{c} - \mathbf{a}_i, t - 1)$ bzw. bei Ablehnung $V(\mathbf{c}, t - 1)$. Den Verkauf von Produkten über die Kapazitäten der Ressourcen hinaus verhindern die Bedingungen (3.7). Durch sie werden Zustände, die eine Kapazitätsrestriktion verletzen, mit $-\infty$ bewertet. Aufgrund dieser Bewertung wird für eine Anfrage nach einem Produkt, das eine bereits vollständig ausgelastete Ressource nutzt, in (3.6) stets die Ablehnung gegenüber der Annahme präferiert. Die Bedingungen (3.8) bilden den Sachverhalt ab, dass am Ende von Periode 1 nicht genutzte KE keinen Nutzen mehr stiften.

Für die zu ermittelnde Wertfunktion lassen sich die folgenden Aussagen treffen (vgl. z.B. *Gerchak et al.* (1985), *Diamond und Stone* (1991) sowie *Bertsimas und Popescu* (2003)):

– Die Wertfunktion ist nicht-fallend bei fixem $\mathbf{c}$ und steigendem $t$. Intuitiv ist dies einsichtig, da sich für die gleiche Restkapazität bei einem längeren noch verbleibenden Buchungszeitraum aufgrund der größeren Anzahl an potenziell noch eintreffenden Anfragen ein höherer erwarteter Nutzen erzielen lässt.

– Auch bei fixem $t$ und wachsenden Restkapazitäten gilt die vorherige Aussage. In diesem Fall steht noch mehr Kapazität zur eventuellen Nutzung durch eintreffende Anfragen zur Verfügung. Für den Fall einer einzigen Ressource lässt sich zudem zeigen, dass die Funktion einen konkaven Verlauf in Abhängigkeit von c und t besitzt.

### 3.3.2.5 Lösung und Einsatz des Modells

Das durch (3.6)–(3.8) definierte Optimierungsproblem lässt sich lösen, indem man für sämtliche denkbaren Zustände $(\mathbf{c}, t)$ die Bellman'sche Funktionalgleichung (3.6) auswertet und damit das zugehörige Ergebnis der Wertfunktion bestimmt. Aufgrund der Struktur von (3.6) setzen dabei die Berechnungen auf der Stufe t die vorherige Auswertung der Wertfunktion auf den Stufen t − 1, ..., 1 voraus.[37] Eine entsprechende Betrachtung der Stufen in der Reihenfolge 1, ..., T wird als *Rückwärtsrekursion* bezeichnet.[38] Die maximale Anzahl an zu betrachtenden Zuständen lässt sich durch $O(T \cdot \prod_{h \in \mathcal{H}} C_h)$ abschätzen. Bei dieser Abschätzung wird unterstellt, dass auf jeder Stufe t jede Ressource die Ausprägungen 0, ..., $C_k$ annehmen kann und dass zudem sämtliche Kombinationen dieser Ausprägungen möglich sind. Die tatsächlich zu betrachtende Anzahl wird allerdings deutlich geringer sein, da aufgrund der Koeffizienten $a_{hi}$ sowie der Annahme maximal einer Anfrage pro Periode nicht sämtliche dieser theoretisch möglichen Zustände auftreten können.

Zur Umsetzung einer Kapazitätssteuerung auf Basis des geschilderten stochastischen, dynamischen Optimierungsmodells ist es nicht erforderlich, die ermittelten Politiken, d.h. die Annahme- und Ablehnungsentscheidungen, explizit zu speichern. Stattdessen ist es ausreichend, die Ergebnisse der Wertfunktion für alle möglichen Zustände zur Verfügung zu stellen. Bereits im Zusammenhang mit der Erläuterung des Entscheidungsbaums in Kap. 3.3.2.3 haben wir gezeigt, dass sich über Annahme oder Ablehnung von Anfragen durch Betrachtung von outputorientierten OK entscheiden lässt. Deren Werte $\rho_i(\mathbf{c}, t)$ bestimmen sich für eine Anfrage nach einem Produkt $P_i$ in einem Zustand $(\mathbf{c}, t)$ wie folgt:

$$\rho_i(\mathbf{c}, t) = V(\mathbf{c}, t - 1) - V(\mathbf{c} - \mathbf{a}_i, t - 1) \tag{3.9}$$

Die Annahme einer Anfrage erfolgt, falls die Bedingung $r_i \geq \rho_i(\mathbf{c}, t)$ gilt. Ansonsten wird die Anfrage abgelehnt.

**Bemerkung 3.9:** Der geschilderte Ansatz ist i.d.R. nicht praxistauglich. Sollen Anfragen in Echtzeit beantwortet werden, so ist eine Neuberechnung der Werte $V(\mathbf{c}, t)$ aufgrund des damit verbundenen Aufwands nicht möglich. Eine vorherige Berechnung und Speicherung scheitert am benötigten Speicherplatz. Dies wird an einem kleinen Beispiel deutlich. Eine Fluggesellschaft bietet an einem Tag 5 Flüge an, die jeweils über eine Kapazität

---

[37] Die Auswertung entspricht grundsätzlich der Vorgehensweise bestehend aus Maximum- und Erwartungswertbildung wie im Rahmen des Roll Back-Verfahrens, so dass wir sie nicht detailliert schildern. Der wesentliche Unterschied besteht in der Zusammenfassung von in Bezug auf die Restkapazitäten identischen Zufallsknoten einer Stufe zu einem einzigen Zustand.

[38] Zu einer formalen Darstellung der Rückwärtsrekursion vgl. *Domschke und Drexl* (2007, Kap. 7.2).

von 200 Sitzplätzen verfügen. Für eine einzige Periode bzw. Stufe t ergeben sich dann bereits $200^5$ mögliche Kombinationen von Restkapazitäten. Setzt man voraus, dass die Speicherung des Ergebnisses der Wertfunktion jeweils 4 Byte benötigt, resultiert bereits ein Speicherbedarf von mehr als einem Terabyte.[39] Die Hinzunahme lediglich eines weiteren Fluges würde zu einer Erhöhung des Speicherbedarfs auf mehr als 232 Terabyte führen.

### 3.3.3 Approximative Lösung des Grundmodells

Insbesondere die Ausführungen in Bem. 3.9 haben gezeigt, dass sich das stochastische, dynamische Grundmodell nicht unmittelbar zur Kapazitätssteuerung einsetzen lässt. Ein Ansatz, den notwendigen Rechen- und Speicheraufwand zu reduzieren, besteht in der Verwendung sog. *Limited Lookahead Policies*.[40] Im Folgenden beschreiben wir zunächst das Grundprinzip des Ansatzes. Ein wesentliches Element besteht dabei in der Formulierung und Lösung von *Ersatzmodellen* für das stochastische, dynamische Grundproblem, auf die wir im Anschluss eingehen und die auch im Rahmen der Implementierung von erlös- und mengenorientierten Steuerungsansätzen von Bedeutung sind.[41]

#### 3.3.3.1 Prinzip einer Limited Lookahead Policy

Eine effektive Möglichkeit, den Rechen- und Speicheraufwand zur Lösung eines stochastischen, dynamischen Optimierungsproblems zu verringern, besteht darin, die exakte Auswertung der Wertfunktion nur für einige Stufen vorzunehmen und die Ergebnisse der folgenden Stufen approximativ zu bestimmen. Eine solche Vorgehensweise wird in der Literatur zur stochastischen, dynamischen Optimierung sowie zur Kontrolltheorie als *Limited*

---

[39] Diese Berechnung unterstellt, dass für sämtliche der theoretisch denkbaren Zustände die Speicherung der Wertfunktion (z.B. in einem entsprechend dimensionierten Array) erfolgt. Der Speicheraufwand lässt sich drastisch reduzieren, wenn man nur solche Zustände erfasst, die sich aufgrund der Ressourcenbedarfe der Produkte sowie der Nachfrageentwicklung ergeben können. Jedoch ist auch in diesem Fall der verbleibende Speicherbedarf zu groß.

[40] Für eine ausführliche Darstellung dieses Ansatzes verweisen wir auf *Bertsekas* (2005, Kap. 6.3).

[41] Im Rahmen von Ersatzmodellen werden stochastische Elemente, welche z.B. die Zielfunktion bzw. Restriktionen betreffen können, so durch deterministische Elemente ersetzt, dass sich insgesamt ein deterministisches Modell ergibt (vgl. *Scholl* (2001, Kap. 3.2.3.2)).

*Lookahead Policy* bezeichnet (vgl. z. B. *Bertsekas* (2005, S. 304)). Die einfachste Form einer Limited Lookahead Policy, auf deren Betrachtung wir uns hier beschränken wollen, besteht in einem einstufigen Ansatz. Dabei wird auf einer Stufe t für den aktuellen Zustand jeweils die Entscheidung realisiert, die in Summe für die betrachtete Stufe sowie die durch die Approximation erfassten nachfolgenden Stufen den größten Gesamtnutzen aufweist.

Für unser Problem der Kapazitätssteuerung wollen wir im Rahmen einer solchen Vorgehensweise die Approximation der Wertfunktion in Abhängigkeit von einem Zustand $(\mathbf{c}, t)$ mit $\tilde{V}(\mathbf{c}, t)$ bezeichnen. Damit wird eine Anfrage nach einem Produkt $P_i$ in Periode t angenommen, falls $r_i + \tilde{V}(\mathbf{c} - \mathbf{a}_i, t - 1)$ größer bzw. gleich $\tilde{V}(\mathbf{c}, t - 1)$ ist. Bei einer OK-orientierten Darstellung der Entscheidung ist dementsprechend eine Approximation der outputorientierten OK $\tilde{\rho}_i(\mathbf{c}, t)$ zu betrachten, die sich aus der Differenz $\tilde{V}(\mathbf{c}, t - 1) - \tilde{V}(\mathbf{c} - \mathbf{a}_i, t - 1)$ ergibt.

Neben der Anzahl der Stufen, für die eine exakte Auswertung der Bellman'schen Funktionalgleichung vorgenommen wird, können sich Realisierungen einer *Limited Lookahead Policy* durch die Art und Weise der Approximation der Wertfunktion unterscheiden. Dabei sind v. a. die folgenden drei Arten zu nennen (vgl. *Bertsekas* (2005, Kap. 6.3.2)):

- Im Rahmen einer *modellorientierten Approximation* erfolgt die Betrachtung eines leichter lösbaren Problems. Diese Vorgehensweise ist im Rahmen der Kapazitätssteuerung sinnvoll. Dabei wird das Ergebnis der Wertfunktion durch unterschiedliche Arten von linearen und nichtlinearen Optimierungsproblemen bestimmt (vgl. dazu die nachfolgenden Unterkapitel 3.3.3.2 bis 3.3.3.4). Die Grundidee der entsprechenden Ansätze besteht dabei darin, von der im Rahmen der Lösung des Grundmodells notwendigen dynamischen Nachfragebetrachtung zu einer statischen Nachfragebetrachtung zu gelangen (vgl. Kap. 3.1.4). Dadurch ist es nicht länger nötig, sämtliche bei einer dynamischen Nachfragebetrachtung auftretenden Zustände explizit zu evaluieren.

- Bei einer *heuristischen Approximation* wird die Wertfunktion durch eine geeignet parametrisierte Funktion angenähert, wobei die Variablen zur Beschreibung des aktuellen Zustandes als erklärende Variablen dienen. Die Parameter zur Verknüpfung dieser Variablen werden durch heuristische Vorgehensweisen – wie etwa neuronale Netze – ermittelt.[42]

- Basis einer sog. *Rollout Approximation* ist die Bestimmung einer suboptimalen Politik und die Berechnung ihres zugehörigen Nutzens, der dann als Approximation für die Wertfunktion genutzt wird. Die zugrunde liegende Politik lässt sich dabei z. B. mit einer problemspezifischen Heuristik bestimmen. Im Gegensatz zu den zuvor erwähnten Ansätzen eignet sich die Rollout Approximation weniger für stochastische Probleme, sondern insbesondere zur Lösung kombinatorischer Optimierungsprobleme (vgl. dazu z. B. *Bertsekas et al.* (1997)).

**Bemerkung 3.10:** Offensichtlich kann je nach Wahl der Approximationsform eine unterschiedliche Güte der Abschätzung der Wertfunktion erreicht werden. Im Rahmen der Kapazitätssteuerung ist jedoch nicht diese Güte wesentlich, sondern vielmehr eine möglichst genaue Approximation der outputorientierten OK $\tilde{\rho}_i(\mathbf{c}, t)$ durch die Differenz von $\tilde{V}(\mathbf{c}, t-1) - \tilde{V}(\mathbf{c} - \mathbf{a}_i, t-1)$.

### 3.3.3.2 Stochastisches Optimierungsmodell

Zunächst wollen wir ein allgemeines stochastisches Optimierungsmodell zur Abschätzung der Wertfunktion $V(\mathbf{c}, t-1)$ diskutieren, das auf *Wollmer* (1986) zurückgeht und das sich unter Verwen-

| **M3.1:** Allgemeines stochastisches Modell |
|---|
| $\tilde{V}(\mathbf{c}, t-1) = \max \sum_{i \in \mathcal{I}} r_i \cdot E[\min\{D_{i,t-1}, x_i\}]$  (3.10) |
| unter den Nebenbedingungen |
| $\sum_{i \in \mathcal{A}^h} a_{hi} \cdot x_i \leq c_h$ \qquad für alle $h \in \mathcal{H}$  (3.11) |
| $x_i \geq 0$ und ganzzahlig \qquad für alle $i \in \mathcal{I}$  (3.12) |

dung von Binärvariablen in ein instanziierbares Modell überführen lässt. Da der nötige Aufwand zur Lösung des Modells aufgrund der Anzahl notwendiger Binärvariablen im Rahmen einer Limited Lookahead Policy zu hoch ist, präsentieren wir in den Kapiteln 3.3.3.3 und 3.3.3.4 mögliche leichter lösbare Ersatzmodelle.

Modell M3.1 zeigt ein allgemeines stochastisches Modell zur Approximation von $V(\mathbf{c}, t-1)$, wobei wir zur Bedeutung der Parameter auf Kap. 3.3.2.2 verweisen. Die Entscheidungsvariablen $x_i$ repräsentieren je-

---

[42] Zur Anwendung einer entsprechenden Vorgehensweise im Rahmen des RM vgl. z. B. *Gosavi et al.* (2002), *Schwind und Wendt* (2003) sowie *Gosavi* (2004). Allgemein werden solche Ansätze auch unter dem Term *Neuro-Dynamic Programming* subsumiert (vgl. dazu z. B. *Bertsekas und Tsitsiklis* (1996)). Auch die in *Klein* (2007) geschilderte Vorgehensweise zur Bestimmung autoadaptiver Bid-Preise verfolgt grundsätzlich einen entsprechenden Ansatz.

weils die für die Produkte $P_i$ vorzusehenden Kontingente. Der in der Zielfunktion (3.10) verwendete Term $E[\min\{D_{i,t-1}, x_i\}]$ entspricht der erwarteten Absatzmenge von Produkt $P_i$ bei Bereitstellung eines Kontingents von $x_i$ ME. Die Zielfunktion maximiert damit den erwarteten Gesamterlös, d.h. die Summe der erwarteten Absatzmengen multipliziert mit den produktspezifischen Nutzen. Die Nebenbedingungen (3.11) gewährleisten die Zulässigkeit der ermittelten Kontingente im Hinblick auf die in Periode $t-1$ noch verfügbaren Restkapazitäten. Schließlich stellen die Bedingungen (3.12) die Nichtnegativität sowie die Ganzzahligkeit der Entscheidungsvariablen sicher.

Im Hinblick auf die Zielfunktion (3.10) handelt es sich bei Modell M3.1 um ein allgemeines Modell, für das sich in der gegebenen Form noch keine Modellinstanzen angeben lassen. Soll es im Rahmen der Kapazitätssteuerung eingesetzt werden, ist daher zunächst eine geeignete Umsetzung in ein instanziierbares Modell erforderlich. Da es sich bei der unsicheren Nachfrage nach einem Produkt grundsätzlich um eine diskrete Größe handelt, kann man die Zufallsvariable $D_{i,t-1}$ durch eine diskrete Verteilung beschreiben (vgl. Kap. 3.4). Damit lässt sich Modell M3.1 in das lineare, binäre Modell M3.2 überführen (vgl. z.B. *Wollmer* (1986) oder *de Boer et al.* (2002)).[43]

Modell M3.2 basiert auf der Einführung einer eigenen Binärvariablen $z_{id}$ für jede potenziell absetzbare ME eines Produkts $P_i$. Die Variable erhält den Wert 1, falls das Kontingent von $P_i$ mindestens $d$ ME beträgt. Die möglichen Werte

| **M3.2:** Modell M3.1 bei diskreter Nachfrageverteilung |
|---|
| $\tilde{V}(\mathbf{c}, t-1) = \max \sum_{i \in \mathcal{I}} r_i \cdot \sum_{d=1}^{M_i} P(D_{i,t-1} \geq d) \cdot z_{id}$    (3.13) |

| unter den Nebenbedingungen | |
|---|---|
| $x_i = \sum_{d=1}^{M_i} z_{id}$ | für alle $i \in \mathcal{I}$    (3.14) |
| $\sum_{i \in \mathcal{A}^h} a_{hi} \cdot x_i \leq c_h$ | für alle $h \in \mathcal{H}$    (3.15) |
| $z_{id} \in \{0, 1\}$ | für alle $i \in \mathcal{I}$ und $d = 1, ..., M_i$    (3.16) |
| $x_i \geq 0$ | für alle $i \in \mathcal{I}$    (3.17) |

von $d$ sind nach oben geeignet zu beschränken. Eine solche obere Schranke

---

[43] Die Variablen $x_i$ lassen sich aus dem Modell reduzieren, werden zur Übersichtlichkeit aber beibehalten.

für die maximale Anzahl von absetzbaren ME von Produkt $P_i$ ergibt sich z.B. durch $M_i = \min\{\lceil c_h/a_{hi}\rceil \mid h \in \mathcal{A}_i\}$. Im Fall der Passage mit Kapazitätsbedarfen i.H.v. 1 KE entspricht $M_i$ der minimalen Restkapazität an Sitzplätzen über alle von Produkt $P_i$ genutzten Flüge.

Durch die Bedingungen (3.14) berechnet sich das Kontingent $x_i$ für ein Produkt $P_i$ als Summe der Variablen $z_{id}$. Dabei nehmen bei einem Kontingent von $x_i$ ME im Rahmen der Maximierung die Variablen $z_{id}$ mit $d = 1, \ldots, x_i$ den Wert 1 an, da die Wahrscheinlichkeit $P(D_{i,t-1} \geq d)$ und damit die Bewertung der $z_{id}$ in der Zielfunktion mit wachsendem d sinkt. Die Nebenbedingungen (3.15) repräsentieren die Kapazitätsrestriktionen. Durch (3.16) erfolgt die Definition der $z_{id}$ als Binärvariablen. Schließlich stellen die Bedingungen (3.12) die Nichtnegativität sowie die Ganzzahligkeit der Entscheidungsvariablen sicher. Die erwartete Anzahl an abgesetzten ME bei einem Kontingent der Größe $x_i$ beträgt $\sum_{d=1}^{M_i} z_{id} \cdot P(D_{i,t-1} \geq d)$. Entsprechend ermittelt die Zielfunktion (3.13) den erwarteten Gesamterlös.

Der offensichtliche Nachteil der vorgestellten Formulierung besteht in der hohen Anzahl an Entscheidungsvariablen. Dieser Nachteil bleibt auch bestehen, wenn man die Ganzzahligkeitsforderung für die Variablen $z_{id}$ fallen lässt, d.h. in den Bedingungen (3.16) $z_{id} \in \{0, 1\}$ durch $0 \leq z_{id} \leq 1$ ersetzt. Um diesen Nachteil zu vermeiden, existiert in der Literatur eine Reihe von Vorschlägen zur Formulierung von Ersatzmodellen, die wir im Folgenden beschreiben wollen.

### 3.3.3.3 Erwartungswertmodell

Der einfachste Ansatz zur Überführung von Modell M3.2 in ein leichter lösbares Modell beruht auf der Betrachtung eines sog. *Erwartungswertmodells*.[44] Im Rahmen eines solchen Modells ersetzt man jeden unsicheren Parameter durch seinen Erwartungswert. Für eine solche Form der Modellierung hat sich in der englischsprachigen Literatur zum RM der Ausdruck *Deterministic Linear Programming* (DLP) etabliert, so dass auch wir den Ausdruck verwenden wollen. Für den Fall der Passage werden entsprechende Formulierungen sowie ihre Eigenschaften ausführlich in *Glover et al.* (1982), *Dror et al.* (1988), *Williamson* (1992), *Talluri und van Ryzin*

---

[44] In der Literatur zur stochastischen Optimierung spricht man auch vom *deterministischen Äquivalent* des stochastischen Modells (vgl. z.B. *Kall und Wallace* (1994, S. 15) sowie Bem. 3.12, S. 111).

(1998), *de Boer et al.* (2002) sowie *Bertsimas und Popescu* (2003) diskutiert.

M3.3 zeigt das Erwar-
tungswertmodell zur Ap-
proximation der Wertfunk-
tion $V(c, t-1)$ unter Verwendung der bereits be-
kannten Notation und Ent-
scheidungsvariablen. Es ergibt sich aus Modell M3.1,
indem man die Zufallsvariable $D_{i,t-1}$ durch ihren Erwartungswert $\overline{D}_{i,t-1}$ ersetzt. Darüber hinaus wer-

| **M3.3: Erwartungswertmodell** | | |
|---|---|---|
| $\tilde{V}(c, t-1) = \max \sum_{i \in \mathcal{I}} r_i \cdot x_i$ | | (3.18) |
| unter den Nebenbedingungen | | |
| $\sum_{i \in \mathcal{A}^h} a_{hi} \cdot x_i \leq c_h$ | für alle $h \in \mathcal{H}$ | (3.19) |
| $x_i \leq \overline{D}_{i,t-1}$ | für alle $i \in \mathcal{I}$ | (3.20) |
| $x_i \geq 0$ | für alle $i \in \mathcal{I}$ | (3.21) |

den die Ganzzahligkeitsforderungen für die Entscheidungsvariablen $x_i$ fallen gelassen.

Die Zielfunktion (3.18) maximiert den Gesamtnutzen als Summe der
produktspezifischen Nutzen multipliziert mit den zugehörigen Kontingenten. Entsprechend den Nebenbedingungen (3.11) in Modell M3.1 stellen die
Bedingungen (3.19) sicher, dass die Kapazitäten der einzelnen Ressourcen
nicht durch den Kapazitätsbedarf der Kontingente überschritten werden.
Die zu Beginn von Periode $t-1$ für die verbleibenden Perioden $t-1, \ldots, 1$
noch zu erwartende Gesamtnachfrage $\overline{D}_{i,t-1}$ beschränkt die Größe der
wählbaren Kontingente durch die Nebenbedingungen (3.20). Um zu effizient lösbaren Modellen zu kommen, wird in den Nebenbedingungen (3.21)
lediglich die Nichtnegativität gefordert.

**Bemerkung 3.11:** Der Verzicht auf Ganzzahligkeitsbedingungen hat zwei
Gründe. Zum einen ergeben sich dadurch effizient lösbare Modelle, was für
den Einsatz in einer Limited Lookahead Policy notwendig ist. Der resultierende Abbildungsfehler nimmt dabei mit wachsender Gesamtnachfrage tendenziell immer weiter ab. Zum anderen gewinnt man im Rahmen der Optimierung mit Verfahren der linearen Optimierung Informationen in Form
sog. Schattenpreise, die zur Realisierung einer erlös- bzw. mengenorientierten Steuerung von Bedeutung sind.[45] Diese Informationen stehen bei der
Lösung eines ganzzahligen Modells nicht zur Verfügung. Aus beiden Gründen wird auch in den anderen Ersatzmodellen keine Ganzzahligkeit gefordert.

---

[45] Vgl. zur Verwendung der Schattenpreise Kap. 3.3.4.1.

Soll das Modell M3.3 als Grundlage einer Kapazitätssteuerung mit Hilfe einer Limited Lookahead Policy angewendet werden, so sind für jede Anfrage nach Produkt $P_i$ zwei Instanzen zu lösen (vgl. Kap. 3.3.3.1). Die erste Instanz zur Bestimmung von $\tilde{V}(c, t-1)$ ergibt sich unmittelbar aus M3.3. In der zweiten Instanz zur Ermittlung von $\tilde{V}(c - a_i, t-1)$ sind die rechten Seiten der Nebenbedingungen (3.19) jeweils durch $c_h - a_{hi}$ zu ersetzen.

Bezüglich der Eigenschaften von Modell M3.3 lassen sich drei wesentliche Aussagen treffen:

– Aus der Theorie der stochastischen Optimierung ergibt sich, dass die durch Modell M3.3 ermittelte Approximation der Wertfunktion $\tilde{V}(c, t-1)$ eine obere Schranke für ihr tatsächliches Ergebnis $V(c, t-1)$ darstellt. Der entsprechende Zusammenhang wird nach seinem Entdecker als „Jensen's Inequality" bezeichnet (vgl. z.B. *Birge und Louveaux* (1997, Kap. 4.3)).

– Besitzen wie in der Passage sämtliche Koeffizienten $a_{hi}$ den Wert 1 oder 0, lässt sich das Modell M3.3 als spezielles Netzwerkflussproblem formulieren.[46] Über diese Formulierung ist es möglich zu zeigen, dass das Modell bei zugleich ganzzahligen rechten Seiten in den Nebenbedingungen (3.20) für Verfahren der linearen Optimierung stets ganzzahlige Lösungen liefert (vgl. z.B. *de Boer et al.* (2002)).

– Im Gegensatz zum ursprünglich betrachteten stochastischen, dynamischen Entscheidungsproblem erfordert die Formulierung der Instanz von Modell M3.3 nicht zwingend eine dynamische Nachfragebetrachtung, sondern kann auch auf Basis einer statischen Nachfragebetrachtung erfolgen (vgl. zur Unterscheidung Kap. 3.1.4). Dies gilt insbesondere für die Anwendung des Erwartungswertmodells im Rahmen einer mengen- und erlösorientierten Steuerung, bei der i.d.R. nur einige wenige Instanzen des Modells zu formulieren und zu lösen sind (vgl. Kap. 3.3.4 und Kap. 3.3.5). In diesem Fall ist die geschilderte Vorgehensweise mit deutlich geringerem Prognoseaufwand als die Auswertung des stochastischen, dynamischen Problems verbunden und lässt sich auch einsetzen, wenn die Ermittlung der Buchungskurve aufgrund des verfügbaren Datenmaterials scheitert.

**Bemerkung 3.12:** Die Verwendung des Erwartungswertmodells im Rahmen einer Limited Lookahead Policy lässt sich alternativ als ein sog. *Certainty Equivalent Control* Ansatz auffassen (vgl. *Bertsimas und Popescu*

---

[46] Zu Netzwerkflussproblemen vgl. *Domschke* (2007, Kap. 2.2).

(2003) und *Bertsekas* (2005, Kap. 6.1)). Dabei werden – ausgehend von der aktuellen Stufe – auf allen verbleibenden Stufen die unsicheren Größen durch einen typischen Wert (z. B. den Erwartungswert) ersetzt. Für das dann deterministische Problem wird anschließend mit Hilfe von Modell M3.3 eine geeignete Politik bestimmt, die sich aus den ermittelten Kontingenten ableiten lässt.

### 3.3.3.4 Monte Carlo-Simulation

Die zuvor geschilderte Vorgehensweise zur Bestimmung einer Approximation $\tilde{V}(c, t-1)$ für die Wertfunktion $V(c, t-1)$ basiert auf einer einwertigen Berücksichtigung der Unsicherheit durch Betrachtung von Erwartungswerten für die unsichere Nachfrage.[47] Diese Vorgehensweise besitzt den Nachteil, dass keine Informationen über die Verteilung und insbesondere die Varianz der Nachfrage in die Approximation einbezogen werden. Dieser Nachteil lässt sich durch eine mehrwertige Unsicherheitsberücksichtigung vermeiden bzw. abmildern. Dabei werden die unsicheren Parameter eines Entscheidungsproblems als Zufallsvariablen behandelt und ihre potenziellen Ausprägungen zu Szenarien kombiniert. Die Approximation erfolgt dann auf Basis einer Teilmenge dieser Szenarien (vgl. *Bertsekas* (2005, Kap. 6.3.3)).

Eine Möglichkeit, eine solche Vorgehensweise im Rahmen einer Limited Lookahead Policy zu realisieren, besteht im sog. *Randomized Linear Programming* (RLP), das auf einer Monte Carlo-Simulation beruht.[48] Es wurde ursprünglich von *Talluri und van Ryzin* (1999) zur Umsetzung einer erlösorientierten Steuerung vorgeschlagen. Das Prinzip lässt sich für die Bestimmung von $\tilde{V}(c, t-1)$ wie folgt beschreiben:

– Analog zum DLP basiert das RLP auf einer statischen Nachfragebetrachtung. Dabei wird jedoch nicht nur der Erwartungswert der Nachfrage $\overline{D}_{i, t-1}$ für sämtliche Produkte benötigt, sondern die Zufallsvariable $D_{i, t-1}$ ist durch eine geeignet zu prognostizierende theoretische Verteilung $F_i(\cdot)$ zu beschreiben (vgl. Kap. 3.1.4 und 3.4).

---

[47] Allgemein lassen sich Ansätze zum Umgang mit Unsicherheit in ein- und mehrwertige unterscheiden (vgl. *Klein und Scholl* (2004, Kap. 8.1)).

[48] Diese Methode dient der Simulation stochastischer Systeme durch Stichprobenexperimente. Dabei werden jeweils Stichproben möglicher Szenarien durch die Kombination von zufällig bestimmten Parameterausprägungen generiert und die zugehörigen Ergebnisse bestimmt (vgl. *Klein und Scholl* (2004, Kap. 6.1.2) sowie *Domschke und Drexl* (2007, Kap. 10.1)).

– Auf Basis der prognostizierten Verteilungen erfolgt die Generierung von K Szenarien $k = 1, ..., K$. Dabei wird in jedem Szenario k für sämtliche Produkte $P_i$ mit $i \in \mathcal{I}$ eine zufällige Ausprägung $D_{i,t-1}^k$ entsprechend der prognostizierten Verteilung $D_{i,t-1}$ bestimmt.[49]

– Für jedes Szenario k formuliert man unter Verwendung der Werte $D_{i,t-1}^k$ als rechte Seiten der Nebenbedingungen (3.20) eine Instanz von Modell M3.3, S. 110. Den Zielfunktionswert der ermittelten Lösung bezeichnen wir mit $\tilde{V}(\mathbf{c}, t-1)_k$.

– Die gesuchte Approximation $\tilde{V}(\mathbf{c}, t-1)$ der Wertfunktion $V(\mathbf{c}, t-1)$ ergibt sich mittels Durchschnittsbildung über alle Szenarien, d.h. $\tilde{V}(\mathbf{c}, t-1) = (\sum_{k=1}^{K} \tilde{V}(\mathbf{c}, t-1)_k)/K$.[50]

Die zur Entscheidungsfindung in einer Periode t ebenfalls benötigte Approximation für $\tilde{V}(\mathbf{c} - \mathbf{a}_i, t-1)$ erhält man unter Verwendung der gleichen Szenarien analog, wobei die rechten Seiten der Nebenbedingungen (3.19) in Modell M3.3 jeweils durch $c_h - a_{hi}$ zu ersetzen sind.

Der Rechenzeitaufwand zur Realisierung des RLP beträgt grundsätzlich das K-fache des DLP. Daher ist je nach Anwendung durch experimentelle Untersuchungen zu überprüfen, welche Anzahl von Szenarien zu einem sinnvollen Trade-Off zwischen der gewonnenen Approximationsgüte und dem zusätzlichen Rechenaufwand führt. Dabei stellen z.B. *Talluri und van Ryzin* (1999) anhand von Simulationsstudien für den Fall der Passage fest, dass für eine Anzahl von $K > 20$ keine wesentliche Verbesserung der Approximationsgüte resultiert.

### 3.3.3.5 Anwendung am Beispiel

Im Folgenden wollen wir die Anwendung einer Limited Lookahead Policy an einem Beispiel aus der Passage verdeutlichen, wobei wir das Erwartungswertmodell M3.3 aus Kap. 3.3.3.3 zur Approximation der Wertfunktion $V(\mathbf{c}, t-1)$ verwenden. Bei dem Beispiel handelt es sich um eine Erwei-

---

[49] Dabei handelt es sich um ein sog. *Monte Carlo-Sampling*. Zur Generierung der gesuchten Zufallszahlen vgl. z.B. *Klein und Scholl* (2004, Kap. 6.5.4) oder *Domschke und Drexl* (2007, Kap. 10.3).

[50] Alternativ wäre es möglich, für jedes Szenario die Eintrittswahrscheinlichkeit aus den Verteilungen der Zufallsvariablen $D_{i,t-1}$ zu ermitteln und anschließend eine entsprechend gewichtete Durchschnittsbildung vorzunehmen (vgl. *Bertsimas und Popescu* (2003)). Diese Vorgehensweise scheitert in der Praxis am damit verbundenen Aufwand.

terung von Beispiel 3.9, S. 93. Dort wurde ein Flugnetz bestehend aus zwei Teilstrecken A und B mit insgesamt drei möglichen Verbindungen A, B und AB betrachtet. Bei einer hoch- und einer niederwertigen Buchungsklasse ergeben sich n = 6 Produkte $P_{A1}$, $P_{A2}$, $P_{B1}$, $P_{B2}$, $P_{AB1}$ und $P_{AB2}$.[51] Die Indexwerte spezifizieren einerseits die Teilstrecke(n) der Verbindung, andererseits die Buchungsklasse. Die 1 steht dabei für die höherwertige, die 2 für die niederwertige Klasse.

Tabelle 3.4 enthält neben den Erlösen $r_i$ der Produkte $i \in \mathcal{I}$ die erwartete Nachfrage über den gesamten Buchungszeitraum i.H.v. $\overline{D}_i$. Die Kapazitäten der Flüge betragen $c_A = 5$ und $c_B = 6$.

| Produkte | $P_{A1}$ | $P_{A2}$ | $P_{B1}$ | $P_{B2}$ | $P_{AB1}$ | $P_{AB2}$ |
|---|---|---|---|---|---|---|
| $r_i$ | 400 | 280 | 560 | 380 | 860 | 560 |
| $\overline{D}_i$ | 1 | 3 | 1 | 3 | 2 | 2 |

Tabelle 3.4. Produktdaten

Um zu einem nachvollziehbaren Beispiel zu gelangen, gehen wir von den folgenden (vereinfachenden) Annahmen aus:

– Der Buchungszeitraum wurde in insgesamt T = 12 Perioden zerlegt, wobei in jeder Periode genau eine Anfrage eintrifft.

– Im Rahmen der Prognose wurde anstelle von Wahrscheinlichkeiten $p_i(t)$ für jede Periode t ein Produkt $P_i$ identifiziert, für das die Anfrage erfolgt.[52] Allerdings kann sich – im Fall einer falschen Prognose – die tatsächliche Anfrage auf ein anderes Produkt beziehen.

Die für die Perioden t = 12, ..., 1 prognostizierten sowie die tatsächlichen Anfragen sind in der zweiten und dritten Spalte von Tabelle 3.5 wiedergegeben. Man erkennt, dass die Summe der für ein Produkt $P_i$ prognostizierten Anfragen dem Wert $\overline{D}_i$ in Tabelle 3.4 entspricht und dass lediglich in den Perioden 5 und 4 Prognosefehler auftreten.[53] Die vierte und fünfte Spalte geben die jeweils verfügbaren Restkapazitäten $c_A$ und $c_B$ in den Perioden wieder. Die Zielfunktionswerte $\tilde{V}(\mathbf{c}, t-1)$ und $\tilde{V}(\mathbf{c} - \mathbf{a}_i, t-1)$, die

---

[51] Wie in Kap. 3.3.1 verzichten wir auf eine Indexierung über ganzzahlige Werte 1, ..., n, um die leichtere Zuordnung von Produkten zu Verbindungen und Buchungsklassen zu ermöglichen. Trotzdem behalten wir i als allgemeinen Indexbezeichner bei.

[52] Dies entspricht einer Wahrscheinlichkeit von $p_i(t) = 1$ für Produkt $P_i$ und einer Wahrscheinlichkeit von $p_j(t) = 0$ für alle anderen Produkte $j \in \mathcal{I} - \{i\}$.

[53] Diese Prognosefehler sind insbesondere im Zusammenhang mit der Demonstration anderer Steuerungsansätze in den Kapiteln 3.3.4.3 und 3.3.5.5 relevant.

sich durch die optimale Lösung geeignet definierter Instanzen des Erwartungswertmodells M3.3 ergeben, stehen in der sechsten und siebten Spalte. Die achte und neunte Spalte enthalten die resultierenden approximierten Opportunitätskosten $\tilde{\rho}_i = \tilde{V}(\mathbf{c}, t-1) - \tilde{V}(\mathbf{c} - \mathbf{a}_i, t-1)$ sowie die Erlöse $r_i$ der Produkte. Die letzte Spalte repräsentiert die Steuerungsentscheidung. Ein ausgefülltes Quadrat steht für die Annahme, ein leeres für die Ablehnung.

**Beispiel 3.11:** *Wir betrachten als erstes die Anfrage für Produkt* $P_{B2}$ *in Periode* t = 12. *Zur Bestimmung des Werts* $\tilde{\rho}_{B2}$ *sind je zwei Instanzen von Modell M3.3 zu lösen. Zur Ermittlung von* $\tilde{V}(\mathbf{c}, 11)$ *verwendet man die ursprünglichen Kapazitäten i.H.v.* $c_A = 5$ *und* $c_B = 6$. *Die in den verbleibenden Perioden erwartete Nachfrage* $\overline{D}_{i,11}$ *nach einem Produkt* $P_i$ *ermittelt sich durch Zählen der jeweiligen prognostizierten Anfragen in den Perioden* t = 11, ..., 1 *und entspricht mit Ausnahme von Produkt* $P_{B2}$ *den Werten von* $\overline{D}_i$ *aus Tabelle 3.4. Für* $P_{B2}$ *ergibt sich aufgrund der nicht mehr zu berücksichtigenden Anfrage in* t = 12 *eine reduzierte zu erwartende Gesamtnachfrage von* $\overline{D}_{B2,11} = 2$. *Die mit dem Simplex-Algorithmus ermittelte Lösung der so definierten Instanz M3.4 besitzt einen optimalen Zielfunktionswert i.H.v.* $\tilde{V}((5,6), 11)^* = 4280$. *Zur Berechnung des Werts von* $\tilde{V}(\mathbf{c} - \mathbf{a}_{B2}, 11)$ *sind bei unveränderten Nachfragemengen* $\overline{D}_{i,11}$ *die Kapazitäten* $c_A = 5$ *und* $c_B = 5$ *vorzugeben. Der für diese Instanz ermittelte optimale Zielfunktionswert beträgt* $\tilde{V}((5,5), 11)^* = 4000$. *Damit resultieren outputorientierte OK für die Anfrage nach Produkt* $P_{B2}$ *i.H.v.* $\tilde{\rho}_{B2} = 280$. *Da sie geringer als der zugehörige Erlös* $r_{B2} = 380$ *sind, wird die Anfrage angenommen. Als Folge reduziert sich die verfügbare Kapazität von Flug B in Periode* t = 11 *auf* $c_B = 5$.

| **M3.4:** Instanz von M3.3 | |
|:---:|:---:|
| Maximiere $400x_{A1} + 280x_{A2} + 560x_{B1} + 380x_{B2} + 860x_{AB1} + 560x_{AB2}$ | (3.22) |
| unter den Nebenbedingungen | |
| $x_{A1} + x_{A2} + \phantom{xxxxxxx} x_{AB1} + x_{AB2} \leq 5$ | (3.23) |
| $x_{B1} + x_{B2} + x_{AB1} + x_{AB2} \leq 6$ | (3.24) |
| $x_{A1} \leq 1 \,;\, x_{A2} \leq 3 \,;\, x_{B1} \leq 1 \,;\, x_{B2} \leq 2 \,;\, x_{AB1} \leq 2 \,;\, x_{AB2} \leq 2$ | (3.25) |
| $x_{A1} \geq 0 \,;\, x_{A2} \geq 0 \,;\, x_{B1} \geq 0 \,;\, x_{B2} \geq 0 \,;\, x_{AB1} \geq 0 \,;\, x_{AB2} \geq 0$ | (3.26) |

| t | Anfrage Prognose | Anfrage Realität | Restkapazität $c_A$ | Restkapazität $c_B$ | $\tilde{V}(\mathbf{c}, t-1)$ | $\tilde{V}(\mathbf{c}-\mathbf{a}_i, t-1)$ | $\tilde{\rho}_i$ | $r_i$ | Annahme |
|----|----|----|----|----|----|----|----|----|----|
| 12 | B2 | B2 | 5 | 6 | 4280 | 4000 | 280 | 380 | ■ |
| 11 | AB2 | AB2 | 5 | 5 | 4000 | 3340 | 660 | 560 | □ |
| 10 | A2 | A2 | 5 | 5 | 4000 | 3720 | 280 | 280 | ■ |
| 9 | B2 | B2 | 4 | 5 | 3620 | 3340 | 280 | 380 | ■ |
| 8 | A2 | A2 | 4 | 4 | 3340 | 3060 | 280 | 280 | ■ |
| 7 | B2 | B2 | 3 | 4 | 2840 | 2680 | 160 | 380 | ■ |
| 6 | AB2 | AB2 | 3 | 3 | 2680 | 1820 | 860 | 560 | □ |
| 5 | A2 | B1 | 3 | 3 | 2680 | 2120 | 560 | 560 | ■ |
| 4 | AB1 | A2 | 3 | 2 | 1820 | 1820 | 0 | 280 | ■ |
| 3 | A1 | A1 | 2 | 2 | 1420 | 1420 | 0 | 400 | ■ |
| 2 | AB1 | AB1 | 1 | 2 | 560 | 560 | 0 | 860 | ■ |
| 1 | B1 | B1 | 0 | 1 | 0 | 0 | 0 | 560 | ■ |

**Tabelle 3.5.** Steuerung mit einer Limited Lookahead Policy

*In der Folgeperiode trifft eine Anfrage nach Produkt* $P_{AB2}$ *ein, und es sind die Werte* $\tilde{V}(\mathbf{c}, 10)$ *und* $\tilde{V}(\mathbf{c} - \mathbf{a}_{AB2}, 10)$ *zu ermitteln. Durch Lösung entsprechend definierter Instanzen ergibt sich* $\tilde{V}((5,5), 10)^* = 4000$ *sowie* $\tilde{V}((4,4), 10)^* = 3340$. *Die resultierenden OK betragen* $\tilde{\rho}_{AB2} = 660$ *und übersteigen den Erlös für* $P_{AB2}$ *i. H. v.* $r_{AB2} = 560$. *Die Anfrage wird also abgelehnt.*

*Für die weiteren Anfragen in den Perioden* $t = 10, ..., 1$ *ergeben sich die Annahmeentscheidungen aus Tabelle 3.5.*[54] *Die*

| Produkte | $P_{A1}$ | $P_{A2}$ | $P_{B1}$ | $P_{B2}$ | $P_{AB1}$ | $P_{AB2}$ |
|----|----|----|----|----|----|----|
| $\bar{x}_i$ | 1 | 3 | 2 | 3 | 1 | 0 |

**Tabelle 3.6.** Verkaufte Produkte

*insgesamt von den Produkten* $P_i$ *verkauften ME* $\bar{x}_i$ *lassen sich aus Tabelle 3.6 ablesen. Dabei wird durch die Kapazitätssteuerung auf Basis einer Limited Lookahead Policy ein Gesamterlös i. H. v. 4360 erzielt, wo-*

---

[54] Man erkennt, dass sich in den Perioden 11 und 10 sowie 6 und 5 jeweils identische Werte für $\tilde{V}(\mathbf{c}, t-1)$ ergeben. Dies ist darauf zurückzuführen, dass die jeweils in den Perioden 10 und 5 erfolgenden Anfragen nicht angenommen werden müssen, um die optimalen Lösungen des Erwartungswertmodells zu realisieren. Die Reduktion der Nachfrage nach diesen Produkten beim Übergang von Periode 11 nach 10 sowie 6 nach 5 führt damit zu keiner Reduktion der Werte $\tilde{V}(\mathbf{c}, t-1)$.

*bei jeweils die vollständige Auslastung der Kapazitäten auf den Teilstrecken erfolgt. Die erzielte Lösung entspricht zugleich der optimalen Politik für die im Beispiel tatsächlich eintreffenden Anfragen. Man erkennt, dass eine entsprechende Steuerung sehr rechenaufwändig ist. So mussten im Rahmen dieses kleinen Beispiels bereits 22 lineare Optimierungsprobleme gelöst werden.*[55]

### 3.3.4 Erlösorientierte Steuerung

Im Folgenden erläutern wir zunächst, wie sich aus der Lösung der in den vorangegangenen Kapiteln 3.3.3.3 und 3.3.3.4 diskutierten Ersatzmodelle Bid-Preise als Parameter für eine *erlösorientierte Steuerung* ableiten lassen. Danach beschreiben wir die grundsätzliche Vorgehensweise bei einer erlösorientierten Steuerung mit Bid-Preisen und zeigen die Anwendung einer solchen Steuerung an dem bereits aus Kap. 3.3.3.5 bekannten Beispiel. Abschließend gehen wir auf die Problematik der möglichen Nichtoptimalität von Bid-Preisen ein.

#### 3.3.4.1 Bestimmung und Verwendung von Bid-Preisen

Wie bereits in Kap. 3.1.3.2 dargelegt, handelt es sich bei *Bid-Preisen* um Verrechnungspreise zur Bewertung der zur Leistungserstellung bereitgestellten Kapazitäten. In der Passage wird bei einer Kapazitätssteuerung mit Bid-Preisen eine Anfrage für ein Produkt $P_i$ angenommen, wenn der erzielte Erlös $r_i$ die Summe der Bid-Preise aller Teilflüge $h \in \mathcal{A}_i$ nicht unterschreitet und auf allen Teilflügen noch Kapazität verfügbar ist. Bezeichnen wir mit $\pi_{ht}$ den Bid-Preis einer Ressource $h$ in Periode $t$, lässt sich die erste Bedingung wie folgt ausdrücken:[56]

$$r_i \geq \sum_{h \in \mathcal{A}_i} \pi_{ht} \qquad (3.27)$$

Bedingung (3.27) spiegelt unmittelbar das in Kap. 3.1.2 geschilderte Grundprinzip einer OK-orientierten Steuerung wider. Der Terminologie aus Kap. 3.1.2 folgend stellt somit die Summe der Bid-Preise $\tilde{\rho}_i = \sum_{k \in \mathcal{A}_i} \pi_k$

---

[55] In der letzten Periode des Buchungszeitraums $t = 1$ kann die Anfrage unmittelbar angenommen werden.

[56] Für den allgemeineren Fall, dass $a_{hi}$ auch Werte ungleich 0 oder 1 annehmen kann, ergibt sich entsprechend die Bedingung $r_i \geq \sum_{h \in \mathcal{A}_i} a_{hi} \cdot \pi_{ht}$.

aller Teilflüge $h \in \mathcal{A}_i$ eine Approximation der outputorientierten OK $\rho_i$ und somit eine Preisuntergrenze für Produkt $P_i$ dar.[57]

Der in der Praxis am häufigsten verwendete Ansatz zur Bestimmung von Bid-Preisen beruht auf der Formulierung einer entsprechenden Instanz des Erwartungswertmodells M3.3 aus Kap. 3.3.3.3. Nach dessen Lösung ist zur Festlegung der Bid-Preise keine weitere Betrachtung der ermittelten Kontingente erforderlich. Neben den Werten für die Entscheidungsvariablen eines Modells liefert die Anwendung von Verfahren zur linearen Optimierung sog. *Schattenpreise*[58], die den inputorientierten OK für die durch die Nebenbedingungen erfassten Ressourcen, im Fall der Nebenbedingungen (3.19) den Kapazitäten der Flüge, entsprechen. Bei Anwendung des Simplex-Algorithmus[59] finden sich die gesuchten Werte unter den Schlupfvariablen der Kapazitätsrestriktionen (3.19) in der Zielfunktionszeile im Optimaltableau des primalen Problems. Eine Approximation für den Bid-Preis $\pi_{ht}$ von Flug h zum Zeitpunkt t erhält man damit durch den Schattenpreis $w_h$ der korrespondierenden Nebenbedingung (3.19).

Im Fall des in Kap. 3.3.3.4 beschriebenen RLP können sich für jedes Szenario k unterschiedliche Schattenpreise $w_{hk}$ in den jeweils gelösten Erwartungswertmodellen ergeben. In diesem Fall lassen sich die gesuchten Bid-Preise $\pi_{ht}$ analog zur Approximation der Wertfunktion mit Hilfe einer einfachen Durchschnittsbildung, d.h. durch $\pi_{ht} = (\sum_{k=1}^{K} w_{hk})/K$ bestimmen.[60]

**Bemerkung 3.13:** Für den Fall der sog. *primalen Degeneration*[61] ist zu beachten, dass mehrere optimale Lösungen des dualen Problems existieren können und damit die Schattenpreise nicht eindeutig sind (vgl. *Domschke*

---

[57] Bei Verwendung von Deckungsbeiträgen statt Erlösen zur Bewertung von Produkten sind zur Bestimmung von Preisuntergrenzen ggf. noch variable Kosten zu addieren (vgl. Bem. 3.2, S. 76).

[58] Zu ausführlicheren Darstellungen in Bezug auf Schattenpreise verweisen wir z.B. auf *Domschke und Klein* (2004) sowie *Domschke und Drexl* (2007, Kap. 2.5.3).

[59] Erläuterungen des Simplex-Algorithmus finden sich z.B. in *Klein und Scholl* (2004, Kap. 9.2.3) sowie *Domschke und Drexl* (2007, Kap. 2.4).

[60] Für eine theoretische Fundierung dieser Vorgehensweise vgl. *Talluri und van Ryzin* (1999).

[61] Der Fall der primalen Degeneration ist gegeben, wenn in der optimalen Lösung mindestens eine Basisvariable den Wert 0 besitzt (vgl. *Domschke und Drexl* (2007, Kap. 2.5.2)).

*und Klein* (2004)). In diesem Fall lassen sich die Schattenpreise eines beliebigen Optimaltableaus verwenden.

### 3.3.4.2 Anpassung von Bid-Preisen

Ein bei der geschilderten Bestimmung von Bid-Preisen vernachlässigter
Umstand besteht in der Abhängigkeit der OK von der zu erwartenden Restnachfrage sowie der verfügbaren Restkapazität (vgl. Beispiele 3.3 und 3.4,
S. 74 f.). Die im Bezeichner $\pi_{ht}$ ausgedrückte Abhängigkeit der Bid-Preise
von den Perioden des Buchungszeitraums deutet bereits an, dass sie sich im
Zeitablauf ändern können bzw. regelmäßig angepasst werden sollten. Eine
solche Vorgehensweise reduziert auch die bereits in Kap. 3.1.3.2 angespro-
chene Problematik, dass im Rahmen einer erlösorientierten Steuerung lediglich eine Gruppierung der Produkte in zwei Teilmengen resultiert. Für
Produkte der ersten Gruppe, welche die Bedingung (3.27) erfüllen, werden
sämtliche Anfragen angenommen, während für sämtliche Anfragen nach
Produkten, die die Bedingung (3.27) verletzen, eine Ablehnung erfolgt.
Daraus resultiert der Nachteil, dass für Produkte der ersten Gruppe keine
Kontrolle über abgesetzte Mengen zur Vermeidung einer Umsatzverdrängung möglich ist.

Im Rahmen einer Anpassung durch erneutes Lösen des Erwartungswertmodells M3.3 aus Kap. 3.3.3.3 basierend auf aktuellen Daten kann dieser
Nachteil verhindert werden. Zugleich lassen sich ggf. korrigierte Prognosen
berücksichtigen. So kann es vorkommen, dass in der Lösung des aktuellen
Erwartungswertmodells ein Teil der bisher noch akzeptierten Produkte keine positiven Kontingente mehr erhält. Als Folge ergeben sich zugleich veränderte, tendenziell höhere Bid-Preise, so dass die nicht mehr in der Lösung enthaltenen Produkte die Bedingung (3.27) nicht länger erfüllen. Umgekehrt können bei ausbleibender Nachfrage als Folge der Anpassung weitere Produkte in die Lösung aufgenommen werden, wenn die bisher enthaltenen Produkte die verbleibenden Restkapazitäten für die zu erwartende
Restnachfrage nicht vollständig ausschöpfen. Dies führt tendenziell zu einer Absenkung der Bid-Preise, so dass jetzt mehr Produkte aufgrund von
Bedingung (3.27) akzeptiert werden.

Grundsätzlich wäre es zur Anpassung der Bid-Preise denkbar, zu Beginn
jeder Periode T, ..., 1 ein Ersatzmodell für die aktuell verfügbaren Restkapazitäten **c** zu lösen. In diesem Fall lässt sich jedoch nur eine unwesentliche
Reduktion des Rechenaufwands gegenüber einer Limited Lookahead Policy erreichen. Eine alternative und in der Praxis genutzte Möglichkeit besteht darin, die Werte von $\pi_{ht}$ nur einmalig zu Beginn des Buchungszeit-

raums bzw. zu bestimmten Zeitpunkten zu berechnen. So geschieht dies im Bereich der Passage häufig an den sog. Data Collection Points (vgl. Kap. 3.4). Dabei wird dem Bid-Preis $\pi_{ht}$ in Periode t jeweils der zuletzt berechnete Bid-Preis zugewiesen. Bezeichnen wir die Zeitpunkte bei q (Neu-)Berechnungen mit $\tau_1, \ldots, \tau_k, \ldots, \tau_q$, so entspricht $\pi_{ht}$ dem Wert $\pi_{h\tau_k}$ mit $\tau_k \geq t > \tau_{k+1}$.

**Bemerkung 3.14:** Selbst wenn in jeder Periode eine neue Auswertung des Erwartungswertmodells erfolgt, können durch Verwendung von Bid-Preisen in bestimmten Fällen andere Annahmeentscheidungen resultieren als bei einer Limited Lookahead Policy basierend auf dem gleichen Modell. Entsprechende Fälle werden in *Bertsimas und Popescu* (2003) untersucht.

### 3.3.4.3 Anwendung am Beispiel

Im Folgenden wollen wir die Anwendung einer erlösorientierten Kapazitätssteuerung mit Bid-Preisen basierend auf dem Erwartungswertmodell anhand des Beispiels aus Kap. 3.3.3.5 demonstrieren. Dabei betrachten wir zunächst die einmalige Bestimmung von Bid-Preisen zu Beginn des Buchungszeitraums und untersuchen danach den Fall der zusätzlichen späteren Anpassung.

**Beispiel 3.12:** *Zur Bestimmung der Bid-Preise in t = 12 ist ein Erwartungswertmodell basierend auf den ursprünglichen Kapazitäten* $c_A = 5$ *und* $c_B = 6$ *sowie den er-*

| Produkte | $P_{A1}$ | $P_{A2}$ | $P_{B1}$ | $P_{B2}$ | $P_{AB1}$ | $P_{AB2}$ |
|----------|----------|----------|----------|----------|-----------|-----------|
| $r_i$ | 400 | 280 | 560 | 380 | 860 | 560 |
| $\overline{D}_i$ | 1 | 3 | 1 | 3 | 2 | 2 |
| $x_i^*$ | 1 | 2 | 1 | 3 | 2 | 0 |

**Tabelle 3.7.** Produktdaten und Kontingente

*warteten Nachfragen* $\overline{D}_{i,12}$ *zu formulieren (vgl. M3.4, S. 115). Löst man das Modell z.B. mit dem Simplex-Algorithmus, ergeben sich die optimalen Kontingente* $x_i^*$ *aus Tabelle 3.7 mit einem Gesamterlös von* $V(\mathbf{x}) = 4380$ GE. *Die für die optimale Lösung durch das Simplex-Verfahren ausgewiesenen Schattenpreise der Kapazitätsrestriktionen betragen jeweils* 280 GE. *Damit erhalten wir Bid-Preise i.H.v.* $\pi_{A,t} = \pi_{B,t} = 280$ GE *für* t = T, \ldots, 1.

*Tabelle 3.8 zeigt die bereits aus Beispiel 3.11, S. 115, bekannte Anfragenfolge.* $\tilde{\rho}_{it}$ *bezeichnet die Summe der Bid-Preise der durch Produkt* $P_i$ *genutzten Teilstrecken in Periode t. Dabei gilt für Produkte, die genau eine Teilstrecke nutzen, jeweils* $\tilde{\rho}_{it} = 280$ GE, *und für Produkte, die aus beiden Flügen bestehen,* $\tilde{\rho}_{it} = 560$ GE. *Da diese Werte jeweils kleiner gleich den jeweiligen Erlösen sind, werden sämtliche Anfragen in der*

| t | Anfrage Prognose | Anfrage Realität | Restkapazität $c_A$ | Restkapazität $c_B$ | $\pi_{A,t}$ | $\pi_{B,t}$ | $\tilde{\rho}_i$ | $r_i$ | Annahme |
|---|---|---|---|---|---|---|---|---|---|
| 12 | B2 | B2 | 5 | 6 | 280 | 280 | 280 | 380 | ■ |
| 11 | AB2 | AB2 | 5 | 5 | 280 | 280 | 560 | 560 | ■ |
| 10 | A2 | A2 | 4 | 4 | 280 | 280 | 280 | 280 | ■ |
| 9 | B2 | B2 | 3 | 4 | 280 | 280 | 280 | 380 | ■ |
| 8 | A2 | A2 | 3 | 3 | 280 | 280 | 280 | 280 | ■ |
| 7 | B2 | B2 | 2 | 3 | 280 | 280 | 280 | 380 | ■ |
| 6 | AB2 | AB2 | 2 | 2 | 280 | 280 | 560 | 560 | ■ |
| 5 | A2 | B1 | 1 | 1 | 280 | 280 | 280 | 560 | ■ |
| 4 | AB1 | A2 | 1 | 0 | 280 | 280 | 280 | 280 | ■ |
| 3 | A1 | A1 | 0 | 0 | 280 | 280 | 280 | 400 | □ |
| 2 | AB1 | AB1 | 0 | 0 | 280 | 280 | 560 | 860 | □ |
| 1 | B1 | B1 | 0 | 0 | 280 | 280 | 280 | 560 | □ |

**Tabelle 3.8.** Erlösorientierte Steuerung bei einmaliger Berechnung der Bid-Preise

*Reihenfolge ihres Eintreffens angenommen. Dies führt dazu, dass am Ende von Periode $t = 4$ beide Flüge vollständig ausgelastet sind und sich keine weiteren, hochwertigen Anfragen annehmen lassen.*

*Die Anzahl der von Produkt $P_i$ jeweils verkauften Einheiten $\bar{x}_i$ ist in Tabelle 3.9 aufgeführt.*

| Produkte | $P_{A1}$ | $P_{A2}$ | $P_{B1}$ | $P_{B2}$ | $P_{AB1}$ | $P_{AB2}$ |
|---|---|---|---|---|---|---|
| $\bar{x}_i$ | 0 | 3 | 1 | 3 | 0 | 2 |

**Tabelle 3.9.** Verkaufte Produkte

*Als Ergebnis einer kapazitätsorientierten Steuerung auf Basis des Erwartungswertmodells ohne Reoptimierung erhält man damit einen Erlös von 3660 GE. Dies entspricht lediglich 83.94% des mit der Limited Lookahead Policy in Beispiel 3.11, S. 115, erzielten Ergebnisses.*

In Kap. 3.3.4.2 haben wir diskutiert, dass sich die Ergebnisse einer erlösorientierten Steuerung durch Anpassung der Bid-Preise im Buchungszeitraum verbessern lassen. Im Folgenden wollen wir den entsprechenden Effekt durch eine weitere Betrachtung von Beispiel 3.12 demonstrieren. Dabei gehen wir davon aus, dass nach jeweils fünf Perioden eine Anpassung der Bid-Preise erfolgen soll. Dies bedeutet, dass – basierend auf den aktuellen Daten in Bezug auf die verfügbaren Restkapazitäten und noch zu erwartenden Nachfragen – weitere Instanzen des Erwartungswertmodells zu Beginn der Perioden $t = 7$ sowie $t = 2$ zu lösen und auszuwerten sind.

**Beispiel 3.13:** *In den ersten fünf Perioden des Buchungszeitraums resultieren gegenüber dem Beispiel 3.12 keine Veränderungen. In den Perioden*

| Produkte | $P_{A1}$ | $P_{A2}$ | $P_{B1}$ | $P_{B2}$ | $P_{AB1}$ | $P_{AB2}$ |
|----------|----------|----------|----------|----------|-----------|-----------|
| $\overline{D}_{i,7}$ | 1 | 1 | 1 | 1 | 2 | 1 |
| $\overline{D}_{i,2}$ | 0 | 0 | 1 | 0 | 1 | 0 |

**Tabelle 3.10.** Restnachfrage in $t = 7$ und $t = 2$

*$t = 12, \ldots, 8$ gelten die Bid-Preise $\pi_{A,t} = \pi_{B,t} = 280$, die zugehörigen Annahmeentscheidungen sind Tabelle 3.8 zu entnehmen. Zu Beginn von $t = 7$ ist – noch ohne Kenntnis der in dieser Periode eintreffenden Anfrage – das Erwartungswertmodell basierend auf den verfügbaren Restkapazitäten und der noch zu erwartenden Nachfrage erneut zu lösen. Die Restkapazitäten betragen $c_A = 2$ und $c_B = 3$; die erwartete Nachfrage nach den Produkten ist Tabelle 3.10 zu entnehmen. Aus den Schattenpreisen des zugehörigen Optimaltableaus ergeben sich die Bid-Preise von $\pi_{A,t} = 400$ und $\pi_{B,t} = 460$ GE für die Perioden $t = 7, \ldots, 3$. Diese Bid-Preise führen dazu, dass sämtliche Anfragen nach den Produkten aus der niederwertigen Buchungsklasse abgelehnt werden, während für Produkte der höherwertigen Klasse die Annahme erfolgt (vgl. Tabelle 3.11).*

| t | Anfrage | | Restkapazität | | $\pi_{A,t}$ | $\pi_{B,t}$ | $\tilde{\rho}_i$ | $r_i$ | Annahme |
|---|---------|---------|-----|-----|-------------|-------------|------------------|-------|---------|
|   | Prognose | Realität | $c_A$ | $c_B$ | | | | | |
| 7 | B2 | B2 | 2 | 3 | 400 | 460 | 460 | 380 | ☐ |
| 6 | AB2 | AB2 | 2 | 3 | 400 | 460 | 860 | 560 | ☐ |
| 5 | A2 | B1 | 2 | 3 | 400 | 460 | 460 | 560 | ■ |
| 4 | AB1 | A2 | 2 | 2 | 400 | 460 | 400 | 280 | ☐ |
| 3 | A1 | A1 | 2 | 2 | 400 | 460 | 400 | 400 | ■ |
| 2 | AB1 | AB1 | 1 | 2 | 300 | 560 | 860 | 860 | ■ |
| 1 | B1 | B1 | 0 | 1 | 300 | 560 | 560 | 560 | ■ |

**Tabelle 3.11.** Erlösorientierte Steuerung mit Anpassung der Bid-Preise

*Zu Beginn der Periode $t = 2$ findet erneut eine Neuberechnung der Bid-Preise statt, wobei die dazu notwendigen Daten den Tabellen 3.10 und 3.11 zu entnehmen sind. Durch Lösung des Erwartungswertmodells erhalten wir die Bid-Preise $\pi_{A,t} = 300$ und $\pi_{B,t} = 560$ für $t = 2, 1$. Damit werden die beiden letzten noch eintreffenden Anfragen angenommen. Zu beachten ist, dass in dem entsprechend definierten Erwartungswertmodell der Fall der primalen Degeneration vorliegt. Ein mögliches anderes Paar von Bid-Preisen, welches sich in einer weiteren optimalen*

*Lösung ergibt, entspricht dem der Perioden* t = 7, ..., 3, *d. h.* $\pi_{A,t} = 400$
*und* $\pi_{B,t} = 460$ *für* t = 2, 1. *Allerdings werden auch diese Bid-Preise zu*
*keiner anderen Annahmeentscheidung führen.*

*Tabelle 3.12 enthält die*
*Anzahl der jeweils ver-*
*kauften ME* $\bar{x}_i$ *von Pro-*
*dukt* $P_i$. *Es ergibt sich ein*
*im Vergleich zum Fall ei-*

| Produkte | $P_{A1}$ | $P_{A2}$ | $P_{B1}$ | $P_{B2}$ | $P_{AB1}$ | $P_{AB2}$ |
|----------|------|------|------|------|-------|-------|
| $\bar{x}_i$ | 1 | 2 | 2 | 2 | 1 | 1 |

**Tabelle 3.12.** Verkaufte Produkte

*ner einmaligen Berechnung der Bid-Preise höherer Gesamterlös i. H. v.*
*4260 GE, der jedoch immer noch niedriger ist als der mit Hilfe einer Li-*
*mited Lookahead Policy erzielte.*

### 3.3.4.4 Nichtoptimalität erlösorientierter Steuerung

Abschließend zeigen wir, dass Entscheidungssituationen existieren können,
in denen eine optimale Steuerung mit Hilfe von Bid-Preisen nicht möglich
ist. Dazu betrachten wir das Beispiel 3.10, S. 100.

**Beispiel 3.14:** *Die Auswertung des Entscheidungsbaums in Abb. 3.9 er-*
*gibt, dass im Rahmen einer optimalen Politik zur Kapazitätssteuerung in*
*Periode* t = 2 *potenzielle Anfragen nach den Produkten* $P_{A2}$ *und* $P_{B2}$
*abzulehnen sind und eine mögliche Anfrage nach Produkt* $P_{AB2}$ *zu ak-*
*zeptieren ist. Soll diese Politik durch eine erlösorientierte Steuerung rea-*
*lisiert werden, ergeben sich die folgenden Bedingungen für die Bid-Prei-*
*se* $\pi_{A,2}$ *und* $\pi_{B,2}$ *der beiden Teilstrecken in Periode* t = 2:

$$r_{A2} < \pi_{A,2} \tag{3.28}$$

$$r_{B2} < \pi_{B,2} \tag{3.29}$$

$$r_{AB2} \geq \pi_{A,2} + \pi_{B,2} \tag{3.30}$$

*Offensichtlich besitzt das so definierte Ungleichungssystem für die vor-*
*gegebenen Erlöse* $r_{A2} = 280$, $r_{B2} = 380$ *sowie* $r_{AB2} = 560$ *keine zuläs-*
*sige Lösung. Damit kann die optimale Steuerung mit Hilfe von Bid-Prei-*
*sen nicht umgesetzt werden.*

Das Beispiel zeigt zugleich zwei Gründe für die potenzielle Nichtoptimalität einer erlösorientierten Steuerung (vgl. auch *Talluri und van Ryzin*
(1998)). Zum einen ergeben sich im Beispiel durch den Verkauf eines Produkts große Veränderungen der Kapazität in Relation zur Verfügbarkeit, die
aufgrund des Grenzkostencharakters von Bid-Preisen durch diese nicht
sinnvoll bewertet werden können (vgl. *Domschke und Klein* (2004)). Zum

anderen zeigt sich im Beispiel, dass der Zusammenhang zwischen den outputorientierten OK eines Produkts sowie den genutzten Kapazitäten bei Betrachtung mehrerer Produkte nichtlinear sein kann. Sowohl bei Absatz von Produkt $P_{A2}$ als auch $P_{B2}$ entstehen outputorientierte OK i.H.v. 560. Dieselben OK ergeben sich auch für das Produkt $P_{AB2}$. In allen Fällen liegt eine unterschiedliche Nutzung der Ressourcen vor. Dieser Zusammenhang kann durch die bei einer erlösorientierten Steuerung vorgenommene, lineare Aggregation nicht abgebildet werden.

Darüber hinaus lassen sich durch Fortbetrachtung des Beispiels Aussagen über die Entwicklung von Bid-Preisen machen:

**Beispiel 3.15:** *Die Steuerung mit dem höchsten Erlöserwartungswert, die durch Bid-Preise realisierbar ist, besteht in der Ablehnung sämtlicher Anfragen in der Periode* $t = 2$ *und Akzeptanz der Anfrage nach Produkt* $P_{AB2}$ *in Periode* $t = 1$. *Sie führt zu einem Gesamterwartungswert von 448. Dieser Wert beträgt lediglich 95.24% des bei optimaler Steuerung realisierbaren Betrages. Zur Umsetzung einer solchen Steuerung können z.B. in der Periode* $t = 2$ *die Bid-Preise* $\pi_{A,2} = \pi_{B,2} = 400$ *und in der Periode* $t = 1$ *die Bid-Preise* $\pi_{A,2} = \pi_{B,2} = 0$ *gewählt werden.*

Die zuletzt gemachten Ausführungen belegen die grundsätzliche Notwendigkeit, im Fall der Steuerung mit mehreren Ressourcen Bid-Preise im Zeitablauf nicht nur zu erhöhen, sondern auch zu senken. Bei Betrachtung einer einzigen Ressource lässt sich dagegen zeigen, dass sich jede optimale Politik durch im Buchungszeitraum steigende Bid-Preise realisieren lässt (vgl. z.B. *Gerchak et al.* (1985)).

### 3.3.5 Mengenorientierte Steuerung

Die durch Lösung der in den Kapiteln 3.3.3.3 und 3.3.3.4 beschriebenen Ersatzmodelle gewonnenen Informationen, d.h. Kontingente und Schattenpreise, können auch zur Realisierung einer *mengenorientierten Steuerung* verwendet werden. Allerdings lassen sich diese Informationen nicht wie bspw. die Schattenpreise bei der Ermittlung von Bid-Preisen unmittelbar verwenden, da die Realisierung einer mengenorientierten Steuerung mit verschiedenen Schwierigkeiten verbunden ist. Wir erörtern zunächst diese Schwierigkeiten, bevor wir Ansätze zur Berechnung von Buchungslimits sowie zu ihrer späteren Auswertung im Rahmen der Steuerung näher erläutern. Zum Abschluss demonstrieren wir die Wirkungsweise einer solchen Steuerung am bereits bekannten Beispiel.

Wie die Ausführungen zeigen werden, basiert die Realisierung einer mengenorientierten Steuerung auf der Bestimmung ressourcenspezifischer Buchungslimits. Dabei erfolgt eine getrennte Betrachtung der einzelnen Ressourcen, die sich als Form der Dekomposition auffassen lässt.[62] Entsprechend verwenden einige Autoren für die im Folgenden geschilderten Ansätze auch die Bezeichnung *dekompositionelle Verfahren* (vgl. z.B. *Talluri und van Ryzin* (2004a, Kap. 3.4)).

### 3.3.5.1 Schwierigkeiten der Umsetzung

Bereits in den Kapiteln 3.1.3 sowie 3.2 haben wir die grundlegende Vorgehensweise einer mengenorientierten Steuerung bei Betrachtung einer einzelnen Ressource diskutiert. Dabei haben wir in Bezug auf die Passage zwischen *disjunkten* und *geschachtelten Buchungslimits* unterschieden. Im ersten Fall wird jedem Produkt genau ein festes Kontingent zugewiesen, bis zu dessen Erreichen der Absatz erfolgt.[63] Im zweiten Fall wird bestimmten Produkten – falls ihr eigenes Kontingent ausgeschöpft ist – auch der Zugriff auf für andere Produkte eingeplante Kapazität erlaubt, wenn sich dadurch ein höherer Gesamterlös erzielen lässt.

Im Rahmen der Betrachtung mehrerer Ressourcen sind sowohl bei der Verwendung von disjunkten als auch von geschachtelten Buchungslimits eine Reihe von Schwierigkeiten zu beobachten:

– Bereits in Kap. 3.1.3.1 haben wir den Nachteil einer Verwendung *disjunkter Buchungslimits* diskutiert, der durch unnötige Ablehnung höherwertiger Produkte bei unterschätzter Nachfrage und daher zu klein gewähltem Kontingent entstehen kann. Bei Betrachtung mehrerer Ressourcen kann dieser Nachteil noch verstärkt werden, wenn dadurch mehr Produkte eine Ressource nutzen und die resultierenden Kontingente aufgrund der geringeren produktspezifischen Nachfrage in Relation zu der zur Verfügung stehenden Kapazität kleiner ausfallen. Dieser Fall ist etwa bei Betrachtung von Flugnetzen in der Passage gegeben. Dabei nutzen viele Verbindungen einen Zubringerflug hin zu einem Hub. Im Extrem-

---

[62] Zur Dekomposition als Planungstechnik vgl. *Klein und Scholl* (2004, Kap. 5.1.2).

[63] Disjunkte Buchungslimits lassen sich unmittelbar aus den Kontingenten der optimalen Lösungen der Ersatzmodelle ableiten, so dass wir auf ihre Bestimmung in diesem Kapitel nicht näher eingehen. Im Fall des RLP lässt sich der Mittelwert der Kontingente eines Produkts über alle betrachteten Szenarien als entsprechendes Buchungslimit verwenden.

fall wird ein Produkt basierend auf einer solchen Verbindung nur sporadisch nachgefragt und die erwartete Nachfrage ist daher kleiner als 1 ME. Infolgedessen ist auch das maximal zugewiesene Kontingent kleiner als 1 ME und das Produkt wird nie verkauft.

- Sollen *geschachtelte Buchungslimits* ermittelt werden, so muss die Bestimmung für jede Ressource separat erfolgen. Dies ist darauf zurückzuführen, dass i.d.R. die Produkte unterschiedliche Ressourcen nutzen und dass die Ressourcen unterschiedliche Kapazitäten aufweisen. Als Folge ergibt sich bei der Ermittlung von Buchungslimits das Problem, wie die Nutzung einer KE einer bestimmten Ressource durch ein bestimmtes Produkt bewertet werden soll. Eine solche Bewertung ist erforderlich, um die Produkte im Rahmen der Schachtelung geeignet ordnen zu können.[64] In der Passage lässt sich dazu z.B. jedem Sitzplatz eines von einem Produkt genutzten Fluges der gesamte Ticketerlös zuordnen. Als Folge würde die Steuerung i.d.R. Multi Leg-Flüge gegenüber Single Leg-Flügen wegen der deutlich höheren Erlöse bevorzugen. Eine reine Orientierung an der Buchungsklasse eines Produkts vernachlässigt dagegen bestehende Netzeffekte.[65]

- In vielen Anwendungen weisen die Produkte im Gegensatz zur Passage unterschiedliche Ressourcenbedarfe auf.[66] Dies kann im Rahmen der Schachtelung dazu führen, dass der Zugriff eines Produkts auf die für ein anderes Produkt reservierte Kapazität nicht genau den Absatz einer ME dieses Produkts, sondern ggf. von mehreren ME bzw. eines Bruchteils einer ME verhindert. Dieser Effekt ist bei der Bestimmung der Buchungslimits geeignet zu berücksichtigen.

- Wie die späteren Ausführungen zeigen, können sich für jedes Produkt und jede von ihm genutzte Ressource – z.B. auf unterschiedlichen Teilstrecken einer aus mehreren Flügen zusammengesetzten Verbindung – unterschiedliche Buchungslimits ergeben. Diese sind nicht nur zu berechnen, sondern zusätzlich an die Computerreservierungssysteme zu

---

[64] Bei Betrachtung einer einzelnen Ressource erhält man eine entsprechende Schachtelungshierarchie unmittelbar aus dem Nutzen der Produkte (vgl. auch die Schilderung des Prinzips der Schachtelung auf S. 77 f.).

[65] Zu einer ausführlichen Diskussion solcher einfachen Ansätze sowie ihrer Vor- und Nachteile vgl. *Williamson* (1992, S. 78 ff.).

[66] Dieser Aspekt wird in der Literatur im Zusammenhang mit einer mengenorientierten Steuerung bisher nicht diskutiert, da stets die Passage Gegenstand der Betrachtung war.

übermitteln, dort zu speichern und bei eintreffenden Anfragen auszuwerten. Da i.d.R. die Anzahl der angebotenen Produkte die der Ressourcen deutlich übersteigt, gilt es, den resultierenden Kommunikations- und Speicheraufwand möglichst gering zu halten.[67]

Im Folgenden erläutern wir die Bestimmung von geschachtelten Buchungslimits ausführlicher. Dabei beschreiben wir zunächst, wie eine geeignete ressourcenspezifische Bewertung von Produkten auf Basis der in den Kapiteln 3.3.3.3 und 3.3.3.4 beschriebenen Ersatzmodelle erfolgen kann, bevor wir auf die eigentliche Berechnung von Buchungslimits eingehen. Danach diskutieren wir die Verwendung sowie die Anpassung der Buchungslimits im Rahmen der Steuerung.

### 3.3.5.2 Ressourcenspezifische Produktbewertung

Die Bestimmung einer Menge von geschachtelten Buchungslimits auf einer Ressource h setzt voraus, dass eine geeignete Bewertung des resultierenden Nutzens bei Belegung einer KE der Ressource h durch ein Produkt $P_i$ vorliegt. Soll zur Bestimmung einer solchen Bewertung eines der in den Kapiteln 3.3.3.3 und 3.3.3.4 diskutierten Ersatzmodelle Verwendung finden, kann dies auf Basis der ermittelten Bid-Preise $\pi_{ht}$ erfolgen.[68] Bezeichnen wir für Produkt $P_i$ die Bewertung je KE einer Ressource h mit $\bar{r}_{hi}$, lassen sich zwei wesentliche Ansätze unterscheiden, die auf der Bestimmung des normierten Restnutzens bzw. des anteiligen ressourcenspezifischen Nutzens beruhen.[69]

---

[67] Eine Möglichkeit hierzu stellt die sog. *virtuelle Schachtelung* (englisch *Virtual Nesting*) dar, bei der für jede Ressource h eine gewünschte Anzahl von *virtuellen Buchungsklassen* $g_h$ vorgegeben wird. Als nächstes ist jedes Produkt $P_i$, das eine Ressource h nutzt, durch ein sog. *Indexing* genau einer dieser Buchungsklassen zuzuordnen. Die Bestimmung von Buchungslimits erfolgt dann auf Basis der erhaltenen, virtuellen Buchungsklassen (vgl. z.B. *Vinod* (1995) oder *Talluri und van Ryzin* (2004a, Kap. 3.4.3)). Zum Verhältnis der Anzahl von Produkten in Relation zur Anzahl von Ressourcen in der Passage vgl. Kap. 2.3.

[68] Zur Bestimmung von Bid-Preisen vgl. Kap. 3.3.4.

[69] In der Literatur zum RM werden solche Ansätze ausschließlich im Zusammenhang mit der Passage betrachtet (vgl. z.B. *Williamson* (1992), *de Boer et al.* (2002) oder *Talluri und van Ryzin* (2004)), wobei die Autoren einen Kapazitätsbedarf von jeweils genau 1 ME auf jeder Ressource unterstellen. Wir erweitern in diesem Buch die Betrachtung auf den Fall ungleicher Kapazitätsbedarfe.

## *Bestimmung des normierten Restnutzens*

Bei diesem Ansatz, den u.a. *de Boer et al.* (2002) vorschlagen, wird zunächst auf Basis der Bid-Preise der Gesamtwert der durch 1 ME von Produkt $P_i$ genutzten Ressourcen als Approximation der outputorientierten OK ermittelt. Bildet man die Differenz aus dem Nutzen $r_i$ des Produkts $P_i$ und diesem Wert, so erhält man einen Restnutzen. Des Weiteren geht man davon aus, dass dieser Restnutzen vollständig der betrachteten Ressource h zuzuschlagen ist. Die gesuchte Bewertung $\bar{r}_{hi}$ ergibt sich dann für Ressource h und Produkt $P_i$ ($i \in \mathcal{A}^h$) durch Normierung auf 1 KE, wozu der ermittelte Restnutzen noch durch den Kapazitätsbedarf $a_{hi}$ zu dividieren ist:

$$\bar{r}_{hi} = (r_i - \sum_{k \in \mathcal{A}_i} \pi_{kt} \cdot a_{ki}) / a_{hi} \tag{3.31}$$

Eine Variante dieser Bewertung ergibt sich, wenn man bei der Bestimmung des Restnutzens für ein Produkt $P_i$ und eine Ressource h die erforderlichen KE für Ressource h nicht berücksichtigt bzw. wenn diese – wie im Fall der Passage – stets genau 1 ME betragen. Diese Art der Bewertung, die man häufig als *Displacement Adjusted Revenue* bezeichnet, wurde ursprünglich von *Smith und Penn* (1988) vorgeschlagen und u.a. von *Vinod* (1989) untersucht.

## *Anteiliger, ressourcenspezifischer Nutzen*

Ein weiterer Ansatz besteht darin, den Erlös eines Produkts $P_i$ anteilig auf die genutzten Ressourcen zu verteilen. Als Verteilungsschlüssel bei der Bestimmung von $\bar{r}_{hi}$ verwendet man den Wert der von Ressource h durch 1 ME von $P_i$ genutzten KE im Verhältnis zum Gesamtwert der genutzten Ressourcen. Damit berechnet sich $\bar{r}_{hi}$ für eine Ressource h und ein Produkt $P_i$ wie folgt, wobei erneut eine Normierung auf einzelne KE vorzunehmen ist:

$$\bar{r}_{hi} = r_i \cdot \left( \frac{\pi_{ht} \cdot a_{hi}}{\sum_{k \in \mathcal{A}_i} \pi_{kt} \cdot a_{ki}} \right) / a_{hi} = \frac{\pi_{ht} \cdot r_i}{\sum_{k \in \mathcal{A}_i} \pi_{kt} \cdot a_{ki}} \tag{3.32}$$

Besitzt eine Ressource h in einer optimalen Lösung eines Ersatzmodells noch ungenutzte Restkapazitäten, erhalten sämtliche Produkte eine Bewertung von $\bar{r}_{hi} = 0$, da für den Bid-Preis der Ressource $\pi_{ht} = 0$ gilt.[70] Weist mindestens eine durch ein Produkt $P_i$ genutzte Ressource $h \in \mathcal{A}_i$ einen Bid-Preis $\pi_{ht} > 0$ auf, so folgt $\sum_{h \in \mathcal{A}_i} \bar{r}_{hi} = r_i$ und ansonsten $\sum_{h \in \mathcal{A}_i} \bar{r}_{hi} = 0$.

### Alternative Ansätze

Neben den geschilderten Ansätzen zur Berechnung ressourcenspezifischer Bewertungen werden in der Literatur für die Passage weitere Vorgehensweisen vorgeschlagen. Das sog. *Prorated-EMSR* beruht auf demselben Prinzip wie der Ansatz anteiliger, ressourcenspezifischer Nutzen (vgl. *Williamson* (1992, S. 104 ff.)). Allerdings werden statt Bid-Preisen andere Parameter wie z.B. die Flugdistanzen für die Ermittlung des Verteilungsschlüssels verwendet. Die Anwendung sog. *iterativer Verfahren* setzt den Einsatz von Methoden zur Berechnung von Buchungslimits voraus, die neben den eigentlichen Limits noch Bewertungen der Ressourcen in Form von inputorientierten OK vornehmen. Diese werden sodann im Rahmen der Formeln (3.31) oder (3.32) eingesetzt, so dass sich neue Bewertungen $\bar{r}_{hi}$ ergeben, die wiederum Grundlage zur Bestimmung neuer Buchungslimits sind. Das Verfahren wird iterativ fortgesetzt, bis die erhaltenen Bewertungen und Buchungslimits konvergieren oder eine vorgegebene Iterationszahl erreicht ist.[71]

### 3.3.5.3 Berechnung von Buchungslimits

Liegt eine ressourcenspezifische Bewertung für jedes Produkt und jede Ressource vor, so kann im nächsten Schritt die Berechnung von Buchungslimits erfolgen. Bereits in Kap. 3.1.3.1 haben wir bei der Darstellung grundlegender Ansätze der Kapazitätssteuerung auf die Problematik hingewiesen, die bei der Definition von Buchungslimits auftritt, falls die Kapazitätsbedarfe der Produkte von einer KE abweichen (vgl. Bem. 3.3, S. 79). In diesem Fall entsprechen die abgesetzten ME eines Produkts nicht mehr den von jeder beanspruchten Ressource genutzten KE. Damit kann sich ein Buchungslimit entweder auf die abzusetzenden ME (*produktorientiertes Buchungslimit*) oder auf die von einer Ressource zur Verfügung stehenden KE (*kapazitätsorientiertes Buchungslimit*) beziehen. Grundsätzlich lassen sich beide Arten von Buchungslimits durch Multiplikation mit dem bzw. Division durch den Kapazitätsbedarf ineinander überführen. Allerdings gestaltet sich in der zweiten Variante die Bestimmung von Buchungslimits sowie

---

[70] Ein Sonderfall liegt für das RLP vor, bei dem in einer der untersuchten Instanzen für eine Ressource h der Schattenpreis 0 sein kann, während er in einer anderen Instanz bei vollständiger Auslastung der Ressource echt positiv ist. Damit ergibt sich im Rahmen der Durchschnittsbildung ein echt positiver Bid-Preis.

[71] Vgl. ausführlicher zu iterativen Verfahren z.B. *Talluri und van Ryzin* (2004a, Kap. 3.4.5)).

ihre Anpassung im Zeitablauf deutlich leichter, so dass wir im Folgenden diese Variante unterstellen.[72] Für den in diesem Kapitel fokussierten Fall der Passage mit Buchungsanfragen in Höhe von 1 ME spielt die Unterscheidung zudem keine Rolle.

Eine Möglichkeit zur Ermittlung kapazitätsorientierter Buchungslimits besteht darin, speziell für Probleme mit einer Ressource entwickelte Vorgehensweisen, wie beispielsweise die in Kap. 3.2 bereits ausführlich behandelten EMSR-basierten Verfahren, anzuwenden. Dabei werden die mittels der Ansätze aus Kap. 3.3.5.2 bestimmten, ressourcenspezifischen Bewertungen als Nutzen der Produkte aufgefasst. Die für jede Ressource isoliert vorzunehmende Ermittlung von Buchungslimits ergibt sich dann vollkommen analog zu Kap. 3.2, so dass wir an dieser Stelle darauf nicht erneut eingehen wollen. Stattdessen diskutieren wir einen weiteren grundlegenden Ansatz, der die durch Anwendung von Ersatzmodellen (vgl. Kap. 3.3.3) bestimmten Kontingente je Produkt $P_i$ zur Ermittlung ressourcenspezifischer Buchungslimits $b_{hi}$ für eine einzelne Ressource $h \in \mathcal{H}$ aufgreift (vgl. *de Boer et al.* (2002)). Die durch Anwendung eines dieser Modelle in Periode t für die verfügbaren Restkapazitäten **c** ermittelten Kontingente bezeichnen wir mit $x_i^*$, wobei es sich im Fall des RLP um den geeignet gerundeten Mittelwert der in allen Szenarien ermittelten Kontingente handeln soll.

Zur Berechnung der ressourcenspezifischen Buchungslimits $b_{hi}$ sortieren wir zunächst die Menge von Produkten $P_i$ mit $i \in \mathcal{A}^h$ nach nicht-steigenden Bewertungen $\bar{r}_{hi}$.[73] Zur Abbildung der ermittelten Sortierreihenfolge, die wir auch als *Schachtelungshierarchie* bezeichnen, dienen die Werte $i_1, ..., i_k, ..., i_{q_h}$ (mit $q_h = |\mathcal{A}^h|$), welche den Indizes der Produkte an den Positionen 1 bis $q_h$ entsprechen. Das kapazitätsorientierte Buchungslimit eines Produkts $P_{i_k}$ für Periode t und Ressource h berechnet sich anschließend wie folgt:

$$b_{h, i_k} = \max\left\{0, c_h - \sum_{j=1}^{k-1} a_{hi_j} \cdot x_{i_j}^*\right\} \quad \text{für } k = 1, ..., q_h \quad (3.33)$$

Das Buchungslimit wird damit so gewählt, dass die Kontingente (ausgedrückt in KE) der aufgrund der Bewertungen $\bar{r}_{hi_1}, ..., \bar{r}_{hi_{k-1}}$ als höherwertig

---

[72] Zur Verwendung und Anpassung von Buchungslimits im Rahmen der mengenorientierten Steuerung vgl. Kap. 3.3.5.4.

[73] Bei Gleichheit der Werte lässt sich ein beliebiger Tie-Breaker (z.B. der Erlös der Produkte) verwenden.

erachteten Produkte $P_i$ mit $i = i_1, \ldots, i_{k-1}$ vor dem Zugriff durch das Produkt $i_k$ geschützt sind. Für das höchstwertigste Produkt $P_{i_1}$ gilt $b_{h,i_1} = c_h$ und ihm steht die gesamte verbleibende Restkapazität der Ressource h zur Verfügung. Die Maximumbildung verhindert mögliche negative Buchungslimits und ist insbesondere im Rahmen der Anpassung von Buchungslimits von Bedeutung (vgl. Kap. 3.3.5.4). Je nach Bewertungsansatz können sich für eine Ressource h unterschiedliche Schachtelungshierarchien $\langle i_1, \ldots, i_{q_h} \rangle$ bzw. $\langle i'_1, \ldots, i'_{q_h} \rangle$ ergeben. In diesem Fall resultieren aufgrund von (3.33) auch unterschiedliche Buchungslimits $b_{hi}$. Sind die Schachtelungshierarchien dagegen gleich, d.h. $\langle i_1, \ldots, i_{q_h} \rangle = \langle i'_1, \ldots, i'_{q_h} \rangle$, erhält man identische Buchungslimits.

### 3.3.5.4 Umsetzung der mengenorientierten Steuerung

Im Folgenden wollen wir diskutieren, wie sich die ermittelten Buchungslimits im Rahmen der eigentlichen Steuerung einsetzen lassen. Dabei ist zwischen einer dynamischen Bestimmung für jede Anfrage durch erneute Anwendung der in Kap. 3.3.5.3 geschilderten Ansätze und einer statischen Bestimmung, bei der lediglich eine geeignete Anpassung der Buchungslimits im Zeitablauf erfolgt, zu unterscheiden. Im zweiten Fall existieren zwei grundlegende Formen der Anpassung, die als Standard bzw. Theft Nesting bezeichnet werden (vgl. z.B. *Talluri und van Ryzin* (2004a, Kap. 2.1.1.3) oder *Bertsimas und de Boer* (2005)).[74]

Nach der Darstellung der unterschiedlichen Techniken gehen wir auf die Anpassung der ressourcenspezifischen Bewertungen ein, die wie bei einer erlösorientierten Steuerung mehrfach während des Buchungszeitraums erfolgen sollte.

### *Dynamische Bestimmung*

Bei einer *dynamischen Bestimmung* werden – basierend auf den aktuellen Schachtelungshierarchien – grundsätzlich die Buchungslimits für jede Anfrage nach einem Produkt $P_i$ durch Anwendung von Formel (3.33) neu bestimmt. Es erfolgt die Annahme, wenn für sämtliche Ressourcen $h \in \mathcal{A}_i$ der Kapazitätsbedarf $a_{hi}$ kleiner bzw. gleich dem Buchungslimit $b_{hi}$ ist.

---

[74] In beiden Arbeiten findet sich eine Darstellung, die auf einer Zählung der bereits verkauften ME von Produkten und einem Vergleich mit den Buchungslimits beruht. Wir präferieren die hier gewählte Darstellung, die eine stetige Aktualisierung der Buchungslimits vornimmt.

Bei der Passage wird also eine Anfrage nach Produkt $P_i$ angenommen, wenn für alle betroffenen Flüge $h \in \mathcal{A}_i$ $b_{hi} > 0$ gilt.

Vor der eigentlichen Bestimmung der Buchungslimits ist es erforderlich, die den Berechnungen zugrunde liegenden Größen anzupassen, wobei die Schachtelungshierarchien unverändert bleiben. Dabei gehen neben den ressourcenspezifischen Bewertungen die durch die Lösung der Modelle ermittelten Kontingente je Produkt $P_i$ ein. Diese müssen bei erfolgter Annahme einer Buchungsanfrage angepasst werden, um dem Umstand Rechnung zu tragen, dass ein Teil der erwarteten Nachfrage bereits realisiert ist. *De Boer et al.* (2002) schlagen dazu vor, das Kontingent $x_i$ des angenommenen Produkts $P_i$ – ausgehend vom optimalen Wert $x_i^*$ – um 1 ME zu reduzieren, so lange dieses noch echt positiv ist. Damit gilt $x_i := \max\{0, x_i - 1\}$.[75]

### Standard Nesting

Im Rahmen des *Standard Nesting* wird wie bei einer dynamischen Bestimmung eine Anfrage nach einem Produkt $P_i$ angenommen, wenn für sämtliche Ressourcen $h \in \mathcal{A}_i$ der Kapazitätsbedarf $a_{hi}$ kleiner bzw. gleich dem Buchungslimit $b_{hi}$ ist. Erfolgt die Annahme, ist allerdings aufgrund der statischen Bestimmung eine geeignete Reduktion der Buchungslimits notwendig. Dazu passt man die Buchungslimits für jede Ressource $h \in \mathcal{A}_i$ wie folgt an:

– Sei $j$ die Position von Produkt $P_i$ in der Schachtelungshierarchie $\langle i_1, ..., i_{q_h} \rangle$. Für die höher bewerteten Produkte $P_{i_1}, ..., P_{i_{j-1}}$ sowie $P_{i_j = i}$ wird das ressourcenspezifische Buchungslimit jeweils um den Kapazitätsbedarf von Produkt $P_i$ reduziert, d.h. $b_{h, i_k} := b_{h, i_k} - a_{hi_k}$ für $k = 1, ..., j$.

– Für die niedriger bewerteten Produkte $P_{i_{j+1}}, ..., P_{i_{q_h}}$ erfolgt dagegen lediglich dann eine Anpassung des Buchungslimits, wenn ihr zugehöriges Buchungslimit größer als der bereits reduzierte Wert $b_{h, i_j}$ ist. In diesem Fall wird das Buchungslimit eines Produkts $P_{i_k}$ (mit $k = j + 1, ..., q_h$) auf den Wert von $b_{h, i_j}$ gesetzt, d.h. es gilt $b_{h, i_k} := \min\{b_{h, i_k}, b_{h, i_j}\}$.

Die erste Anpassung ist erforderlich, um die Buchungslimits der höher bewerteten Produkte an die reduzierte Kapazität anzupassen. Dies wird unmittelbar für Produkt $P_{i_1}$ – dem Produkt mit der höchsten Bewertung – deutlich, dessen Buchungslimit durch diese Vorgehensweise stets der aktu-

---

[75] Für ein Beispiel zur Anwendung dieser Technik verweisen wir auf Kap. 3.3.5.5.

ell verfügbaren Restkapazität entspricht. Die Reduktion der anderen Buchungslimits $P_{i_2}, ..., P_{i_{j-1}}$ sorgt dafür, dass sich die Schutzlimits für diese Produkte nicht verkleinern.

Die zweite Anpassung wird notwendig, wenn ein höher bewertetes Produkt sein Kapazitätskontingent ausgeschöpft hat und im Rahmen der Schachtelung auf Kapazität von niedriger bewerteten Produkten zugreift. Die so gebundene Kapazität steht für die niedriger bewerteten Produkte nicht länger zur Verfügung, so dass ihre Buchungslimits entsprechend reduziert werden müssen.

Um die Wirkungsweise des Standard Nesting zu verdeutlichen, wollen wir ein Beispiel betrachten:

**Beispiel 3.16:** *Wir gehen von einer einzigen Ressource (einem Flug) und drei Produkten* $P_1$, $P_2$ *und* $P_3$ *mit einem Kapazitätsbedarf von jeweils einer KE (einem Sitzplatz) aus. Die Indexierung der Produkte erfolgt nach fallenden ressourcenspezifischen Bewertungen, d. h.* $\bar{r}_1 \geq \bar{r}_2 \geq \bar{r}_3$.[76] *Die verfügbare Restkapazität zum Zeitpunkt der*

| t | c | Buchungslimit $b_i$ | | | Anfrage für $P_i$ | Annahme |
|---|---|---|---|---|---|---|
| | | 1 | 2 | 3 | | |
| 8 | 6 | 6 | 4 | 3 | i = 1 | ■ |
| 7 | 5 | 5 | 4 | 3 | i = 2 | ■ |
| 6 | 4 | 4 | 3 | 3 | i = 2 | ■ |
| 5 | 3 | 3 | 2 | 2 | i = 3 | ■ |
| 4 | 2 | 2 | 1 | 1 | i = 2 | ■ |
| 3 | 1 | 1 | 0 | 0 | i = 3 | □ |
| 2 | 1 | 1 | 0 | 0 | i = 1 | ■ |
| 1 | 0 | 0 | 0 | 0 | i = 1 | □ |

**Tabelle 3.13.** Standard Nesting

*Bestimmung der Buchungslimits ist* c = 6, *die Buchungslimits betragen* $b_1 = 6$, $b_2 = 4$ *und* $b_3 = 3$. *Insgesamt betrachten wir* T = 8 *Perioden, in denen jeweils genau eine Anfrage eintrifft. Tabelle 3.13 gibt die jeweils aktuellen Buchungslimits, die eingehenden Anfragen sowie die getroffenen Entscheidungen wieder.*

*Nach den ersten beiden Perioden* t = 8 *und* t = 7 *sind jeweils nur Anpassungen der Buchungslimits der ersten Art erforderlich. In* t = 6 *hat Produkt* $P_2$ *sein „eigenes" Kontingent ausgeschöpft und greift auf eigentlich für Produkt* $P_3$ *gedachte Kapazität zu. Damit erfolgt in dieser Periode auch eine Anpassung der zweiten Art. In Periode* t = 3 *wird*

---

[76] Wir verzichten auf den Index h.

*erstmalig eine Anfrage abgelehnt. Gleiches gilt für die Anfrage in der letztenPeriode* t = 1.

### Theft Nesting

Im Rahmen dieses Ansatzes werden bei Annahme einer Anfrage die Buchungslimits sämtlicher Produkte um den Kapazitätsbedarf des angenommenen Produkts reduziert. Damit „stiehlt" das Produkt entsprechend des Namens „*Theft Nesting*" auch Kapazität von niedriger bewerteten Produkten, wenn sein eigenes Kontingent noch nicht ausgeschöpft ist. Im Gegensatz zum Standard Nesting könnten in diesem Fall auch negative Buchungslimits resultieren, was zu vermeiden ist. Damit resultiert die folgende Anpassung. Für alle $j \in \mathcal{A}^h$ einer von Produkt $P_i$ genutzten Ressource $h \in \mathcal{A}_i$ reduziert man das Buchungslimit auf $b_{hj} := \max\{0, b_{hj} - a_{hi}\}$.

Den Unterschied zum Standard Nesting wollen wir erneut an Beispiel 3.16 verdeutlichen:

**Beispiel 3.17:** *Wir betrachten das Beispiel 3.16, wobei wir diesmal eine Anpassung der Buchungslimits nach dem Ansatz des Theft Nesting vornehmen. Man erkennt, dass bei jeder angenommenen Anfrage die Buchungslimits sämtlicher Produkte, falls noch nicht 0, reduziert werden. Dies führt zu einer günstigeren Annahmepolitik als das*

| t | c | Buchungslimit $b_i$ | | | Anfrage für $P_i$ | Annahme |
|---|---|---|---|---|---|---|
| | | 1 | 2 | 3 | | |
| 8 | 6 | 6 | 4 | 3 | i = 1 | ■ |
| 7 | 5 | 5 | 3 | 2 | i = 2 | ■ |
| 6 | 4 | 4 | 2 | 1 | i = 2 | ■ |
| 5 | 3 | 3 | 1 | 0 | i = 3 | □ |
| 4 | 3 | 3 | 1 | 0 | i = 2 | ■ |
| 3 | 2 | 2 | 0 | 0 | i = 3 | □ |
| 2 | 2 | 2 | 0 | 0 | i = 1 | ■ |
| 1 | 1 | 1 | 0 | 0 | i = 1 | ■ |

**Tabelle 3.14.** Theft Nesting

*Standard Nesting, da eine zusätzliche Einheit des höher bewerteten Produkts* $P_1$ *anstatt einer Einheit des niedriger bewerteten Produkts* $P_3$ *verkauft wird.*

### Standard vs. Theft Nesting

Die Beispiele zeigen, dass im Rahmen des Theft Nesting tendenziell mehr Kapazität für höher bewertete Produkte reserviert wird. Den beiden Ansätzen liegen jeweils unterschiedliche Vorstellungen über das Eintreffen von Buchungsanfragen zugrunde. Das Theft Nesting unterstellt grundsätzlich, dass Anfragen für Produkte nach dem sog. Low Before High-Prinzip auftreten, was v. a. bei der Steuerung von Einzelflügen in der Passage von Bedeutung ist. Dabei wird davon ausgegangen, dass die Nachfrage in der Reihenfolge steigender Wertigkeit eintrifft.[77] Eine Anfrage nach einem höher bewerteten Produkt in einer Folge von Anfragen für niedriger bewertete Produkte wird dann als zusätzliche, über den prognostizierten Wert hinausgehende Nachfrage für das höher bewertete Produkt interpretiert. Als Folge sollte die den niedriger bewerteten Produkten zur Verfügung gestellte Kapazität reduziert werden.

Das Standard Nesting geht dagegen vom Eintreffen der Anfragen in beliebiger Reihenfolge aus. Daher erfolgt eine Reduktion von Buchungslimits niedriger bewerteter Produkte erst, wenn das Kontingent eines höher bewerteten Produkts ausgeschöpft ist.

Allgemein ist keine Aussage möglich, welche der beiden Vorgehensweisen zu besseren Ergebnissen führt. *Bertsimas und de Boer* (2005) weisen darauf hin, dass bei Fluggesellschaften beide Ansätze zum Einsatz kommen und dass auch unter Praktikern keine Einigkeit darüber besteht, welcher Ansatz vorzuziehen ist.

### Anpassung von Bewertungen und Buchungslimits

Bereits im Zusammenhang mit der Bestimmung von Bid-Preisen haben wir auf S. 119 f. diskutiert, dass die der Kapazitätssteuerung zugrunde liegenden Steuerungsvariablen während des Buchungszeitraums an die aktuelle Buchungsentwicklung sowie ggf. veränderte Prognosen angepasst werden sollten. Im Fall einer mengenorientierten Steuerung ist dazu zunächst die erneute Bestimmung der produktspezifischen Bewertungen und damit die Lösung von Ersatzmodellen erforderlich. Auf Basis der modifizierten Bewertungen und Kontingente können dann für die verbleibenden Restkapazitäten neue Buchungslimits berechnet werden.

### 3.3.5.5 Anwendung am Beispiel

Im Folgenden möchten wir die Anwendung einer mengenorientierten Steuerung am bereits aus Kap. 3.3.3.5 bekannten Beispiel aus der Passage erläutern. Dabei verwenden wir das Erwartungswertmodell und nehmen eine Bewertung durch normierte Restnutzen sowie eine dynamische Bestimmung der Buchungslimits vor. Die durch Lösung des Erwartungswertmodells in Periode t = T ermittelten Kontingente sind in Tabelle 3.15 enthal-

---

[77] Diese Annahme ist in der Praxis aufgrund der Verwendung zeitorientierter Fencing-Strukturen häufig gerechtfertigt.

ten. Die zugehörigen Bid-Preise betragen $\pi_{A,12} = \pi_{B,12} = 280$. Zu den weiteren Daten vgl. Kap. 3.3.3.5.

Wir betrachten zunächst den Fall, dass keine Neuberechnung der Bid-Preise während des Buchungszeitraums erfolgt; die Schachtelungshierarchie der Produkte bleibt damit für beide

| Produkte | $P_{A1}$ | $P_{A2}$ | $P_{B1}$ | $P_{B2}$ | $P_{AB1}$ | $P_{AB2}$ |
|---|---|---|---|---|---|---|
| $x_i^*$ | 1 | 2 | 1 | 3 | 2 | 0 |
| $\bar{r}_{Ai}$ | 120 | 0 | – | – | 300 | 0 |
| $\bar{r}_{Bi}$ | – | – | 280 | 100 | 300 | 0 |

**Tabelle 3.15.** Optimale Lösung und Bewertungen

Flüge während des gesamten Buchungszeitraums gleich.

**Beispiel 3.18:** *Basierend auf den Bid-Preisen $\pi_{A,12} = \pi_{B,12} = 280$ sind zunächst die ressourcenspezifischen Bewertungen $\bar{r}_{Ai}$ und $\bar{r}_{Bi}$ zu ermitteln, die in Tabelle 3.15 wiedergegeben sind. Dabei erhält man z.B. $\bar{r}_{A,AB1}$ durch $860 - 280 - 280 = 300$. Die Reihenfolge, in der die Produkte bei der Bestimmung der Buchungslimits zu berücksichtigen sind, lautet $\langle AB1, A1, A2, AB2 \rangle$ für Flug A bzw. $\langle AB1, B1, B2, AB2 \rangle$ für Flug B.[78]*

*Tabelle 3.16 zeigt für die bereits bekannte Anfragenfolge die resultierenden Entscheidungen. In Periode $t = 12$ trifft eine Anfrage für das Produkt $P_{B2}$ ein, so dass für die Ressource B das zugehörige Buchungslimit zu berechnen ist. Die Restkontingente $x_i$ entsprechen zu diesem Zeitpunkt den ermittelten optimalen Kontingenten $x_i^*$ aus Tabelle 3.15. Zur Bestimmung des Buchungslimits $b_{B,B2}$ ist die verfügbare Restkapazität $c_B = 6$ um die Restkontingente der Produkte $P_{AB1}$ und $P_{B1}$ zu reduzieren. Man erhält den Wert $b_{B,B2} = 3$, so dass die Anfrage angenommen wird. Als Folge reduziert sich die Kapazität von Flug B auf $c_B = 5$, aber auch das Restkontingent von $P_{B2}$ auf $x_{B2} = 2$.*

*In Periode $t = 11$ wird Produkt $P_{AB2}$ nachgefragt. Als Folge sind Buchungslimits $b_{A,AB2}$ und $b_{B,AB2}$ zu berechnen. Dazu muss man die Kapazitäten $c_A = 5$ und $c_B = 5$ um die Restkontingente der Produkte $P_{AB1}, P_{A1}, P_{A2}$ bzw. $P_{AB1}, P_{B1}, P_{B2}$ verringern. Es ergibt sich in beiden Fällen ein Buchungslimit von $b_{A,AB2} = b_{B,AB2} = 0$. Die Anfrage wird abgelehnt.*

---

[78] Dabei haben wir A2 bei gleicher Bewertung vor AB2 gesetzt, da AB2 kein positives Kontingent besitzt.

| t | Anfrage | | Restkapazität | | Reduziertes Kontingent $x_i$ | | | | | | $b_{Ai}$ | $b_{Bi}$ | Annah-me |
| | Prognose | Realität | $c_A$ | $c_B$ | A1 | A2 | B1 | B2 | AB1 | AB2 | | | |
|---|---|---|---|---|---|---|---|---|---|---|---|---|---|
| 12 | B2 | B2 | 5 | 6 | 1 | 2 | 1 | 3 | 2 | 0 | – | 3 | ■ |
| 11 | AB2 | AB2 | 5 | 5 | 1 | 2 | 1 | 2 | 2 | 0 | 0 | 0 | □ |
| 10 | A2 | A2 | 5 | 5 | 1 | 2 | 1 | 2 | 2 | 0 | 2 | – | ■ |
| 9 | B2 | B2 | 4 | 5 | 1 | 1 | 1 | 2 | 2 | 0 | – | 2 | ■ |
| 8 | A2 | A2 | 4 | 4 | 1 | 1 | 1 | 1 | 2 | 0 | 1 | – | ■ |
| 7 | B2 | B2 | 3 | 4 | 1 | 0 | 1 | 1 | 2 | 0 | – | 1 | ■ |
| 6 | AB2 | AB2 | 3 | 3 | 1 | 0 | 1 | 0 | 2 | 0 | 0 | 0 | □ |
| 5 | A2 | B1 | 3 | 3 | 1 | 0 | 1 | 0 | 2 | 0 | – | 1 | ■ |
| 4 | AB1 | A2 | 3 | 2 | 1 | 0 | 0 | 0 | 2 | 0 | 0 | – | □ |
| 3 | A1 | A1 | 3 | 2 | 1 | 0 | 0 | 0 | 2 | 0 | 1 | – | ■ |
| 2 | AB1 | AB1 | 2 | 2 | 0 | 0 | 0 | 0 | 2 | 0 | 2 | 2 | ■ |
| 1 | B1 | B1 | 1 | 1 | 0 | 0 | 0 | 0 | 1 | 0 | – | 0 | □ |

**Tabelle 3.16.** Mengenorientierte Steuerung bei einmaliger Berechnung der Bid-Preise

*Die Entscheidungen für die folgenden Anfragen der Perioden t = 10,...,1 sind Tabelle 3.16 zu entnehmen. Die insgesamt*

| Produkte | $P_{A1}$ | $P_{A2}$ | $P_{B1}$ | $P_{B2}$ | $P_{AB1}$ | $P_{AB2}$ |
|---|---|---|---|---|---|---|
| $\bar{x}_i$ | 1 | 2 | 1 | 3 | 1 | 0 |

**Tabelle 3.17.** Verkaufte Produkte

*von den einzelnen Produkten $P_i$ verkauften $\bar{x}_i$ ME enthält Tabelle 3.17. Es ergibt sich ein Gesamterlös i.H.v. 3520 GE. Dabei bleibt jeweils ein Sitzplatz der Flüge A und B ungenutzt.*

Wie bereits für eine erlösorientierte Steuerung in Kap. 3.3.4.3 wollen wir den Effekt einer Anpassung von Steuerungsvariablen durch Lösung des Erwartungswertmodells mit angepassten Daten in den Perioden t = 7 sowie t = 2 demonstrieren. Zur Formulierung der entsprechenden Instanzen verweisen wir grundsätzlich auf Kap. 3.3.4.3, wobei aufgrund der unterschiedlichen Annahmeentscheidungen andere Restkapazitäten zu berücksichtigen sind.

**Beispiel 3.19:** *In Periode t = 7 ergeben sich in der optimalen Lösung genau die Restkontingente in der entsprechenden Zeile von Tabelle 3.16. Die Bid-Preise und somit die Bewertungen der Produkte bleiben unverändert. In den Perioden t = 7, ..., 3 resultieren damit keine anderen Entscheidungen als ohne erneute Betrachtung des Erwartungswertmodells.*

*Zu Beginn von Periode* t = 2 *sind zwei Sitzplätze auf beiden Flügen verfügbar, und es wird jeweils noch genau eine Anfrage nach den Produkten* $P_{AB1}$ *bzw.* $P_{B1}$ *erwartet. In der optimalen Lösung der entsprechenden Instanz des Erwartungswertmodells erhalten beide Produkte damit ein Kontingent von* $x^*_{AB1} = x^*_{B1} = 1$. *Auch ohne die Schachtelungshierarchien der Produkte neu zu bestimmen, erkennt man, dass die Anfrage nach Produkt* $P_{B1}$ *in Periode* t = 1 *angenommen wird. Damit erhöht sich der erzielte Gesamterlös um* 560 GE *auf insgesamt* 4080 GE *im Vergleich zum Verzicht auf eine Anpassung.*

## 3.4 Nachfrageprognose

Die Anwendung der zuvor geschilderten Modelle im Rahmen der Parametrisierung von Steuerungsansätzen erfordert Prognosen bzgl. der zu erwartenden Nachfrage für sämtliche Produkte und Abflugtage, die zum Prognosezeitpunkt buchbar und damit Gegenstand der Kapazitätssteuerung sind.[79] Dabei besitzt die Güte der Prognose wesentlichen Einfluss auf den Erfolg der Kapazitätssteuerung, so dass Fluggesellschaften einen erheblichen Aufwand bei der Implementierung entsprechender Ansätze betreiben.[80] Nicht wenige Praktiker sehen daher die Prognose als die wesentliche Aufgabe des RM an. Insbesondere diese Gruppe von Lesern wird daher weitergehende Ausführungen zu diesem Thema an dieser Stelle vermissen. Wir haben uns jedoch bewusst entschlossen, in diesem einführenden Lehrbuch auf eine breitere Darstellung zu verzichten. Dazu haben uns u.a. die folgenden Gründe bewogen:

- Ziel des Buches ist es v.a., dem Leser die grundlegenden Prinzipien, die dem Konzept des RM zugrunde liegen, zu erläutern. Dies erfordert aus Sicht der Autoren vor allem das Verständnis der in diesem Buch breiter dargestellten Optimierungsmethoden.

- Die Prognose im RM erfordert aufgrund der Ausrichtung des Konzepts auf die Dienstleistungsproduktion und den daraus resultierenden Besonderheiten i.d.R. ein deutlich komplexeres Instrumentarium als etwa die

[79] Die Reichweite der Prognose entspricht somit mindestens der Länge des Buchungszeitraums. Bietet eine Fluggesellschaft Tickets frühestens 360 Tage vor Abflug an, sind sämtliche Flüge innerhalb dieser Zeitspanne Gegenstand der Betrachtung.

[80] Vgl. zu entsprechenden Untersuchungen z.B. *Weatherford und Belobaba* (2002).

Prognose in der klassischen Sachgüterproduktion. Da dieses Instrumentarium bisher nur in sehr eingeschränktem Maße Eingang in gängige Lehrbücher der Statistik gefunden hat, würde eine entsprechende Darstellung übermäßig viel Raum einnehmen.

– Eine genauere Analyse der Rahmenbedingungen der Prognose in unterschiedlichen Anwendungsgebieten zeigt, dass die Anforderungen und Voraussetzungen von Branche zu Branche stark variieren. Während es etwa in der Passage kaum möglich ist, die tatsächliche Höhe der Nachfrage zu beobachten, ist dies bspw. beim Verkauf von Werbeslots (vgl. Kap. 1.4.4) i.d.R. kein Problem. Dagegen sind die zu einem Zeitpunkt verfügbaren Kapazitäten in der Passage bekannt, während diese bei Automobilvermietungen aufgrund spontaner Verlängerungen der Mietdauer oder der Rückgabe bei anderen Stationen erst noch zu prognostizieren sind.

Wir wollen daher nur eine knappe verbale Beschreibung der Aufgaben der Prognose geben. Zudem beschränken wir uns auf den Anwendungsfall der Passage.

Bei einer statischen Betrachtung entsprechend Kap. 3.1.4 ist für jedes Produkt die Verteilung der Gesamtnachfrage geeignet zu prognostizieren, im Fall einer dynamischen Betrachtung werden zusätzlich Informationen über die erwarteten Buchungskurven benötigt. Da die in der Praxis gängigen Modelle zur Parametrisierung von Steuerungsansätzen von einer statischen Betrachtung ausgehen, wollen wir uns an dieser Stelle auf die grundlegende Darstellung wesentlicher Aspekte bei entsprechenden Prognosen beschränken und den Fall der dynamischen Betrachtung ausklammern.

Bei statischer Betrachtung ergeben sich im Wesentlichen drei Teilaufgaben (vgl. Abb. 3.10): Die Wahl einer geeigneten Verteilung zur Beschreibung der unsicheren Nachfrage, die geeignete Aufbereitung von prognoserelevanten, historischen Daten sowie die eigentliche Prognose der Verteilungsparameter aus diesen Daten. Ausführlichere Darstellungen zum Einsatz von Prognosemethoden im RM finden sich z.B. in *Lee* (1990), *McGill und van Ryzin* (1999), *Zeni* (2001), *Boyd und Bilegan* (2003) und *Talluri und van Ryzin* (2004a, Kap. 9).

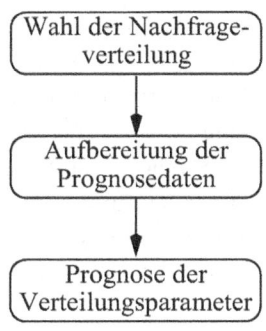

**Abb. 3.10.** Teilaufgaben der Nachfrageprognose

### 3.4.1 Wahl der Nachfrageverteilung

Betrachtet man die in den vorangegangenen Abschnitten geschilderten Modelle, die im Rahmen der Kapazitätssteuerung bei statischer Nachfrage zur Anwendung kommen, so setzen diese für jedes Produkt die Prognose der Gesamtnachfrage $D_i$ bzw. für eine Periode t im Buchungszeitraum des Demand-to-Come $D_{it}$ voraus. Zur Beschreibung der möglichen Ausprägungen solcher Zufallsvariablen dienen stochastische Verteilungen (vgl. *Klein und Scholl* (2004, Kap. 6.3.1)). Dabei ist grundsätzlich zwischen empirischen und theoretischen Verteilungen zu unterscheiden. Bei Verwendung empirischer Verteilungen ermittelt man eine Häufigkeitsverteilung unmittelbar aus Beobachtungsdaten (z.B. den verkauften Tickets) und interpretiert die relativen Häufigkeiten als Wahrscheinlichkeiten, was mit wachsenden Datenmengen zu einer aufwändigen Speicherung und Auswertung der Verteilung führt.[81] Theoretische Verteilungen basieren entsprechend ihres Namens auf theoretischen Überlegungen und ermöglichen die Approximation von empirischen Verteilungen. Zu diesem Zweck wird zunächst eine theoretische Verteilung identifiziert, deren Verlauf grundsätzlich dem der beobachteten Häufigkeitsverteilung entspricht. Im Anschluss daran erfolgt eine genaue Anpassung durch geeignete Wahl von Verteilungsparametern. Die Verwendung von theoretischen Verteilungen besitzt gegenüber dem Einsatz empirischer Verteilungen v.a. den Vorteil einer kompakten Darstellung sowie der leichteren Handhabung in Modellen aufgrund ihrer theoretischen Eigenschaften (vgl. z.B. *Law* (2007, Kap. 6.1)).

Im Bereich der Passage existieren zahlreiche Untersuchungen, die sich mit der Frage auseinandersetzen, welche theoretischen Verteilungen zur Beschreibung der unsicheren Nachfrage nach Produkten geeignet sind (vgl. z.B. *Beckmann und Bobkoski* (1958), *Shlifer und Vardi* (1975), *Weatherford et al.* (1993), *Li und Oum* (2000) oder *Swan* (2002)). Neben der Poisson- und der Normalverteilung werden dabei v.a. die Beta- und die Gammaverteilung untersucht (vgl. *Kimms und Müller-Bungart* (2007a)). Aufgrund ihrer einfachen Handhabung betrachtet man im Rahmen von Modellen zur Parametrisierung von Steuerungsansätzen zumeist die Normalverteilung als Approximation der Poissonverteilung bzw. der Binomialverteilung.[82] Damit sind der Lageparameter $\mu$ und der Streuungsparameter $\sigma^2$ der Vertei-

---

[81] Hinzu kommt das Problem, dass sich die Nachfrage aufgrund des Einflusses der Steuerung häufig gar nicht unmittelbar beobachten lässt.

[82] Auf die Binomialverteilung gehen wir im Zusammenhang mit der Überbuchungssteuerung in Kap. 4.2 näher ein.

lung durch die Prognose zu ermitteln. Nachteilig an der Verwendung dieser Verteilung ist, dass ihre Definition grundsätzlich auch negative (Nachfrage-)Werte einschließt. Solche Werte können in der Praxis nicht auftreten, so dass lediglich eine ungenaue Approximation der tatsächlichen Verteilung erreicht wird. Alternativ lässt sich daher die gestutzte Normalverteilung verwenden (vgl. z.B. *Hartung et al.* (2005, S. 148 ff.)).

## 3.4.2 Aufbereitung der Prognosedaten

Zur Prognose der Verteilungsparameter dienen in der Passage v.a. historische, aber auch aktuelle Buchungsdaten aus den Reservierungssystemen der Fluggesellschaften (vgl. Kap. 1.3.3). Zu ihrer Sammlung werden für sämtliche angebotenen Flüge sowie sämtliche Buchungsklassen zu bestimmten Zeitpunkten im Buchungszeitraum, den sog. *Data Collection Points*, der aktuelle Buchungsstand oder alternativ die Anzahl bisher erfolgter Buchungen und Stornierungen protokolliert. Darüber hinaus kann zu den jeweiligen Data Collection Points noch die Erfassung von Informationen bzgl. der aktuellen Ausprägungen von Steuerungsvariablen wie der Buchungslimits oder Bid-Preise oder von Preisen der Konkurrenz für vergleichbare Flugleistungen erfolgen.

Die so geschaffene Datenbasis lässt sich i.d.R. nicht unmittelbar zur Nachfrageprognose verwenden. Zunächst kann sie sog. Ausreißer (englisch *Outlier*) enthalten. Dabei handelt es sich um Daten, die nicht repräsentativ sind und daher nicht in die Prognose einfließen sollten. Ein Fehler in der Steuerung kann z.B. dazu führen, dass eine niederwertige Buchungsklasse nicht geschlossen wurde und daher der Absatz von zu vielen Tickets in dieser Klasse erfolgte.[83] Die größere Problematik besteht jedoch darin, dass insbesondere die durch die Reservierungssysteme erfassten Buchungen ggf. nicht unmittelbar die zu prognostizierende Nachfrage beschreiben. So entspricht bei einer mengenorientierten Steuerung die Anzahl der erfassten Buchungen nur so lange der tatsächlichen Nachfrage, wie das vorgegebene Buchungslimit nicht erreicht wurde. Eine weitere Schwierigkeit ergibt sich aus der häufig erfolgenden Erfassung der Buchungszahlen auf Basis von Einzelflügen, wenn im Rahmen einer Steuerung in Flugnetzen Bedarfe für Verbindungen zu prognostizieren sind.[84]

---

[83] Regelmäßige externe Einflüsse (wie Messen, Ferienzeiten etc.), die zu einer Erhöhung oder Senkung der Nachfrage führen, werden von den Prognosesystemen i.d.R. automatisch herausgefiltert. Dazu verfügen diese Systeme über eine Art von „Veranstaltungskalender".

Um unter den zuvor geschilderten Gegebenheiten zu geeigneten Progno-sedaten zu gelangen, kommen vor der eigentlichen Prognose sog. „*Outlier Detection*" und „*Unconstraining*" Methoden zur Anwendung. Die erste Gruppe von Methoden dient dem Ausschluss von Ausreißern aus der Da-tenbasis. Da die klassische Statistik zahlreiche Verfahren zu diesem Zweck bereitstellt, existieren kaum RM spezifische Publikationen (vgl. *Petrick* (2002, Kap. 3)). Durch die zweite Gruppe wird versucht, aus den Bu-chungsdaten die tatsächlichen Nachfragedaten zu rekonstruieren. Entspre-chende Verfahren beruhen zumeist auf dem Expectation Maximization-Al-gorithmus. Ausführlichere Darstellungen dieses Ansatzes im Zusammen-hang mit RM finden sich z. B. in *McGill* (1995), *Zeni* (2001), *Petrick* (2002, Kap. 4), *Weatherford und Pölt* (2002) sowie *Talluri und van Ryzin* (2004a, Kap. 9.4). *Zeni und Lawrence* (2004) vergleichen verschiedene Verfahren des Unconstraining im Rahmen einer Studie für die Linienfluggesellschaft US Airways.

### 3.4.3 Prognose von Verteilungsparametern

Nach der Rekonstruktion der Nachfragedaten vergangener Flüge kann die eigentliche Prognose erfolgen. Soll etwa die Verteilung der Nachfrage nach einer bestimmten Buchungsklasse auf einem bestimmten Flug ermittelt werden, zieht man zu diesem Zweck sämtliche in der Datenbasis nach der Outlier Detection noch vorhandenen Datensätze heran, die sich auf die glei-che Strecke, den gleichen Wochentag und die gleiche Uhrzeit beziehen. Bei Betrachtung einer Normalverteilung stellen der Mittelwert und die Varianz der rekonstruierten Nachfragewerte jeweils Schätzer für die gesuchten Ver-teilungsparameter $\mu$ und $\sigma$ dar. Dieser Idee folgend, nutzt man in der Pra-xis häufig – wenn auch aus theoretischer Sicht nicht fundiert – zunächst zeitreihenbasierte Methoden zur Fortschreibung der Beobachtungsdaten und verwendet insbesondere für den Lageparameter $\mu$ die so erhaltenen Werte als Schätzer. Aufgrund der Vielzahl der durchzuführenden Prognosen eignen sich dazu v. a. sehr einfache Methoden wie z. B. die exponentielle Glättung oder die Regressionsanalyse.[85]

---

[84] Die Erfassung auf Basis von Einzelflügen wird durch die Datenstruktur der Reservierungssysteme notwendig.

[85] Vgl. für eine Darstellung solcher Methoden z. B. *Klein und Scholl* (2004, Kap. 6.3.2), *Tempelmeier* (2006, Kap. C.2) oder umfassender in Bezug auf RM *Talluri und van Ryzin* (2004a, Kap. 9.3).

Neben diesen Verfahren kommen in der Praxis noch neuronale Netze sowie sog. Pick Up-Verfahren zur Anwendung.[86] Die zuletzt genannten Verfahren beruhen auf einer Besonderheit bei der Nachfrageprognose im RM. Für einen Teil der Produkte, für welche die Gesamtnachfrage bis zum Ende des Buchungszeitraums zu prognostizieren ist, wurden bereits Einheiten verkauft. Diese Buchungszahlen nutzen die Verfahren, um aus dem Vergleich des bisherigen Buchungsverlaufs mit dem für vorangegangene Abflugtermine zu Prognosen zu gelangen.

## 3.5 Übungsaufgaben

Ü3.1: Gegeben seien die drei Produkte $P_1$, $P_2$ und $P_3$ mit den Erlösen $r_1 = 100$, $r_2 = 50$ und $r_3 = 25$. Alle drei Produkte benötigen ausschließlich die Ressource A (Kapazität $c_A = 25$) mit 1 ME/KE. Die Lösung eines entsprechenden Optimierungsproblems liefert die (disjunkten) Kontingente $x_1 = 5$ und $x_2 = x_3 = 10$. Auf Grundlage dieser Modelllösung soll über den gesamten Buchungszeitraum hinweg ohne Reoptimierung gesteuert werden.

a) Setzen Sie die alternativen Verfahren Standard Nesting, Theft Nesting sowie dynamische Anpassung ein, um den folgenden eintreffenden Anfragestrom abzuarbeiten (25 Anfragen):

$P_1$ $P_2$ $P_3$ $P_1$ $P_1$ $P_3$ $P_3$ $P_1$ $P_2$ $P_1$ $P_1$ $P_2$ $P_1$ $P_3$ $P_3$ $P_3$ $P_3$ $P_3$ $P_3$ $P_2$ $P_2$ $P_2$ $P_2$ $P_2$ $P_2$

Berechnen Sie in jedem Schritt die angepassten Buchungslimits sowie ggf. die angepassten Kontingente!

b) Geben Sie den jeweils erzielten Gesamterlös an!

Untersuchen Sie nun Ihre Ergebnisse genauer:

c) Nur eine der Steuerungstechniken führt zur vollständigen Auslastung der Ressource. Begründen Sie, warum mit den beiden anderen keine vollständige Auslastung erreicht werden kann!

d) Unter welchen Bedingungen unterscheiden sich Standard Nesting und Dynamische Anpassung? Welche „Idee" steckt jeweils dahinter?

---

[86] Zum Einsatz neuronaler Netze vgl. z.B. *Weatherford et al.* (2003), zu Pick Up-Verfahren *Talluri und van Ryzin* (2004a, Kap. 9.3.9).

**Ü3.2:** Betrachten Sie zwei Produkte $P_1$ und $P_2$, die jeweils die Ressourcen A und B mit den Kapazitätsbedarfen $a_{A1} = a_{A2} = a_{B1} = 1$ bzw. $a_{B2} = 3$ nutzen. Die Erlöse seien $r_1 = 100$, $r_2 = 210$, die ermittelten Bid-Preise $\pi_A = \pi_B = 30$.

a) Berechnen Sie zunächst die Schachtelungshierarchien für die beiden Ressourcen A und B mit Hilfe der Bewertungsgröße „normierter Restnutzen"!

b) Gehen Sie nun davon aus, dass die Restkapazitäten für A und B $c_A = 2$ und $c_B = 4$ betragen und dass die Lösung eines entsprechenden DLPs zu den Kontingenten $x_1 = x_2 = 1$ führt. Berechnen Sie – unter Beibehaltung der in Aufgabenteil a) ermittelten Schachtelungshierarchie – die zugehörigen ressourcenspezifischen Buchungslimits!

c) Entscheiden Sie nun über die Annahme einer eintreffenden Anfrage nach $P_1$ und verwenden Sie „Theft Nesting" zur anschließenden Anpassung der Buchungslimits! Betrachten Sie die resultierenden Zahlen. Welches Problem ergibt sich?

**Ü3.3:** Gegeben sei das rechts abgebildete, einfache Flugnetz der AH-Flight GmbH, das den Flughafen Augsburg über das Hub Frankfurt mit dem Flughafen Hamburg verbindet. Auf dem Flugnetz bietet die AH-Flight GmbH täglich vier unterschiedliche Produkte an, die der nachfolgend abgebildeten Tabelle zu entnehmen sind. Produkt 2 stellt dabei einen speziellen Online-Tarif für die Verbindung Augsburg – Hamburg mit zusätzlichen Restriktionen dar.

Der Revenue Manager der AH-Flight GmbH analysiert am 29. April die Buchungssituation für den Flugtag „1. Mai". Er stellt fest, dass bereits so viele Anfragen

| Produkt | Verbindung | Preis |
|---------|------------|-------|
| $P_1$ | Augsburg – Hamburg | 120 € |
| $P_2$ | Augsburg – Hamburg | 100 € |
| $P_3$ | Augsburg – Frankfurt | 70 € |
| $P_4$ | Frankfurt – Hamburg | 75 € |

angenommen wurden, dass auf beiden Teilabschnitten jeweils nur noch genau 2 Sitzplätze frei sind. Für die verbleibenden 2 Buchungstage erwartet er noch jeweils genau 1 Anfrage für die Produkte $P_1$, $P_2$ und $P_4$ und keine weiteren Anfragen für das Produkt $P_3$.

a) Stellen Sie das DLP-Modell auf, mit Hilfe dessen der Revenue Manager Restkontingente für die verbleibenden 2 Tage bestimmen kann. Lösen Sie das Modell durch „scharfes Hinsehen"! Welche Kontingente ergeben sich? Mit welchem verbleibenden Resterlös kann der Revenue Manager rechnen?

b) Berechnen Sie für die beiden Legs „Augsburg – Frankfurt" und „Frankfurt – Hamburg" jeweils die inputorientierten Opportunitätskosten $\tilde{\rho}_A$ und $\tilde{\rho}_B$!

c) Berechnen Sie für alle Produkte $i = 1, ..., 4$ jeweils die outputorientierten Opportunitätskosten $\tilde{\rho}_i$!

d) Der Revenue Manager möchte zur Steuerung (additive) Bid-Preise einsetzen und schlägt vor, die in b) ermittelten inputorientierten Opportunitätskosten als Bid-Preise zu verwenden. Was halten Sie von seinem Vorschlag?

e) Nachdem der Revenue Manager die Überlegungen aus den Aufgabenteilen a) bis d) angestellt hat, trifft eine Anfrage eines gut betuchten Ölscheichs ein, der unbedingt am 1. Mai von Frankfurt nach Hamburg fliegen muss und anstelle der regulären 75 € sogar 95 € bietet. Kann er mitgenommen werden?

f) Anschließend erfolgt unerwarteterweise eine Anfrage für die Verbindung „Augsburg – Frankfurt", wobei der Anfrager partout nicht bereit ist, den regulären Preis zu bezahlen. Welchen Preisabschlag kann der Revenue Manager ihm maximal gewähren?

**Ü3.4:** Ziel der Aufgabe ist die Untersuchung der Nichtoptimalität von Single Leg-Steuerungsheuristiken am Beispiel des Passage-Luftverkehrs. Wir unterstellen dazu drei Produkte $P_1$, $P_2$ und $P_3$ mit den Preisen

| | $P(D_i = 0)$ | $P(D_i = 1)$ |
|---|---|---|
| $D_1$ | 0.5 | 0.5 |
| $D_2$ | 0.4 | 0.6 |
| $D_3$ | 1 | 0 |

$r_1 = 300$, $r_2 = 200$ und $r_3 = 100$ GE. Der Buchungsprozess ist bereits weit fortgeschritten, so dass die verfügbare Restkapazität der betrachteten Beförderungsklasse lediglich $c = 2$ KE beträgt. Aktuell geht eine Anfrage nach Produkt $P_3$ ein, über deren Annahme bzw. Ablehnung mit Hilfe einer EMSR-Heuristik entschieden werden soll. Die prognostizierten Verteilungen der verbleibenden Restnachfragen $D_1$, $D_2$ und $D_3$ sind obenstehender Tabelle zu entnehmen, wobei davon ausgegangen werden kann, dass für $i < j$ alle Anfragen nach $P_j$ zeitlich vor den Anfragen nach $P_i$ eintreffen.

a) Welche der drei Verteilungen aus der angegebenen Tabelle benötigen Sie zur Entscheidung über die Annahme der Anfrage, welche nicht?

b) Verwenden Sie EMSR-a, um über die Annahme der Anfrage zu entscheiden!

c) Erstellen Sie einen Entscheidungsbaum, um die optimale Annahme/Ablehnungsentscheidung zu treffen! Vergleichen Sie mit Ihrem Ergebnis aus Aufgabenteil b)!

d) Verwenden Sie nun EMSR-b, um über die Annahme der Anfrage zu entscheiden! Ist die getroffene Entscheidung optimal?

Ü3.5: Gegeben sei eine Single Leg-Flugverbindung mit einer Gesamtkapazität von 160 KE, auf der die drei Buchungsklassen $P_1$, $P_2$ und $P_3$ mit den zugehörigen Preisen $r_1 = 500$, $r_2 = 200$ und $r_3 = 100$ GE definiert sind. Die Länge des Buchungszeitraums beträgt 100 Tage. Zur leichteren Handhabbarkeit sei der Buchungszeitraum in dieser Aufgabe entgegen unserer Darstellung in Kap. 3.1.4 ausnahmsweise vorwärts indiziert, d.h. der Abflug findet bei $t = 100$ statt. Zur Prognose der Nachfrage nach den drei Klassen werden unabhängige, sog. *inhomogene Poisson-Prozesse* unterstellt.

Ein Poisson-Prozess ist ein stochastischer Ankunftsprozess, der sich durch die *Ankunftsrate* bzw. *Intensität* $\lambda(t)$ charakterisieren lässt, welche der mittleren Anzahl eintreffender Anfragen pro ZE zum Zeitpunkt t des Buchungszeitraums entspricht (vgl. Kap. 3.1.4.3). Sie beeinflusst die *Zwischenankunftszeit* $t_{q+1} - t_q$, die zwischen dem Eintreffen zweier aufeinander folgender Buchungsanfragen q und $q + 1$ liegt. Dabei gilt:

- Für *beliebige* Zeitpunkte a und b innerhalb des Buchungszeitraums ist die Anzahl der zwischen a und b eintreffenden Anfragen *Poisson-verteilt* mit dem Parameter $\int_a^b \lambda(t)dt$.

- Für die Zwischenankunftszeiten $t_{q+1} - t_q$ gilt, dass $\int_{t_q}^{t_{q+1}} \lambda(t)dt$ *exponentialverteilt* ist mit dem Parameter 1.

Für die Buchungsklassen $P_1$, $P_2$ und $P_3$ werden die folgenden Intensitätsfunktionen angenommen:

$$\lambda_1(t) = \begin{cases} -6 + \dfrac{1}{10}t & \text{für } t \in [60, 95] \\[2mm] 70 - \dfrac{7}{10}t & \text{für } t \in (95, 100] \\[2mm] 0 & \text{sonst} \end{cases}$$

$$\lambda_2(t) = \begin{cases} -\dfrac{4}{3} + \dfrac{4}{90}t & \text{für } t \in [30, 75] \\[2mm] 17 - \dfrac{1}{5}t & \text{für } t \in (75, 85] \\[2mm] 0 & \text{sonst} \end{cases}$$

$$\lambda_3(t) = \begin{cases} \dfrac{5}{120}t & \text{für } t \in [0, 60] \\[2mm] 10 - \dfrac{1}{8}t & \text{für } t \in (60, 80] \\[2mm] 0 & \text{sonst} \end{cases}$$

a) Zeichnen Sie die drei Funktionen $\lambda_1(t)$, $\lambda_2(t)$ und $\lambda_3(t)$ zunächst in ein gemeinsames Koordinatensystem ein! Sie erhalten die sog. Buchungskurven (vgl. Kap. 3.1.4.3). Welchen Verlauf haben sie? Entspricht der Verlauf Ihren Erwartungen bzgl. der drei Produkte $P_1$, $P_2$ und $P_3$?

b) Bestimmen Sie Schutz- und Buchungslimits für die Produkte $P_2$ und $P_3$ mit Hilfe der EMSR-a Heuristik (Zeitpunkt $t = 0$)!

c) Entscheiden Sie unter Verwendung der in Aufgabenteil b) ermittelten Buchungslimits über die Annahme der in der Tabelle angegebenen, blockweise eintreffenden Gruppenanfragen (teilweise Annahme ist jeweils nicht möglich). Verwenden Sie *Standard Nesting* zur Anpassung der Buchungslimits!

d) Führen Sie nun zum Zeitpunkt $t = 59$ eine *Reoptimierung* durch, d.h. berechnen Sie unter Verwendung der verbleibenden Resterwartungswerte neue Schutz- und Buchungslimits mit der EMSR-a Heuristik! Welche Änderungen ergeben sich bzgl. der Annahmeentscheidungen für den verbleibenden Anfragestrom aus Aufgabenteil c)? Warum?

| Zeitpunkt | Anfragen |
|---|---|
| 5 | 20 Anfragen nach $P_3$ |
| 30 | 10 Anfragen nach $P_1$ |
| 35 | 10 Anfragen nach $P_3$ |
| 50 | 10 Anfragen nach $P_3$ |
| 60 | 10 Anfragen nach $P_1$ |
| 62 | 5 Anfragen nach $P_2$ |
| 63 | 9 Anfragen nach $P_3$ |
| 64 | 10 Anfragen nach $P_1$ |
| 65 | 40 Anfragen nach $P_3$ |
| 72 | 30 Anfragen nach $P_2$ |

e) Welche Annahme, die bei der Herleitung der Regel von Littlewood bzw. der EMSR Heuristiken unterstellt wird, ist im beschriebenen Anwendungsfall nicht gegeben? Warum ist die Verwendung von EMSR-basierten Ansätzen beim Vorliegen von Gruppenbuchungen konzeptionell problematisch?

# 4 Überbuchungssteuerung

Bei der Überbuchungssteuerung handelt es sich um das älteste Instrument des RM, das schon lange vor der Entwicklung und Verbreitung des RM Konzepts Anwendung fand.[1] Der Begriff *Überbuchung* (englisch *Overbooking*) steht dabei für die Praxis in der Passage, mehr Tickets für eine Beförderungsklasse eines Fluges zu verkaufen, als diese Klasse im eingesetzten Flugzeugtyp Sitzplätze besitzt. Die Bedeutung der Überbuchung verdeutlichen Untersuchungen von Fluggesellschaften. So treten jährlich bei der Lufthansa AG rund 5 Mio. Passagiere ihren Flug nicht an, ohne vorher zu stornieren (vgl. *Lufthansa* (2004b)). Dies entspricht einer Kapazität von ca. 14 000 Jumbo-Jets.

Im Folgenden wollen wir zunächst Grundlagen der Überbuchung diskutieren, wobei insbesondere Fragen der praktischen Umsetzung im Mittelpunkt stehen. Nach der Darstellung grundlegender Ansätze zur Überbuchungssteuerung am Beispiel von Einzelflügen gehen wir auf deren Integration in die Kapazitätssteuerung ein. Zum Abschluss behandeln wir knapp im Rahmen der Überbuchungssteuerung relevante Besonderheiten der Prognose.

## 4.1 Ökonomische Grundlagen der Überbuchung

Das grundlegende Ziel einer Überbuchung von Ressourcen besteht in der Vermeidung ungenutzter Kapazitäten, die aufgrund der Nichtinanspruchnahme abgesetzter Leistungen durch Nachfrager entstehen können.[2] Damit wird im Fall der Passage sowohl eine Erhöhung des Ladefaktors als auch des Gesamterlöses angestrebt (vgl. Kap. 1.3.2).

In Bezug auf die Nichtinanspruchnahme von Leistungen lassen sich zwei grundlegende Formen beobachten. Von einer *Stornierung* spricht man,

---

[1] Die erste wissenschaftliche Publikation zu diesem Instrument stammt von *Beckmann* (1958).

[2] Im Englischsprachigen bezeichnet man solche ungenutzten Kapazitäten als *Spoilage*.

wenn der Nachfrager mit einer gewissen Frist vor der Leistungserstellung den Anbieter von der nicht erfolgenden Nutzung informiert. Als *No-Shows* werden Nachfrager bezeichnet, die ohne vorherige Stornierung auf die Inanspruchnahme der erworbenen Leistung verzichten. Dies bedeutet in der Passage, dass ein Nachfrager nicht zum Abflug erscheint.

Die ökonomischen Konsequenzen, die sich aufgrund derartigen Kundenverhaltens für den Anbieter ergeben, hängen zunächst von den Bedingungen ab, die dem jeweiligen Verkauf zugrunde lagen. In der Passage werden Bedingungen, welche die Flexibilität der Nutzung von Tickets einschränken, zur Preisdifferenzierung verwendet und im Rahmen der formellen Tarifgestaltung als Basis für die Definition von Buchungsklassen genutzt (vgl. Kap. 2.3.1). Ein Ticket zum Normaltarif sichert i.d.R. die volle Rückerstattung des Kaufpreises bei Stornierung oder Nichtantritt des Fluges zu. Tickets der günstigeren Spezialtarife sind dagegen nur bedingt erstattungsfähig oder sehen diese Möglichkeit überhaupt nicht vor.[3] Damit kann eine Stornierung oder ein No-Show für den Anbieter im ungünstigsten Fall zum vollständigen Erlösausfall führen. Neben dieser unmittelbaren ökonomischen Konsequenz sind indirekte Erlöseinbußen im Zusammenhang mit der Kapazitätssteuerung zu berücksichtigen. Im Rahmen dieser Steuerung können aus Kapazitätsgründen evtl. Anfragen während des Buchungszeitraums abgelehnt werden, für die später, d.h. bei Abflug, aufgrund von Stornierungen und No-Shows noch ausreichend Kapazität verfügbar ist.[4]

Den potenziellen Mehrerlösen aus der Überbuchung stehen eventuelle Kosten gegenüber, wenn die bei Abflug durch anwesende Nachfrager mit gültigem Ticket erforderliche Sitzplatzanzahl die an Bord verfügbare Kapazität übersteigt. In diesem Fall kommt es zu sog. *Denied Boardings*, d.h. Kunden können die ihnen versprochene Leistung nicht in Anspruch nehmen.[5] Die Kosten ergeben sich aus den zu leistenden Entschädigungen. Darüber hinaus ist der Verlust an *Goodwill* zu beachten, welcher der Fluggesellschaft entstehen kann.[6]

---

[3]  Diese Tarifgestaltung hat zur Folge, dass Stornierungen und No-Shows insbesondere für den Normaltarif auftreten.

[4]  Solche unnötig abgewiesenen Anfragen werden im Englischsprachigen als *Spill* bezeichnet.

[5]  Die Lufthansa AG gibt an, dass im Schnitt ca. 1 von 1000 Passagieren von einem Denied Boarding betroffen ist (vgl. *Lufthansa* (2004b, S. 29)).

[6]  Für entsprechende empirische Untersuchungen vgl. *Suzuki* (2002) sowie *von Wangenheim und Bayón* (2007).

Die Höhe der zu zahlenden Entschädigungen ist in den meisten Staaten gesetzlich geregelt. Der jeweilige Gesetzgeber erkennt damit grundsätzlich die Notwendigkeit einer Überbuchung an und trägt der Tatsache Rechnung, dass bei Wegfall dieses Instruments zum einen steigende Flugpreise und zum anderen bei gleicher Passagieranzahl höhere Umweltbelastungen durch eine erhöhte Anzahl an Flügen resultieren würden.[7] Umgekehrt ist der Gesetzgeber bemüht, die Rechte des Passagiers zu schützen und die Fluggesellschaften zu einer möglichst geringen Zahl von Denied Boardings anzuhalten.

Im Jahr 1991 verabschiedete dazu die Europäische Gemeinschaft eine Verordnung zur Entschädigung von Fluggästen im Fall der Nichtbeförderung auf Linienflügen (vgl. *Europäische Union* (2002)). Damit erhielten nicht transportierte Fluggäste einen Anspruch auf einen finanziellen Ausgleich[8], die Wahlmöglichkeit zwischen einem anderen Flug oder der Erstattung des Tickets sowie auf Betreuung während des Wartens auf einen späteren Flug (Mahlzeiten und Hotelunterbringung). Seit dem 17.2.2005 ist eine neue Verordnung in Kraft, welche die Zahl der Denied Boardings weiter verringern soll und die Rechte des Fluggastes weiter stärkt (vgl. *Europäische Union* (2004)). Neben höheren Ausgleichzahlungen[9] verpflichtet die Verordnung die Fluggesellschaften bei einer Überbuchung dazu, zuerst Freiwillige zu suchen, die ihre Buchung im Tausch gegen evtl. über die gesetzlich geregelten Entschädigungen hinaus gehende Leistungen (z.B. Flug- oder Hotelgutscheine) aufgeben. Nur für den Fall, dass sich nicht genug Freiwillige finden, dürften die Luftfahrtunternehmen anderen Fluggästen die Beförderung verweigern.

Die gezielte Suche nach Freiwilligen war bereits in der Vergangenheit gängige Praxis bei den meisten Fluggesellschaften. Ansätze dazu schildern etwa *Rothstein* (1985), *Dunleavy* (1995) sowie *Talluri und van Ryzin* (2004a, Kap. 4.1.2). Sie beruhen häufig auf einer Art von Auktion. Dabei werden zusätzlich zu den gesetzlich geregelten Entschädigungszahlungen

---

[7]  Laut Aussagen der Lufthansa AG können für einen abgewiesenen Passagier durch Überbuchung fast 20 zusätzliche Gäste befördert werden (vgl. *Lufthansa* (2004b, S. 29)).

[8]  Die Entschädigung betrug 150,- € bei Flugstrecken mit einer Länge unter 3500 km und 300,- € bei längeren Strecken. Häufig boten und bieten die Fluggesellschaften den Passagieren höhere Entschädigungen an, z.B. in Form von Fluggutscheinen.

[9]  Diese liegen bei 250,- € für Strecken bis 1500 km, bei 400,- € für Strecken zwischen 1500 und 3000 km sowie bei 600,- € für Strecken über 3000 km.

so lange höhere Prämien (z.B. Flug- oder Hotelgutscheine) ausgelobt, bis eine hinreichende Anzahl an Nachfragern freiwillig auf einen Transport verzichtet. Durch die deutlich gestiegenen Entschädigungen gewinnt zudem der Aspekt der gezielten Auswahl von Passagieren, denen die Beförderung verweigert wird, an Bedeutung. So ist es für eine Fluggesellschaft bei unzureichender Kapazität eines Kurzstreckenfluges kostengünstiger, einem Passagier die Beförderung zu verweigern, der lediglich ein Ticket für diesen Flug besitzt, als einem Passagier, der dadurch auch noch einen sich anschließenden Langstreckenflug verpasst.

**Bemerkung 4.1:** Im Gegensatz zu den Instrumenten der Preisdifferenzierung und der Kapazitätssteuerung ist die Überbuchung kein generelles Instrument des RM. Es existieren Anwendungsgebiete, in denen sie eine geringe oder sogar überhaupt keine Rolle spielt. So gibt es etwa bei Pauschalreisen kaum den Fall, dass Kunden ohne Stornierung die Reise nicht antreten. Durch Stornierung frei werdende Kapazitäten lassen sich kurzfristig in Form von Last Minute-Angeboten absetzen. Überhaupt keine Relevanz besitzt die Überbuchung etwa beim erlösmaximierenden Absatz von Werbezeiten im Fernsehen (vgl. *Müller-Bungart* (2007)).

## 4.2 Grundmodelle der Überbuchungssteuerung

Gegenstand dieses Kapitels ist die Darstellung grundlegender Entscheidungsmodelle zur Ausgestaltung der Überbuchungssteuerung, wobei wir uns auf die getrennte Betrachtung von Beförderungsklassen eines Einzelfluges beschränken.[10] Dabei ist grundsätzlich zwischen statischen und dynamischen Modellen zu unterscheiden. Für statische Modelle ist eine weitere Unterteilung in zwei Gruppen möglich: Die erste Gruppe von Modellen nimmt eine Überbuchung anhand der Betrachtung von Servicegraden vor, die zweite verwendet zu diesem Zweck monetäre Kenngrößen.

---

[10] Auf die Überbuchungssteuerung in Flugnetzen gehen wir in Kap. 4.3.2 ein. Den Fall von Ressourcen, die gegeneinander substituierbar sind, betrachten *Ringbom und Shy* (2002) und *Karaesmen und van Ryzin* (2004b). Er ist etwa gegeben, wenn Fluggesellschaften mehrere Flüge mit gleichem Zielort in kurzer Folge anbieten oder wenn sie ein sog. *Upgrading*, d.h. einen Transport von Passagieren in einer höherwertigen als von ihnen gebuchten Beförderungsklasse, vornehmen.

## 4.2.1 Statische vs. dynamische Modelle

*Statische Modelle* ignorieren die Dynamik von Stornierungen und neu eingehenden Buchungen im Zeitablauf. Zu ihrem Anwendungszeitpunkt fixieren sie ausgehend vom aktuellen Buchungsstand sowie von den im verbleibenden Buchungszeitraum noch zu erwartenden Stornierungen und den zu erwartenden No-Shows für jede Ressource ein *Überbuchungslimit*.[11] Das Überbuchungslimit einer Ressource entspricht der maximalen Anzahl an KE, die für den Absatz von Produkten zur Verfügung steht; im Fall eines Fluges der Anzahl an Sitzplätzen in einer bestimmten Beförderungsklasse. Um eine Anpassung an veränderte Prognosen sowie die bisherige Buchungsentwicklung zu erreichen, erfolgt i.d.R. eine Reoptimierung der Überbuchungslimits durch wiederholte Anwendung der Modelle im Zeitablauf.

*Dynamische Modelle* sehen dagegen für jede eintreffende Buchungsanfrage eine Anpassung des Überbuchungslimits auf Basis aktueller Buchungsdaten bzw. Prognosen bzgl. Stornierungen und No-Shows vor. Aufgrund des mit ihrer Anwendung verbundenen Aufwands haben sie bisher kaum Eingang in die Praxis gefunden, so dass wir im Weiteren auf ihre Darstellung verzichten. Entsprechende Ansätze finden sich z.B. in *Rothstein* (1971), *Alstrup et al.* (1986, 1989) sowie *Chatwin* (1996, 1998, 1999). Im Rahmen einer integrierten Überbuchungs- und Kapazitätssteuerung betrachten außerdem *Subramanian et al.* (1999), *Gosavi et al.* (2002) und *El-Haber und El-Taha* (2004) dynamische Modelle.

## 4.2.2 Anwendung statischer Modelle

Bevor wir auf einfache statische Modelle zur Bestimmung von Überbuchungslimits eingehen, wollen wir die Wirkungsweise einer entsprechenden Überbuchungssteuerung anhand von Abb. 4.1 erläutern. Dazu betrachten wir eine einzelne Beförderungsklasse eines Fluges mit Kapazität C. Jede Anfrage bezieht sich auf jeweils genau einen Sitzplatz. Es existiert lediglich eine Buchungsklasse; eine Kapazitätssteuerung ist somit nicht erforderlich. Die Anzahl registrierter Buchungen wird zur Vereinfachung in stetiger Form dargestellt, obwohl sie aufgrund diskreter Buchungen Sprünge

---

[11] Im Englischsprachigen wird das Überbuchungslimit auch als *Virtual Capacity* oder *Overbooking Authorization Level* bezeichnet. Die Differenz aus Überbuchungslimit und Kapazität nennt man *Overbooking Pad*.

aufweist. Sie ergibt sich aus der Differenz bereits erfolgter und stornierter Buchungen und wird in der Literatur als *Net Bookings* bezeichnet.[12] Das zum Zeitpunkt t gültige Überbuchungslimit bezeichnen wir mit $b_t$.

Zunächst erkennt man, dass das ursprüngliche Überbuchungslimit dreimal reoptimiert wird, um eine Anpassung an die aktuelle Entwicklung der Buchungszahlen sowie an aktualisierte Prognosen in Bezug auf Stornierungen und No-Shows vorzunehmen. Dabei ver-

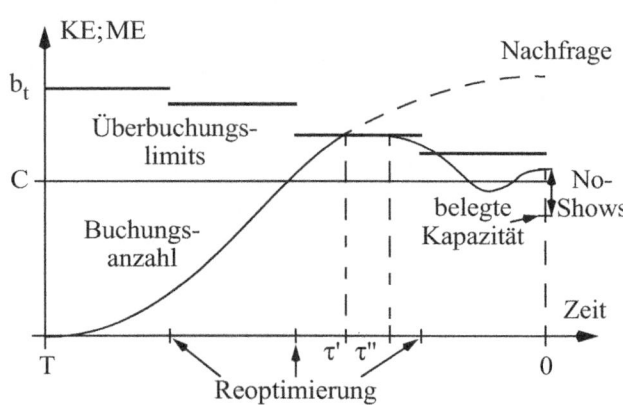

**Abb. 4.1.** Statische Überbuchung

ringern sich die ermittelten Überbuchungslimits in der Zeit bis zum Abflug. Dies ist i.d.R. so, da aufgrund des immer kürzeren verbleibenden Zeitraums die Anzahl der noch zu erwartenden Stornierungen tendenziell abnimmt.[13]

Die Entwicklung der Anzahl registrierter Buchungen lässt sich wie folgt erläutern: Bis zum Zeitpunkt τ' werden sämtliche Anfragen angenommen. Außerdem übersteigt die Anzahl der eintreffenden Anfragen die der Stornierungen. Dann ist erstmalig das Überbuchungslimit erreicht. In der Zeit bis τ" überwiegen die eingehenden Anfragen nach wie vor die Stornierungen, so dass die Buchungsanzahl (nahezu) konstant bleibt, da erfolgende Stornierungen binnen kurzer Zeit durch neue Buchungen kompensiert werden. Nach τ" stornieren zunächst mehr Nachfrager als neue ein Ticket erwerben. Trotzdem liegt nach der letzten Reoptimierung die tatsächliche Buchungsanzahl kurzfristig über dem aktuellen Überbuchungslimit, bevor die Anzahl an Net Bookings sogar unter die tatsächliche Sitzplatzkapazität sinkt. Zum Ende des Buchungszeitraums treffen wieder mehr Anfragen als Stornierungen ein. Durch No-Shows ist die belegte Kapazität bei Abflug geringer als die zu diesem Zeitpunkt noch registrierte Buchungsanzahl.

---

[12] Dagegen spricht man von *Gross Bookings*, wenn Buchungen und Stornierungen unabhängig voneinander erfasst werden.

[13] Für weiterführende Analysen diesbezüglich vgl. *Chatwin* (1998).

## 4.2.3 Modelle mit Orientierung am Servicegrad

Im Folgenden beschreiben wir grundlegende Modelle zur Bestimmung von Überbuchungslimits, die sich an sog. Servicegraden orientieren. Allgemein beschreibt der *Servicegrad* in diesem Zusammenhang die Fähigkeit, einen zum Abflug erscheinenden Passagier in der gebuchten Beförderungsklasse tatsächlich transportieren zu können.[14] Diese Fähigkeit lässt sich auf unterschiedliche Art und Weise messen. Ansätze zur Bestimmung von Überbuchungslimits basierend auf der Ermittlung von Servicegraden beschreiben z.B. *Shlifer und Vardi* (1975) sowie *Talluri und van Ryzin* (2004a, Kap. 4.2.1.1).

### 4.2.3.1 Abbildung von Stornierungen und No-Shows

Die Berechnung von Servicegraden setzt eine geeignete Abbildung des Prozesses von Stornierungen und No-Shows voraus. Im einfachsten denkbaren Fall differenziert man zu diesem Zweck nicht zwischen unterschiedlichen Buchungsklassen. Außerdem abstrahiert man von der Ursache für einen nicht in Anspruch genommenen Sitzplatz und behandelt Stornierungen und No-Shows einheitlich. Schließlich nimmt man an, dass der Zeitpunkt der Buchung keinen Einfluss auf die Wahrscheinlichkeit einer Stornierung oder eines No-Shows besitzt und dass zwischen Stornierungen und No-Shows für unterschiedliche Buchungen keine Abhängigkeiten existieren.[15]

Unter diesen Annahmen lässt sich im Rahmen eines sog. *Binomialmodells* jeder Buchung in einer Beförderungsklasse eine identische *Überlebenswahrscheinlichkeit* p zuordnen, mit der der jeweilige Passagier tatsächlich den Flug antritt. Die Wahrscheinlichkeit $p_b(z)$ dafür, dass bei einer Anzahl von b Buchungen $z \leq b$ Passagiere zum Abflug erscheinen, lässt sich dann mit Hilfe der Binomialverteilung ermitteln:[16]

---

[14] In der Betriebswirtschaftslehre erfolgt die Betrachtung von Servicegraden insbesondere im Zusammenhang mit der Gestaltung von Lagerhaltungssystemen (vgl. z.B. *Günther und Tempelmeier* (2007, Kap. 10.2)).

[15] Solche Abhängigkeiten könnten etwa auf äußere Einflüsse, die das Reiseverhalten sämtlicher Passagiere beeinflussen, zurückzuführen sein. Bei schlechtem Wetter ist es denkbar, dass mehrere Passagiere aufgrund der Verkehrsverhältnisse nicht pünktlich zum Abflug erscheinen.

[16] Mit Hilfe dieser Verteilung lassen sich die Wahrscheinlichkeiten für die Häufigkeit des Eintreffens bestimmter Ereignisse bei sog. Bernoulli-Experimenten, bei denen ein Ereignis mit einer Wahrscheinlichkeit p eintritt bzw. 1 − p nicht eintritt, ermitteln (vgl. z.B. *Klein und Scholl* (2004, S. 283)).

$$p_b(z) = \binom{b}{z} \cdot p^z \cdot (1-p)^{b-z} \tag{4.1}$$

Die zugehörige Verteilungsfunktion $F_b(z)$ gibt die Wahrscheinlichkeit dafür an, dass bei b vorliegenden Buchungen die Anzahl der erscheinenden Passagiere den Wert z nicht überschreitet. Sie ermittelt sich wie folgt:

$$F_b(z) = \sum_{k=1}^{z} \binom{b}{k} \cdot p^k \cdot (1-p)^{b-k} \tag{4.2}$$

Die Wahrscheinlichkeit, dass es bei $b > C$ Buchungen zu einem Denied Boarding kommt, beträgt damit $1 - F_b(C)$.

**Bemerkung 4.2:** Insbesondere für größere Werte von b lässt sich der Aufwand zur Bestimmung von $F_b(z)$ reduzieren, indem man die Binomialverteilung durch die Poisson- bzw. die Normalverteilung approximiert (vgl. *Klein und Scholl* (2004, S. 283 ff.)). Weitere Approximationen beschreiben *Talluri und van Ryzin* (2004a, Kap. 4.2.2).

### 4.2.3.2 Servicegrad vom Typ 1

Der *Servicegrad vom Typ 1* erfasst die Wahrscheinlichkeit dafür, dass bei einer Überbuchung bis zu einem Limit b und einer Flugkapazität C sämtliche zum Abflug erscheinende Passagiere transportiert werden können.[17] Bezeichnen wir die Zufallsvariable für die bei b Buchungen zum Abflug erscheinenden Passagiere mit $Z(b)$ und verwenden das zuvor erläuterte Binomialmodell, ergibt sich der Servicegrad vom Typ 1 $s_1(b)$ wie folgt:

$$s_1(b) = P(Z(b) \leq C) = F_b(C) \tag{4.3}$$

Ist zur Realisierung einer Überbuchungssteuerung ein Servicegrad $\bar{s}_1$ vorgegeben, lässt sich das größtmögliche Überbuchungslimit b*, für das der vorgegebene Servicegrad gerade noch eingehalten wird, mit Hilfe der folgenden Bedingung bestimmen:

$$s_1(b^*) \geq \bar{s}_1 \wedge s_1(b^*+1) < \bar{s}_1 \tag{4.4}$$

Aufgrund monoton fallender Werte von $s_1(b)$ bei steigendem b erfordert die Ermittlung des gesuchten Überbuchungslimits damit lediglich noch eine

---

[17] *Talluri und van Ryzin* (2004a, Kap. 4.2.1.1) definieren den Servicegrad konträr dazu als die Wahrscheinlichkeit dafür, dass es zu Denied Boardings kommt. Dies widerspricht der sonst üblichen Interpretation von Servicegraden.

systematische Überprüfung von potenziellen Überbuchungslimits $b = C, C+1, \ldots$ und die Berechnung der zugehörigen Servicegrade $s_1(b)$, d.h. der Werte der Verteilungsfunktion $F_b(C)$.

**Beispiel 4.1:** *Wir betrachten einen Kurzstreckenflug mit einer Kapazität von 200 Sitzplätzen in der Economy Class. Tabelle 4.1 gibt für einen Ser-*

| p | 0.95 | 0.90 | 0.85 | 0.80 |
|---|------|------|------|------|
| b* | 204 | 212 | 221 | 233 |

**Tabelle 4.1.** Buchungslimits für $\bar{s}_1 = 0.99$

*vicegrad von $\bar{s}_1 = 0.99$ und unterschiedliche Werte von p die jeweils zugehörigen optimalen Buchungslimits b\* wieder. Aus der Tabelle lässt sich etwa ablesen, dass für eine Überlebenswahrscheinlichkeit von $p = 0.90$ und 212 verkaufte Tickets sämtliche zum Abflug erscheinende Passagiere mit einer Wahrscheinlichkeit von 99 % transportiert werden können. Legt man alternativ ein Überbuchungslimit von $b = 215$ fest, ergibt sich bei einer Überlebenswahrscheinlichkeit von $p = 0.90$ ein geringerer Servicegrad von $s_1(215) = 0.9504$.*

#### 4.2.3.3 Servicegrad vom Typ 2

Der Nachteil der Definition eines Servicegrades vom Typ 1 besteht darin, dass nur die Tatsache erfasst wird, ob überhaupt ein Denied Boarding auftritt, nicht aber die Anzahl der abgewiesenen Passagiere in Relation zu den vorliegenden Buchungen. Diesen Nachteil vermeidet man durch Verwendung des *Servicegrades* $s_2(b)$ *vom Typ 2*. Er erfasst den erwarteten Anteil der transportierten Passagiere relativ zur erwarteten Anzahl der erscheinenden Passagiere und ermittelt sich damit grundsätzlich wie folgt:

$$s_2(b) = \frac{E[\min\{Z(b), C\}]}{E[Z(b)]} \tag{4.5}$$

Mit Hilfe der zuvor eingeführten Notation erhält man damit die folgende Formel zur Berechnung von $s_2(b)$ für $b \geq C$:

$$s_2(b) = \left[ \sum_{k=1}^{C} k \cdot p_b(k) + \sum_{k=C+1}^{b} C \cdot p_b(k) \right] / (p \cdot b) \tag{4.6}$$

Analog zum Servicegrad vom Typ 1 lässt sich das größtmögliche Überbuchungslimit b\*, das einen vorgegebenen Servicegrad $\bar{s}_2$ gerade noch erfüllt, durch systematisches Auswerten von potenziellen Überbuchungslimits $b = C, C+1, \ldots$ bestimmen. Dabei muss b\* die folgende Bedingung erfüllen:

$$s_2(b^*) \geq \bar{s}_2 \wedge s_2(b^* + 1) < \bar{s}_2 \tag{4.7}$$

**Beispiel 4.2:** *Wir betrachten erneut den Kurzstreckenflug aus Beispiel 4.1 mit einer Kapazität von 200 Sitzplätzen in der Economy Class und geben*

| p | 0.95 | 0.90 | 0.85 | 0.80 |
|---|------|------|------|------|
| b* | 209 | 220 | 231 | 245 |

**Tabelle 4.2.** Buchungslimits für $\bar{s}_2 = 0.995$

*einen Servicegrad von $\bar{s}_2 = 0.995$ vor. Dies würde bedeuten, dass bei wiederholter Durchführung des Fluges im Schnitt ein Passagier abgewiesen werden dürfte. Tabelle 4.2 enthält die zugehörigen optimalen Buchungslimits b\* für unterschiedliche Werte von p.*

**Bemerkung 4.3:** Die zuvor geschilderten Ansätze definieren jeweils Überbuchungslimits auf Basis der Prognose von Überlebenswahrscheinlichkeiten von Beförderungsklassen. Dabei wird von dem Sachverhalt abstrahiert, dass die Überlebenswahrscheinlichkeiten für eine Buchung in Abhängigkeit von der zugehörigen Buchungsklasse stark variieren können. So werden Passagiere mit einem Ticket, das keine Möglichkeit zur Stornierung bietet, eher zum Abflug erscheinen als Passagiere, denen ihr Ticketpreis bei Nichtantritt des Fluges vollständig erstattet wird. Lassen sich buchungsklassenspezifische Überlebenswahrscheinlichkeiten prognostizieren, so kann man daraus beförderungsklassenspezifische Werte z.B. mit Hilfe einer gewichteten Durschnittsbildung ermitteln. Statische Modelle, die klassenspezifische Überlebenswahrscheinlichkeiten unterstellen, diskutieren *Coughlan* (1999) sowie für einen verallgemeinerten Fall *Karaesmen und van Ryzin* (2004b). Dabei wird in beiden Arbeiten wie in Kap. 4.2.4 eine monetäre Bewertung von Denied Boardings vorgenommen.

### 4.2.4 Modelle mit monetärer Bewertung

Im Folgenden soll eine einfache Vorgehensweise zur Bestimmung von Überbuchungslimits für eine Beförderungsklasse auf Basis einer monetären Bewertung in Anlehnung an *Bodily und Pfeifer* (1992) erläutert werden.[18] Den durchschnittlichen erwarteten Ticketerlös in einer Beförderungsklasse bezeichnen wir dabei mit $\bar{r}$ ($\bar{r} > 0$), die durchschnittlichen Kosten, die durch ein Denied Boaring über den entgangenen Erlös hinaus entstehen, benennen wir mit d ($d > 0$).[19] Für ein gegebenes Überbuchungslimit b entspricht

---

[18] Ähnlich ausgerichtete Ansätze schlagen z.B. *Beckmann* (1958) und *Thomson* (1961) vor.

die Größe $F_b(C)$ der Wahrscheinlichkeit, dass bei b erfolgten Buchungen die Anzahl der tatsächlich zu befördernden Passagiere kleiner bzw. gleich der Kapazität C der betrachteten Beförderungsklasse ist (vgl. Kap. 4.2.3).

Mit diesen Parametern lässt sich die Entscheidung, ein aktuelles Überbuchungslimit $b - 1 \geq C$ bei Vorliegen einer Anfrage um einen Sitzplatz auf b zu erhöhen, durch den Entscheidungsbaum in Abb. 4.2 modellieren. Im Fall einer Entscheidung für eine Erhöhung wird mit der Wahrscheinlichkeit $F_b(C)$ der Durchschnittserlös $\bar{r}$ erzielt und mit der Gegenwahrscheinlichkeit $1 - F_b(C)$ resultieren

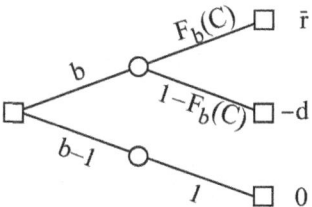

**Abb. 4.2.** Bestimmung eines Überbuchungslimits

Kosten für ein Denied Boarding i. H. v. d. Bei einem Verzicht auf eine Erhöhung ergibt sich eine Ablehnung der Anfrage und damit keine Veränderung des Gesamterlöses. Als Folge ist eine Erhöhung des Buchungslimits nur sinnvoll, wenn zugleich eine Steigerung des erwarteten Gesamterlöses resultiert. Damit gelangt man zu der folgenden Bedingung:

$$F_b(C) \cdot \bar{r} > (1 - F_b(C)) \cdot d \tag{4.8}$$

Löst man (4.8) nach $F_b(C)$ auf, ergibt sich folgende Ungleichung:

$$F_b(C) > d / (\bar{r} + d) \tag{4.9}$$

Da der Wert auf der linken Seite von (4.9) mit wachsendem Buchungslimit b fällt, existiert ein optimales Überbuchungslimit b\*, für das keine weitere Erhöhung erfolgen sollte. Formal gilt für b\*:

$$F_{b*}(C) > d / (\bar{r} + d) \wedge F_{b*+1}(C) \leq d / (\bar{r} + d) \tag{4.10}$$

Ansätze, die auf der Anwendung der Regel (4.10) zur Ermittlung eines optimalen Überbuchungslimits beruhen, unterscheiden sich v. a. im Hinblick auf die Annahmen, die der Bestimmung der Wahrscheinlichkeit $F_b(C)$ für ein Buchungslimit b zugrunde liegen. Im einfachsten Fall bestimmt man $F_b(C)$ unter Verwendung des Binomialmodells wie in Kap. 4.2.3.[20]

[19] Zum Durchschnittsgrößencharakter von $\bar{r}$ und d vgl. Bem. 4.4.

[20] *Bodily und Pfeifer* (1992) untersuchen etwa die Fälle zeitabhängiger und stochastisch abhängiger Überlebenswahrscheinlichkeiten.

**Beispiel 4.3:** *Wir gehen davon aus, dass für einen Kurzstreckenflug mit einer Kapazität von 200 Sitzplätzen in der Economy Class ein durch-* 

| p | 0.95 | 0.90 | 0.85 | 0.80 |
|------|------|------|------|------|
| b* | 211 | 223 | 236 | 251 |

**Tabelle 4.3.** Optimale Buchungslimits

*schnittlicher Erlös von* r̄ = 300 *und durchschnittliche Denied Boarding Kosten von* d = 250 *ermittelt wurden. Tabelle 4.3 gibt für unterschiedliche Werte von* p *die jeweils zugehörigen optimalen Buchungslimits* b* *wieder.*

**Bemerkung 4.4:** Eine grundsätzliche Problematik der zuvor geschilderten Vorgehensweisen besteht darin, dass die Berechnungen auf durchschnittlichen erwarteten Erlösen je abgesetztem Ticket und durchschnittlichen erwarteten Kosten je auftretendem Denied Boarding beruhen. Beide Größen lassen sich in der Praxis nur schwer bestimmen. Bereits bei der Betrachtung von Einzelflügen hängt der Durchschnittserlös von der jeweiligen Anzahl der in jeder Buchungsklasse abgesetzten Tickets ab, die zum Zeitpunkt der Bestimmung des Buchungslimits noch nicht mit Sicherheit bekannt sind. Innerhalb von Flugnetzen ergibt sich zusätzlich die Problematik, dass Erlöse, die für Verbindungen – bestehend aus mehreren Teilstrecken – erzielt werden, geeignet auf die Teilstrecken umzulegen sind.[21] Auch die Prognose der durchschnittlichen Kosten je auftretendem Denied Boarding fällt schwer. Die Höhe der Entschädigung hängt u.a. von der Länge der Flugstrecke ab. Diese kann in Flugnetzen je nach Verbindung, die ein Passagier gebucht hat, variieren. Des Weiteren sind die Kosten davon abhängig, wann und wie ein abgewiesener Passagier zum Zielort transportiert werden kann.

## 4.3 Überbuchungs- und Kapazitätssteuerung

Im Rahmen dieses Kapitels wollen wir grundsätzlich diskutieren, wie sich Überbuchungs- und Kapazitätssteuerung miteinander verknüpfen lassen. Die einfachste und in der Praxis übliche Vorgehensweise zur Integration der Überbuchungs- und Kapazitätssteuerung besteht in einer Sukzessivplanung.[22] Dabei werden zunächst – wie in Kap. 4.2 erläutert – Überbuchungslimits $b_h$ für jede Ressource $h \in \mathcal{H}$, d.h. jeden Flug, bestimmt. Im

---

[21] Mögliche Ansätze zur Bestimmung von Durchschnittserlösen beschreiben *Karaesmen und van Ryzin* (2004a).

[22] Im Rahmen einer Sukzessivplanung wird das zu lösende Gesamtproblem in handhabbare Teilprobleme zerlegt, die in aufeinander folgenden Planungsstufen in einer bestimmten Reihenfolge gelöst werden (vgl. *Klein und Scholl* (2004, Kap. 5.3.2.2)).

Anschluss daran erfolgt je nach zu betrachtendem Flugnetz eine Kapazitäts-steuerung mit Hilfe der in Kap. 3 erläuterten Steuerungsansätze, wobei die dazu notwendigen Berechnungen auf Basis der ermittelten Überbuchungsli-mits und nicht der tatsächlich vorhandenen Kapazitäten erfolgen. So wählt man als rechte Seiten der Nebenbedingungen (3.19) in Modell M3.3, S. 110, statt der Kapazitäten $c_h$ die Überbuchungslimits $b_h$, reduziert um die bereits verkaufte Anzahl an Sitzplätzen.

Alternativ lässt sich eine simultane Überbuchungs- und Kapazitätssteue-rung vornehmen, auf die wir in den folgenden beiden Unterkapiteln näher eingehen.

## 4.3.1 Steuerung bei Einzelflügen

Bei der simultanen Überbuchungs- und Kapazitätssteuerung wurde bisher v. a. der Fall der Steuerung von Einzelflügen betrachtet (vgl. z. B. *Belobaba* (1989), *Subramanian et al.* (1999) und *Zhao und Zheng* (2001)). Den Fall von zwei aufeinander folgenden Flügen betrachten *Ladany und Bedi* (1977), *Hersh und Ladany* (1978) sowie *El-Haber und El-Taha* (2004). Wir beschreiben im Folgenden ein Modell, das von *Bodily und Weatherford* (1995) vorgeschlagen wurde und auf einer Entscheidungsbaumdarstellung der Regel von Littlewood (vgl. Kap. 3.2.1) aufbaut. Diese führen wir zu-nächst ein und erweitern die Modellierung anschließend um die Berück-sichtigung von Überbuchungsmöglichkeiten.

### 4.3.1.1 Entscheidungsbaummodell ohne Überbuchung

Wir gehen von $n = 2$ Produkten aus, wobei bzgl. der zugehörigen Erlöse $r_1 \geq r_2$ gilt. Die Nachfrage nach $P_2$ trifft vollständig vor der nach $P_1$ ein. Die Höhe der Nachfrage nach $P_1$ lässt sich mit der Zufallsvariablen $D_1$ be-schreiben. Die Kapazität der betrachteten Beförderungsklasse beträgt C KE. Die Zielsetzung besteht in der Maximierung des erwarteten Gesamter-löses durch entsprechende Annahme oder Ablehnung von Anfragen inner-halb der Buchungsperiode von $P_2$.[23]

Die optimale Lösung des resultierenden Entscheidungsproblems lässt sich durch eine inkrementelle Betrachtung mit Hilfe des in Abb. 4.3 darge-stellten Entscheidungsbaums ermitteln. Dabei gehen wir davon aus, dass bereits $x_2$ Anfragen nach Produkt $P_2$ angenommen wurden und nun über

---

[23] Vgl. auch die Modellannahmen in Kap. 3.2.1.

die Annahme oder Ablehnung der $x_2 + 1$-ten eintreffenden Anfrage entschieden werden soll. In der Darstellung bezeichnet p die Wahrscheinlichkeit dafür, dass die Summe aus bereits angenommenen Anfragen nach $P_2$ und noch unsicheren Anfragen nach $P_1$ kleiner ausfällt als die zur Verfügung stehende Gesamtkapazität C ($p = P(x_2 + D_1 < C)$). Die Abwägung der beiden möglichen Entscheidungsalternativen ergibt sich nun wie folgt:

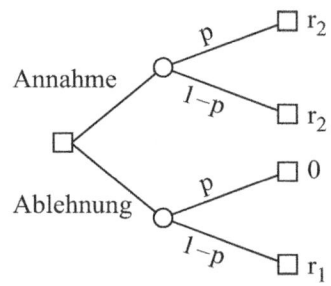

- Eine Annahme der eintreffenden Anfrage führt – unabhängig davon, wie viele Anfragen später nach $P_1$ eingehen werden – zur Generierung eines zusätzlichen Erlöses i.H.v. $r_2$ GE für den verkauften Sitzplatz (oberer Teilbaum).

- Bei einer Ablehnung der Anfrage ist zu unterscheiden, ob der jeweilige Sitzplatz noch an einen der später buchenden Nachfrager von $P_1$ abgesetzt werden kann. Ist dies der Fall (mit Wahrscheinlichkeit $1 - p$), so kann ein Erlös i.H.v. $r_1$ GE

**Abb. 4.3.**
Kapazitätssteuerung bei
Einzelflügen

generiert werden, andernfalls bleibt der Sitzpatz leer (unterer Teilbaum).

Durch Gegenüberstellung der beiden zugehörigen Erwartungswerte $r_2$ bzw. $(1 - p) \cdot r_1$ und entsprechende Umformungen ergibt sich die folgende *Entscheidungsregel* (vgl. *Bodily und Weatherford* (1995, S. 175)): Die eintreffende Anfrage nach $P_2$ wird genau dann angenommen, wenn gilt:

$$p \geq \frac{r_1 - r_2}{r_1} \qquad (4.11)$$

Zweckmäßig für die noch folgenden Ausführungen ist eine weitere Komprimierung des Entscheidungsbaums, die sich durch Subtraktion des im unteren Teilbaum erzielbaren Erwartungswerts (Ablehnung) vom Erwartungswert des oberen Teilbaums (Annahme) ergibt (vgl. Abb. 4.4). An den Blättern entstehen entsprechend Differenzen

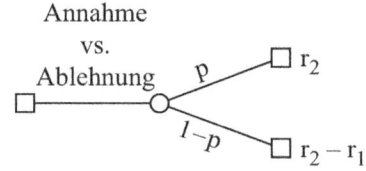

**Abb. 4.4.** Kapazitätssteuerung bei
Einzelflügen (Grenzerlös-
Betrachtung)

aus erzielbarem und entgangenem Erlös für die betrachtete Sitzplatzeinheit. Der Baum ermittelt mit $p \cdot r_2 + (1 - p) \cdot (r_2 - r_1)$ folglich unmittelbar den bei einer Annahme der Anfrage nach $P_2$ zu erwartenden Grenzerlös unter Berücksichtigung der je nach Umweltlage ggf. entstehenden Opportunitätskosten. Ist dieser größer als 0, so ist die Anfrage anzunehmen, andernfalls ist sie abzulehnen.

**Beispiel 4.4:** *Wir betrachten ein Beispiel mit einer Gesamtkapazität von C = 100 KE, den Stückerlösen* $r_1 = 250$ *GE und* $r_2 = 175$ *GE sowie* $N(75;20)$ *-normalverteilter Nachfrage* $D_1$. *Entsprechend der Entscheidungsregel (4.11) nehmen wir nun so lange Anfragen an (und erhöhen entsprechend* $x_2$*), bis zum ersten Mal gilt:* $P((x_2 + D_1 < 100) < (250 - 175)/250) = 0.3$. *Durch Normalisierung der Zufallsvariablen und anschließende Verwendung einer Wahrscheinlichkeitstafel der Standardnormalverteilung errechnet sich das Buchungslimit für die anzunehmenden Anfragen nach* $P_2$ *zu 35.6 bzw. entsprechend aufgerundet zu 36KE (vgl. Bodily und Weatherford (1995, S. 175 f.)).*

**Bemerkung 4.5:** Wie wir bereits erwähnt haben, ist das vorgestellte Entscheidungsbaummodell und die daraus abgeleitete Entscheidungsregel (4.11) vollständig äquivalent zur Regel von Littlewood aus Kap. 3.2.1. Die entsprechende algebraische Umformung ist Gegenstand von Übungsaufgabe Ü4.2.

#### 4.3.1.2 Entscheidungsbaummodell mit Überbuchung

Wir erweitern nun die Modellformulierung entsprechend den Ausführungen von *Bodily und Weatherford* (1995, S. 176 ff.) um die Existenz von No-Shows und deren adäquate Berücksichtigung in Form einer integrierten Kapazitäts- und Überbuchungssteuerung.

Dazu definieren wir ergänzend zu unseren Annahmen aus Kap. 4.3.1.1 zunächst die folgenden Modellparameter:

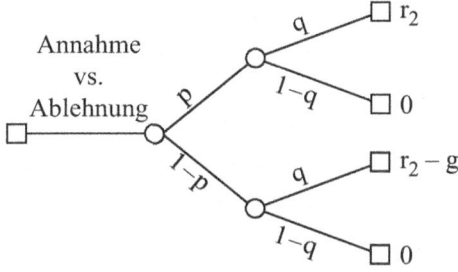

**Abb. 4.5.** Simultane Kapazitäts- und Überbuchungssteuerung bei Einzelflügen

– Die Zufallsvariable $S_2$ gebe an, wie viele der bereits angenommenen Nachfrager nach $P_2$ auch zum Abflug erscheinen werden.

– Die Zufallsvariable $S_1$ sei die Anzahl der Nachfrager nach $P_1$, die zum Abflug erscheinen, wobei wir unterstellen, dass alle später eingehenden Anfragen nach $P_1$ auch angenommen werden müssen.

– q bezeichne die Wahrscheinlichkeit dafür, dass der $x_2 + 1$-te Nachfrager, über dessen Annahme aktuell entschieden werden soll, zum Abflug erscheint.

– g seien die Kosten, die dem Anbieter für jeden zum Zeitpunkt der Leistungserbringung aufgrund unzureichender Kapazität nicht transportierbaren, gebuchten Kunden entstehen (z.B. Schadensersatz, Unterbringung/Verpflegungskosten etc.).

Die Zufallsvariable $D_1$ benötigen wir nicht mehr, p bezeichne nun die Wahrscheinlichkeit dafür, dass die Summe aus den zum Abflug erscheinenden, bereits angenommenen $P_2$-Kunden und den zum Abflug erscheinenden, noch anzunehmenden $P_1$-Kunden kleiner ausfällt als die zur Verfügung stehende Gesamtkapazität C ($p = P(S_1 + S_2 < C)$).

Der in Abb. 4.5 dargestellte Entscheidungsbaum beschreibt das zu lösende Entscheidungsproblem. Wie in der Baumdarstellung aus Abb. 4.4 werden hier unmittelbar die jeweiligen Grenzerlöse gegenübergestellt:

– Der obere Teilbaum wertet den Fall aus, dass – unter Berücksichtigung der bereits angenommenen Anfragen nach $P_2$ sowie der definitiv anzunehmenden $P_1$-Anfragen – zum Abflugzeitpunkt noch freie Kapazität vorhanden sein wird. Die Annahme des aktuellen Nachfragers nach $P_2$ ist also sinnvoll und führt für den Fall, dass dieser auch zum Abflug erscheint, zu einem Grenzerlös i.H.v. $r_2$ GE.

– Der untere Teilbaum wertet den Fall aus, dass die Kapazität mit den bereits angenommenen Anfragen sowie den noch anzunehmenden $P_1$-Anfragen bereits erschöpft sein wird. Die Annahme des aktuellen Nachfragers nach $P_2$ führt für den Fall, dass dieser auch zum Abflug erscheint, somit zu einem Grenzerlös in Höhe des Ticketpreises abzüglich der entstehenden „Strafkosten" $r_2 - g$ GE.

Die Anfrage nach $P_2$ ist nun genau dann anzunehmen, wenn der insgesamt erwartete Grenzerlös größer gleich 0 ausfällt. Dies ist genau dann der Fall, wenn gilt (vgl. auch Übungsaufgabe Ü4.3):

$$p \geq \frac{g - r_2}{g} \tag{4.12}$$

**Bemerkung 4.6:** Man beachte, dass die Struktur der resultierenden Entscheidungsregel (4.12) der Struktur der Entscheidungsregel des Grundmodells (4.11) gleicht und insbesondere für $g = r_1$ identisch wirkt. Der zentrale Unterschied besteht jedoch in den unterschiedlichen Wahrscheinlichkeitsverteilungen der Zufallsvariablen $x_2 + D_1$ bzw. $S_1 + S_2$, die jeweils der Berechnung von p zugrunde liegen.

**Beispiel 4.5:** *Wie in Beispiel 4.4 gehen wir von* C = 100 KE *und* $r_2$ = 175 GE *aus. Die Strafkosten für jeden nicht transportierbaren Kunden betragen* g = 300 GE. $S_1$ *sei – wie zuvor* $D_1$ – $N(75;20)$ *-normalverteilt. Die Wahrscheinlichkeit für das Erscheinen des* $x_2 + 1$ *-ten Nachfragers zum Abflugtermin betrage* q = 0.8. *Entsprechend sei* $S_2$ $B(x_2;q)$ *-binomialverteilt.*

*Zur besseren Handhabbarkeit approximieren wir die Binomialverteilung von* $S_2$ *zunächst durch eine Normalverteilung (vgl. z.B. Bamberg et al. (2007, S. 131)), so dass* $S_1 + S_2$ *insgesamt zu einer normalverteilten Zufallsvariablen wird. Gemäß der Entscheidungsregel (4.12) nehmen wir nun so lange Anfragen an (und erhöhen entsprechend* $x_2$*), bis zum ersten Mal gilt:* $P((S_1 + S_2 < 100) < (300 - 175)/300)$ = 0.417. *Durch Normalisierung der Zufallsvariablen* $S_1 + S_2$ *und anschließende Verwendung einer Wahrscheinlichkeitstafel der Standardnormalverteilung errechnet sich das Buchungslimit für die anzunehmenden Anfragen nach* $P_2$ *aufgerundet zu* 37 KE.[24] *Im Vergleich zum vorherigen Beispiel 4.4, bei dem sich – für den Fall ohne Überbuchung – ein Buchungslimit von* 36 KE *ergab, erkennt man, dass die bei Abweisung am Abflugtag entstehenden Strafkosten i.H.v.* 300 GE *die Ausnutzung der nun existierenden Möglichkeit zur Überbuchung nahezu vollständig verhindern.*

## 4.3.2 Steuerung in Flugnetzen

Im Folgenden gehen wir auf den bisher kaum untersuchten Fall der simultanen Überbuchungs- und Kapazitätssteuerung bei Flugnetzwerken ein. Dabei ist es zum einen erforderlich, Überbuchungslimits festzulegen, und zum anderen notwendig, Informationen zur Parametrisierung von Regeln zur Kapazitätssteuerung zu gewinnen. Wie wir bereits in Kap. 3 erläutert haben, beruhen die in der Praxis gängigen Ansätze zur Realisierung einer Kapazitätssteuerung explizit oder implizit auf der Betrachtung und Lösung von Ersatzmodellen für das eigentlich zugrunde liegende stochastische, dynamische Entscheidungsproblem. Daher betrachten wir im Folgenden in Anlehnung an *Karaesmen und van Ryzin* (2004a) eine Erweiterung des Mo-

---

[24] *Bodily und Weatherford* (1995, S. 177 f.) verwenden aufgrund der Approximation der Binomialverteilung zusätzlich einen Korrekturterm und erhalten daher ein geringfügig anderes Ergebnis.

dells M3.3 aus Kap. 3.3.3.3, das eine simultane Bestimmung von Buchungslimits erlaubt.[25] Ein alternativer Modellierungsansatz, der allerdings die Ermittlung von Überlebenswahrscheinlichkeiten für einzelne Produkte voraussetzt, findet sich in *Bertsimas und Popescu* (2003).

Zusätzlich zu den bereits aus Kap. 3.3.3.3 bekannten Bezeichnern verwenden wir folgende Notation. Mit $p_h$ bezeichnen wir die Wahrscheinlichkeit dafür, dass ein auf einem Flug $h \in \mathcal{H}$ durch ein Produkt $P_i$ mit $i \in \mathcal{A}^h$ belegter Sitzplatz tatsächlich genutzt wird.[26] Die Größe $d_h$ repräsentiert die durchschnittlichen Kosten eines Denied Boarding für einen Flug $h$.[27] Zusätzlich zu den Entscheidungsvariablen $x_i$ für die Größe des Kontingents eines Produkts $P_i$ führen wir Entscheidungsvariablen $z_h$ für das einem Flug $h$ zugeordnete Überbuchungslimit ein. Die Variablen $y_h$ erfassen die erwartete Anzahl an Denied Boardings, wenn eine vollständige Belegung des Fluges $h$ bis zu seinem Überbuchungslimit erfolgt.[28] Unter Verwendung dieser Variablen und Parameter lässt sich ein Optimierungsmodell zur simultanen Überbuchungs- und Kapazitätssteuerung wie in Modell M4.1 formulieren.

Die Zielfunktion (4.13) maximiert die Differenz aus dem Gesamterlös, der sich aus der Summe der Erlöse multipliziert mit den Kontingenten ergibt, und den Denied Boarding Kosten, die aus der Summe der Denied Boardings multipliziert mit den entsprechenden Kosten resultieren. Durch die Nebenbedingungen (4.14) wird für jeden Flug $h \in \mathcal{H}$ sichergestellt, dass das Überbuchungslimit $z_h$ durch die den Flug nutzenden Produkte $i \in \mathcal{A}^h$ nicht überschritten wird. Die Nebenbedingungen (4.15) gewährleisten im Zusammenspiel mit der Zielfunktion (4.13), dass den Variablen $y_h$ die erwartete Anzahl an Denied Boardings bei vollständiger Nutzung des Überbuchungslimits zugewiesen wird.[29] Dabei sorgt die negative Bewer-

---

[25] Wir präsentieren an dieser Stelle nur ein lineares, deterministisches Ersatzmodell für das eigentlich stochastische Problem. Für entsprechende Formulierungen von stochastischen Modellen und ihre weitergehende Analyse verweisen wir auf *Karaesmen und van Ryzin* (2004a).

[26] Damit unterstellen wir wie in Kap. 4.2, dass der Zeitpunkt der Buchung keinen Einfluss auf den Wert $p_h$ besitzt und dass zwischen Stornierungen und No-Shows für unterschiedliche Buchungen keine Abhängigkeiten existieren.

[27] Zur Problematik der Prognose der entsprechenden Werte vgl. Bem. 4.4, S. 160.

[28] Wie in Kap. 3 fassen wir zur einfacheren Darstellung jede Beförderungsklasse als eigenen Flug auf.

[29] Dabei entspricht $p_h \cdot z_h$ der erwarteten Anzahl der zum Abflug erscheinenden Passagiere.

tung in der Zielfunktion dafür, dass $y_h$ stets den aufgrund der rechten Seite von (4.15) kleinstmöglichen Wert annimmt. Ist das Produkt $p_h \cdot z_h$ kleiner oder gleich der tatsächlichen Kapazität $C_h$, so besitzt die rechte Seite der Nebenbedingungen (4.15) einen Wert kleiner oder gleich 0, und es folgt wegen (4.18) $y_h = 0$. Gilt dagegen $p_h \cdot z_h > C_h$, so resultiert $y_h = p_h \cdot z_h - C_h$. Die Nebenbedingungen (4.16) garantieren, dass das Kontingent $x_i$ eines Produkts $P_i$ nicht größer als der Erwartungswert der Nachfrage $\overline{D}_i$ ist. Aufgrund der Nebenbedingungen (4.17) muss das Überbuchungslimit $z_h$ mindestens so groß wie die Kapazität $C_h$ sein. Schließlich fordern die Nebenbedingungen (4.18) und (4.19) die Nichtnegativität für die Entscheidungsvariablen $y_h$ und $x_i$ sowie die Ganzzahligkeit für die Entscheidungsvariablen $x_i$.

Zur Lösung des Modells M4.1 relaxiert man, wie in Kap. 3.3.3.3 beschrieben, die Forderung nach Ganzzahligkeit für die Kontingente und wendet bspw. den Simplex-Algorithmus an. Die Schattenpreise für die Bedingungen (4.14) dienen dann im Rahmen einer erlösorientierten Steuerung als Approximation für die Bid-Preise der Flüge. Die Annahme für ein

| **M4.1:** Optimierungsmodell Überbuchungs- und Kapazitätssteuerung | |
|---|---|
| Maximiere $\sum_{i \in \mathcal{I}} r_i \cdot x_i - \sum_{h \in \mathcal{H}} d_h \cdot y_h$ | (4.13) |
| unter den Nebenbedingungen | |
| $\sum_{i \in \mathcal{A}^h} x_i \leq z_h$      für alle $h \in \mathcal{H}$ | (4.14) |
| $y_h \geq p_h \cdot z_h - c_h$      für alle $h \in \mathcal{H}$ | (4.15) |
| $x_i \leq \overline{D}_i$      für alle $i \in \mathcal{I}$ | (4.16) |
| $z_h \geq c_h$      für alle $h \in \mathcal{H}$ | (4.17) |
| $y_h \geq 0$      für alle $h \in \mathcal{H}$ | (4.18) |
| $x_i \geq 0$ und ganzzahlig      für alle $i \in \mathcal{I}$ | (4.19) |

Produkt $P_i$ erfolgt entsprechend Regel (3.27), S. 117, so lange für alle betroffenen Flüge $h \in \mathcal{A}_i$ das Überbuchungslimit $z_h$ noch nicht erreicht ist.[30]

**Bemerkung 4.7:** In Bezug auf die vorgeschlagene Formulierung ist kritisch zu bemerken, dass die Zielfunktion nur eine vergleichsweise grobe Approximation der tatsächlichen ökonomischen Konsequenzen darstellt. So wird bei der Berechnung des Gesamterlöses davon ausgegangen, dass auch im Fall einer Stornierung und eines No-Shows der volle Erlös erzielt wird. Gilt diese Annahme – wie in der Praxis häufig der Fall – für ein Produkt auf-

---

[30] Bei nicht ganzzahligen Werten $z_h$ ist ggf. zunächst eine Rundung erforderlich.

grund der damit verbundenen Tarifbedingungen nicht, muss eine entsprechende Korrektur der Zielfunktion erfolgen. Eine einfache Möglichkeit dazu besteht darin, die Produkte statt mit ihrem realen Erlös mit einem nach Stornierungen und No-Shows erwarteten Erlös zu bewerten. Dies setzt die für den Einsatz des Modells zunächst nicht vorgesehene Prognose entsprechender Stornierungs- und No-Show-Raten voraus.

**Bemerkung 4.8:** Die Verwendung von Erwartungswerten für die Nachfrage in M4.1 besitzt den Nachteil, dass für Flüge, für die die erwartete Gesamtnachfrage der sie nutzenden Produkte kleiner als ihre Kapazität ist, keine Überbuchung stattfindet. In der Realität kann die Nachfrage stark variieren und die Anzahl an tatsächlichen Buchungsanfragen kann die Kapazität eines Fluges überschreiten, auch wenn die Summe der Erwartungswerte kleiner ist. Dieser Nachteil lässt sich durch Verwendung alternativer Ersatzmodelle vermeiden (vgl. Kap. 3.3.3).

## 4.4 Prognose von Stornierungen und No-Shows

Die zuvor geschilderten Modelle setzen eine geeignete *Prognose* der Überlebenswahrscheinlichkeit einer Buchung auf Basis von Beförderungsklassen voraus.[31] Dabei werden i. d. R. für die zu betrachtende Kombination aus Flug und Beförderungsklasse die Überlebenswahrscheinlichkeiten nach Stornierungen und nach No-Shows separat prognostiziert und anschließend zu einer gemeinsamen Überlebenswahrscheinlichkeit aggregiert.

Als Basis für die Prognose stehen zwei grundlegende Gruppen von Daten zur Verfügung. Die erste Gruppe bezieht sich auf in der Vergangenheit beobachtete Stornierungen und No-Shows je Flug und Beförderungsklasse. Bei Stornierungen ist weiter zu unterscheiden, ob das Computerreservierungssystem zu jedem Zeitpunkt lediglich die aktuelle Gesamtanzahl an Buchungen erfasst (*Net Bookings*) oder ob es die bisherigen Buchungen (*Gross Bookings*) und Stornierungen separat voneinander speichert. Im Fall der Net Bookings ist unklar, ob ein Rückgang der Buchungszahl um 1 ME auf eine Stornierung oder mehrere Stornierungen und eine korrespondierende Anzahl an Neubuchungen zurückzuführen ist, so dass auf diesen Daten beruhende Prognosen verzerrt sein können.[32] Die zweite Gruppe von Daten besteht aus Informationen über die bereits erfolgten Buchungen für einen

---

[31] Eine Prognose auf Basis von Buchungsklassen lässt sich analog realisieren. Dies setzt lediglich voraus, dass die entsprechenden Daten auch auf dieser Detailebene erfasst werden.

Flug. Dabei werden sämtliche reiserelevanten Daten eines Passagiers im sog. *Passenger Name Record* gespeichert. Diesen Daten ist etwa der Buchungszeitpunkt zu entnehmen, aber auch, ob der Passagier ein elektronisches Ticket besitzt oder an einem Vielfliegerprogramm teilnimmt. Weitere Informationen beziehen sich z.B. auf Hotel- oder Mietwagenbuchungen, auf Platzreservierungen sowie auf spezielle Essenswünsche.

Die erste Gruppe von Daten lässt sich wie folgt nutzen: Zur Prognose der Überlebenswahrscheinlichkeit in einer Beförderungsklasse nach Stornierungen werden für alle vergangenen Flüge mit gleicher Route und gleichem Abflugtermin in Bezug auf Wochentag und Uhrzeit zunächst die nicht stornierten Buchungen als Differenz von Gross Bookings und Stornierungen bestimmt.[33] Anschließend erfolgt die Berechnung des Quotienten aus nicht stornierten Buchungen und Gross Bookings. Auf Basis der resultierenden Zeitreihe lässt sich die zu erwartende Überlebenswahrscheinlichkeit mit zeitreihenbasierten Prognosemethoden extrapolieren.[34] Die gleiche Vorgehensweise ist grundsätzlich für die Prognose von Überlebenswahrscheinlichkeiten nach No-Shows anwendbar. Die zugrunde liegende Zeitreihe ergibt sich dabei aus den Quotienten von transportierten Passagieren und der Differenz von Gross Bookings und Stornierungen.[35]

Durch Auswertung der zweiten Gruppe von Daten lassen sich die zuvor beschriebenen Prognosen noch verfeinern. Dazu werden die Überlebenswahrscheinlichkeiten nach Stornierungen und No-Shows getrennt für solche Passagiere bestimmt, die bereits gebucht haben, und solche, die erst in Zukunft buchen werden. Im ersten Fall ermittelt man die gesuchten Wahrscheinlichkeiten auf Basis der Passenger Name Records mit Hilfe von Methoden der Datenanalyse und des Data Mining. Entsprechende Ansätze schlagen z.B. *Selby* (2003), *Garrow und Koppelman* (2004) sowie *Neuling et al.* (2004) vor.

---

[32] Daher haben inzwischen fast alle großen Fluggesellschaften auf die Erfassung von Gross Bookings umgestellt, so dass wir den Fall der Net Bookings nicht weiter betrachten.

[33] Es kann ggf. sinnvoll sein, nicht alle diese Daten zur Prognose zu verwenden. Vgl. auch die Ausführungen zur Outlier Detection in Kap. 3.4.

[34] *Neuling et al.* (2004) geben an, dass Fluggesellschaften dabei zumeist auf Verfahren der exponentiellen Glättung zurückgreifen. Für einen allgemeinen Überblick zu zeitreihenbasierten Prognoseverfahren vgl. *Klein und Scholl* (2004, Kap. 6.3.2).

[35] Im Fall von Denied Boardings ist die Anzahl der transportierten Passagiere entsprechend zu korrigieren.

## 4.5 Übungsaufgaben

**Ü4.1:** Auf einem Flug wird eine einzige Buchungsklasse zu einem Ticketpreis i.H.v. 300 GE angeboten. Die Gesamtkapazität des eingesetzten Flugzeugtyps beträgt $C = 100$ Sitzplätze. Die Wahrscheinlichkeit, dass ein gebuchter Passagier nicht zum Abflug erscheint, liegt bei 10 %. Solche No-Shows sowie erscheinende Passagiere, die aufgrund von Kapazitätsengpässen nicht transportiert werden können, bekommen den vollen Ticketpreis erstattet. Letztere erhalten zusätzlich vom Anbieter eine Kompensationszahlung i.H.v. 250 GE.

a) Berechnen Sie das optimale Überbuchungslimit für den Flug, wenn ein Servicegrad vom Typ 1 i.H.v. $\bar{s}_1 = 0.99$ vorgegeben ist!

b) Ermitteln Sie alternativ das optimale Überbuchungslimit, wenn ein Servicegrad vom Typ 2 i.H.v. $\bar{s}_2 = 0.99$ erzielt werden soll!

c) Bestimmen Sie als dritte Alternative das optimale Überbuchungslimit unter Verwendung des monetären Bewertungsansatzes aus Kap. 4.2.4!

**Ü4.2:** Zeigen Sie die Äquivalenz der Regel von Littlewood (Kap. 3.2.1) und des Entscheidungsbaummodells (Kap. 4.3.1.1)!

**Ü4.3:** Leiten Sie die Formel (4.12), S. 164, aus dem Entscheidungsbaum in Abb. 4.5, S. 163, her!

**Ü4.4:** Der Low-Cost Carrier „BudgetAir" zeichnet sich dadurch aus, dass auf allen Single Leg-Verbindungen zwei unterschiedliche Buchungsklassen angeboten werden: Zum einen die teure Buchungsklasse $P_1$ zu $r_1$ GE, bei der Passagiere im Vorhinein einen bestimmten Sitzplatz wählen können und ferner an Bord eine Mahlzeit einschließlich Softdrink erhalten. Zum anderen die günstige Buchungsklasse $P_2$ zu $r_2$ GE, deren Passagiere erst später an Bord gehen dürfen und für die kein weiteres Serviceangebot eingeschlossen ist. Für die Steuerung der Flüge wird zur Bestimmung des Buchungslimits $b_2$ von $P_2$ – unter der Annahme, dass alle Anfragen nach $P_2$ vor den Anfragen nach $P_1$ eintreffen – das Entscheidungsbaummodell aus Kap. 4.3.1.1 verwendet.

In letzter Zeit fragen zunehmend Gäste der Buchungsklasse $P_2$ an Bord Mahlzeit und Softdrink nach, die ihnen zum Bundle-Preis von $r_M$ GE ausgehändigt werden. „BudgetAir" möchte diese Zusatzerlöse bei der Bestimmung von $b_2$ zusätzlich mit einbeziehen. Dazu wurde für jede Verbindung – bei gegebenem Bundle-Preis $r_M$ – die Wahrscheinlichkeit q ermittelt, mit der ein $P_2$-Passagier Mahlzeit und Softdrink nachfragt.

a) Erweitern Sie den Entscheidungsbaum aus Abb. 4.5, so dass der geschilderte Umstand mit einbezogen wird!

b) Leiten Sie auf Grundlage von Aufgabenteil a) eine entsprechende Entscheidungsregel der Form „*Erhöhe* $b_2$ *auf* $b_2 + 1$, *wenn gilt:* $P(D_1 < C - b_2) > \ldots\ldots\ldots\ldots\ldots$ " ab! Geben Sie dabei auch Ihre Zwischenrechnungen an!

c) Der tägliche Flug von Frankfurt nach Mallorca (Kapazität $C = 100$ Sitzplätze) kostet $r_1 = 100$ bzw. $r_2 = 45$ GE. Die Wahrscheinlichkeit, dass mindestens 30 Anfragen nach $P_1$ eintreffen, betrage 0.5. Die Marketingabteilung hat ferner ermittelt, dass für einen Bundle-Preis im Bereich zwischen 0 und 20 GE jeder zweite $P_2$-Passagier Mahlzeit und Softdrink nachfragen würde.

Welchen Preis $r_M$ muss die Airline mindestens verlangen, damit mehr als 70 $P_2$-Anfragen angenommen werden können? Verwenden Sie Ihr Ergebnis aus Aufgabenteil b)!

# 5 Dynamic Pricing

In den vergangenen Jahren hat die Anzahl sog. *Low-Cost Carrier* auf dem innereuropäischen Flugmarkt rasant zugenommen. Die Strategie dieser Gesellschaften zeichnet sich v. a. dadurch aus, dass durch äußerst günstige Flugangebote und teilweise massive Werbemaßnahmen einerseits neue, nicht erschlossene Kundensegmente, die bisher aus Kostengründen andere Verkehrsmittel präferiert haben, gewonnen, andererseits aber auch die Bestandskunden großer Linienfluggesellschaften abgeworben werden sollen. Damit die Ticketpreise auf einem entsprechend niedrigen Niveau gehalten werden können, sind die Anbieter auf eine optimale Kostenstruktur mit minimalen Personal- und Transaktionskosten angewiesen. Ihr Angebot zeichnet sich daher durch einige wesentliche Merkmale aus, die besondere Implikationen auf die Anwendungs- und Erfolgsmöglichkeiten der klassischen Instrumente des RM haben:

- Der Ticketabsatz erfolgt über einen oder sehr wenige Distributionskanäle, wobei hierbei zumeist der provisionsfreie *Direkt-Vertrieb* über das Internet den vorherrschenden Absatzweg darstellt.

- Es werden i. d. R. ausschließlich *Punkt-zu-Punkt-Verbindungen* angeboten, d. h. auf den Einsatz eines komplexen Hub&Spoke-Netzwerkes mit zusammengesetzten Produkten wird verzichtet.

- Es erfolgt ausschließlich der Verkauf von *One-Way Tickets*, so dass sich aus Anbietersicht ein ggf. zu einem Hinflug gehörender Rückflug nicht unmittelbar identifizieren lässt.

Insbesondere das letztgenannte Merkmal führt dazu, dass eine leistungsbezogene Preisdifferenzierung durch Bildung unterschiedlicher Buchungsklassen, wie wir sie in Kap. 2.3 erläutert haben, faktisch unmöglich wird. Denn eine Vielzahl ansonsten effektiver Fencing-Kriterien, wie bspw. dem Erfordernis eines Wochenendaufenthalts, einer Mindestaufenthaltsdauer o. Ä. ist aufgrund der Entkopplung von Hin- und Rückflug nicht mehr umsetzbar. Somit sind alle verkauften Tickets für einen bestimmten Flug mit einer vollständig identischen Leistung verbunden, es erfolgt keine weitere Ausgestaltung in Form von Produktvarianten oder Buchungsklassen.

Um dennoch unterschiedliche Zahlungsbereitschaften einzelner Kundengruppen weitergehend abschöpfen und ferner auf Nachfrageschwankungen reagieren zu können, variieren Low-Cost Carrier stattdessen ihre Angebotspreise für einzelne Flüge systematisch im Zeitablauf. Bei diesen Preisanpassungen spielen die bereits eingetroffenen Buchungen, die Länge des verbleibenden Verkaufszeitraums bis zum Abflug sowie die Erwartungen bzgl. der noch eintreffenden Nachfrage eine Rolle. Ein solches Vorgehen wird dadurch begünstigt, dass im Zusammenhang mit Preisänderungen aufgrund des Direktvertriebes so gut wie keine Kosten einhergehen und ferner wegen der einfachen Struktur des „Flugnetzes" keine etwaigen anbieterseitigen Verbundeffekte (vgl. Kap. 3.3.1) zu berücksichtigen sind.

Die beschriebene, systematische Variation des Angebotspreises im Zeitablauf, die nicht nur bei Fluggesellschaften, sondern auch bei einer Vielzahl anderer Branchen des Handels- und Dienstleistungssektors eingesetzt wird, bezeichnet man als *Dynamic Pricing*. Die Darstellung entsprechender Grundlagen, Modelle und Verfahren ist Gegenstand dieses Kapitels.

## 5.1 Grundlagen des Dynamic Pricing

Im Folgenden liefern wir nach einer allgemeinen Einführung in das Thema der dynamischen Preissetzung zunächst eine Definition des Dynamic Pricing sowie eine Abgrenzung zum allgemeineren Begriff des RM. Danach gehen wir auf die zentralen Anwendungsvoraussetzungen des Dynamic Pricing ein. Im Anschluss stellen wir die wesentlichen Ziele des Dynamic Pricing dar und geben abschließend einen Überblick über typische Anwendungsgebiete.

### 5.1.1 Entwicklung dynamischer Preisanpassungsprozesse

Durch den zunehmenden Wandel von Verkäufer- hin zu Käufermarkt sehen sich insbesondere Unternehmen des Dienstleistungssektors verstärkt mit neuen Herausforderungen bei der Umsetzung der von ihnen verfolgten Preissetzungsstrategien konfrontiert. Während in der Vergangenheit die Möglichkeit bestand, Preise ausschließlich statisch auf Grundlage der zurechenbaren Kosten festzulegen, ist heute eine Orientierung an den Strategien direkter Konkurrenten sowie insbesondere an der Nachfrageseite unabdingbar.[1] Hieraus resultiert unmittelbar, dass Preise nicht mehr statisch für den

---

[1]    Vgl. hierzu Kap. 2.3.2.

gesamten Lebenszyklus bzw. Verkaufszeitraum eines Produkts festgelegt werden können, sondern vielmehr dynamisch im Zeitablauf anzupassen sind. Ursächlich für solche Preisänderungen können bspw. eine sich im Zeitablauf verändernde Zahlungsbereitschaft der Konsumenten oder auch der Markteintritt eines Niedrigpreis-Konkurrenten sein. Mittlerweile wird die Fähigkeit eines Unternehmens, seine Preise innerhalb kürzester Zeit an sich verändernde Rahmenbedingungen anzupassen, in vielen Branchen des Dienstleistungsbereichs als *der* zentrale kritische Erfolgsfaktor angesehen (vgl. z.B. *Kretsch* (1995)).

Die Möglichkeit einer häufigen Änderung von Preisen setzt die Entwicklung gänzlich neuer *Geschäftsmodelle* und *-prozesse* innerhalb der Vertriebsabteilungen von Unternehmen auf der einen sowie innovativer *Verkaufsmechanismen* auf der anderen Seite voraus.

So wird in einem in der Bekleidungsbranche seit langem eingesetzten Geschäftsmodell unverkaufte Ware nach Ablauf der Saison in sog. Outlet-Stores überführt, um sie dort zu einem günstigeren Preis absetzen zu können und gleichzeitig freie Lagerkapazität für Neuware zu gewinnen. Von einer wirklich dynamischen Preisanpassung kann dabei jedoch noch nicht gesprochen werden (vgl. *Vizard* (2001)). Heute spielt vielmehr die rapide Entwicklung der Informationstechnologie und die seit Jahren zunehmende Verbreitung des Internets die entscheidende Rolle. So wenden viele Unternehmen zum Absatz ihrer Leistung mittlerweile das *Direct-To-Customers* Geschäftsmodell (DTC) über das Internet an, das es ihnen ermöglicht, wertvolle Informationen bzgl. des Nachfrageverhaltens ihrer Kunden, bzgl. der Konkurrenzaktivitäten oder auch der Lagerbestände nicht nur zu sammeln, sondern unmittelbar in Echtzeit im Rahmen eines Preisanpassungsprozesses einzusetzen (vgl. *Chan et al.* (2004, S. 335)). Da die Preise ausschließlich elektronisch in digitalen Märkten veröffentlicht werden und somit aufwändige Umetikettierungen oder Katalogänderungen nicht erforderlich sind, ist der Anpassungsprozess – wenn überhaupt – nur mit äußerst geringen logistischen Preisänderungskosten verbunden (vgl. *DiMicco et al.* (2001, S. 95) sowie *Bitran und Caldentey* (2003, S. 204)).

Auch bzgl. der umsetzbaren Verkaufsmechanismen eröffnen sich durch das Internet gänzlich neue Möglichkeiten. Im Mittelpunkt steht hierbei die sog. *Price Customisation*, d.h. das unmittelbare Zuschneiden des Preisangebots auf die individuellen Zahlungsbereitschaften potenzieller Kunden. Während im Zusammenhang mit der statischen, anbieterseitigen Preissetzung unter diesem Oberbegriff hauptsächlich Strategien der *mehrdimensionalen Mehrprodukt-* und *Mehrpersonen-Preisbildung* sowie der *Preisbün-*

*delung* angeführt werden (vgl. *Simon und Butscher* (2001, S. 109 ff.) sowie *Wübker und Simon* (2003)), erfolgt im Zusammenhang mit dynamischen Preisanpassungen die Variation der Verkaufsmechanismen selbst: Der Produktabsatz über das Internet beschränkt die Anbieter auch bei Massengütern nicht länger auf den in der „physischen" Welt vorherrschenden Mechanismus einer reinen anbieterseitigen, nicht verhandelbaren Preisvorgabe (englisch *Posted Pricing* bzw. *Take-it-or-leave-it Pricing*). Vielmehr werden zunehmend Mechanismen eingesetzt, welche die Interaktion zwischen Anbieter und Nachfrager in den Vordergrund stellen und so eine möglichst gute Annäherung der Einzelinteressen ermöglichen. Zu solchen Mechanismen zählen neben *1-zu-1 Verhandlungen* und *Tauschhandel* insbesondere verschiedene Formen der *Auktion*, die als beste Möglichkeit der Abschöpfung individueller Zahlungsbereitschaften bezeichnet werden kann.[2] Nicht nur im Endkunden-, sondern auch im B2B-Geschäft haben die letztgenannten Verkaufsmechanismen in den vergangenen Jahren zunehmende Verbreitung gefunden. Dabei erfolgt häufig der Einsatz sog. Agentensysteme, bei denen die einzelnen Verhandlungspartner auf dem jeweiligen digitalen Marktplatz durch konfigurierbare, elektronische Agenten vertreten werden, die den Verkaufs- bzw. Kaufprozess selbständig abwickeln und dabei autonom auf Preis- oder Gebotsänderungen reagieren (vgl. z.B. *Kephart et al.* (2000)). Das prominenteste Beispiel für derartige Kaufagenten im Bereich elektronischer Auktionen sind eBay-Bietagenten, sog. *Sniper*. Sie geben erst kurz vor Ende einer eBay-Auktion das Maximalgebot des Bieters ab, damit etwaige Konkurrenten möglichst nicht mehr rechtzeitig reagieren können.

## 5.1.2 Begriffliche Abgrenzung und Definition

Entsprechend der vorherrschenden Meinung in der Literatur möchten wir den Begriff des Dynamic Pricing nun enger fassen und – ausgehend von den im vorigen Kapitel beschriebenen Verkaufsmechanismen – im Sinne einer nicht verhandelbaren, im Zeitablauf dynamischen Preisvorgabe (*Dynamic Posted Pricing*) verstehen. Dynamic Pricing lässt sich somit allgemein definieren als das planvolle Vorgehen eines Anbieters, seine einseitigen Preisvorgaben zu beliebigen Zeitpunkten innerhalb des Verkaufsprozesses („dynamisch") zu ändern, um so auf veränderte nachfrage- oder konkur-

---

[2]  Durch eine Auktion wird eine Preisdifferenzierung ersten Grades umgesetzt (vgl. Kap. 2.1.2).

renzbezogene Rahmenbedingungen mit dem Ziel der Maximierung des Gesamterlöses zu reagieren.

Schwieriger hingegen fällt die Abgrenzung zwischen den Begriffen *RM* und *Dynamic Pricing*. Beide werden häufig gemeinsam angeführt. So trägt bspw. eine speziell auf RM ausgerichtete wissenschaftliche Zeitschrift den Titel „Journal of Revenue and Pricing Management". Eine Arbeitsgruppe der Deutschen Gesellschaft für Operations Research, die sich mit Fragen des RM auseinandersetzt, nennt sich „Revenue Management and Dynamic Pricing". Allerdings ist festzustellen, dass in der einschlägigen Literatur insbesondere bzgl. der hierarchischen Einordnung beider Begriffe keine Einigkeit besteht. Während einige Autoren Dynamic Pricing und RM als gleichberechtigte, alternative Konzepte der Nachfragesteuerung betrachten (vgl. z. B. *Boyd und Bilegan* (2003, S. 1378 f.)), stellen andere den Begriff des Dynamic Pricing in den Vordergrund und fassen die in den Kapiteln 2 und 3 beschriebene Vorgehensweise des klassischen RM – d.h. die Kapazitätssteuerung auf Grundlage vorheriger Preisdifferenzierung – lediglich als Spezialfall des Dynamic Pricing mit zusätzlichen Einschränkungen auf (vgl. z.B. *Bitran und Caldentey* (2003, S. 223)). Umgekehrt erachten Autoren wie *Talluri und van Ryzin* (2004a, Kap. 1.6.1) das Dynamic Pricing als eine weitere mögliche Ausprägung des RM und unterscheiden zwischen „Quantity-based Revenue Management" und „Price-based Revenue Management".

Wir schließen uns der zeitgemäßen Auffassung der letztgenannten Autoren wie folgt an: Die in den bisherigen Kapiteln 2 bis 4 beschriebene Form des RM mit ihren Anwendungsvoraussetzungen, Verfahren etc. möchten wir im Folgenden als das *klassische Revenue Management (i.e.S.)* bezeichnen. Damit tragen wir dem Umstand Rechnung, dass insbesondere in der Luftverkehrsindustrie unter dem Begriff RM auch

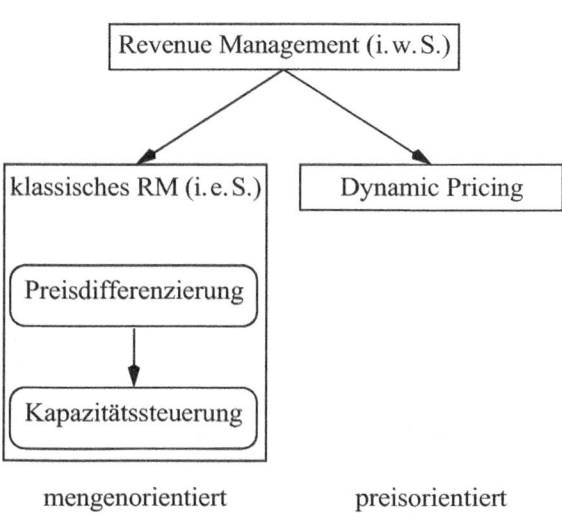

**Abb. 5.1.** Revenue Management und Dynamic Pricing

heute häufig noch eindeutig die mengenorientierte Kapazitätssteuerung auf Grundlage von Buchungsklassen verstanden wird. Dennoch kommt durch das Dynamic Pricing eine alternative, preisorientierte Möglichkeit der Nachfragesteuerung hinzu. Beide Begriffe wollen wir im Folgenden unter dem gemeinsamen Oberbegriff *Revenue Management (i.w.S.)* subsumieren (vgl. Abb. 5.1).

Eine allgemeine *Abgrenzung* des Dynamic Pricing vom klassischen RM ist nun folgendermaßen möglich:

– Im Rahmen des Dynamic Pricing wird auf eine explizite segmentorientierte Preisdifferenzierung (vgl. Kap. 2.1) verzichtet, d.h. jeder angebotenen Kernleistung entspricht genau ein Produkt.

– Einer absetzbaren Leistung – in Form eines Produkts – ist kein fester Preis zugeordnet. Stattdessen wird davon ausgegangen, dass sich der Preis beliebig anpassen oder aus einer vorgegebenen Menge wählen lässt.

– Anfragen von Kunden beziehen sich als Folge des Verzichts auf fixierte Preise im Rahmen einer Preisdifferenzierung nicht auf Produkte in Form von Preis-Leistungs-Kombinationen, sondern nur auf einzelne Sach- oder Dienstleistungen, für die das Unternehmen einen aktuellen Preis festlegt. Es obliegt dann den Kunden, die Leistung zum festgelegten Preis zu erwerben oder nicht.

Fasst man die Aussagen zusammen, so lässt sich Folgendes festhalten: Im klassischen RM kontrolliert das Unternehmen die mengenmäßige Zuordnung von Kapazitäten zu Kundensegmenten und damit die Verwendung der Kapazitäten durch die Definition von Produkten. Im Dynamic Pricing legt es dagegen lediglich Preise für die angebotenen Leistungen fest. Die Kontrolle über die Verwendung von Kapazitäten erfolgt damit indirekt durch Erhöhen oder Senken des Preises.

Die dargestellte Abgrenzung ist keinesfalls trennscharf. So kann eine Preisänderung im Rahmen des Dynamic Pricing durch die Instrumente und Systeme des klassischen RM bei einer endlichen Anzahl möglicher Preisstufen künstlich nachgebildet werden. Betrachten wir exemplarisch die Passage, so ist für jede mögliche Preisstufe eine Buchungsklasse ohne besondere Restriktionen vorzusehen. Gleichzeitig ist sicherzustellen, dass zu jedem Zeitpunkt höchstens eine Buchungsklasse verfügbar ist. Eine Preiserhöhung entspricht dann genau dem Schließen der aktuell geöffneten Buchungsklasse und dem Wechsel in eine der höherwertigen Buchungsklassen, eine Preissenkung dem Wechsel in eine der niederwertigen Klassen.

Trotz dieser scheinbaren Überschneidungsbereiche unterscheiden sich die beim Dynamic Pricing eingesetzten Verfahren und Modelle erheblich von denen des klassischen RM, wie wir im weiteren Verlauf des Kapitels sehen werden. Dies liegt insbesondere in dem gänzlich anderen Lösungsansatz begründet, der die Nachfrage in Form eintreffender Kunden unmittelbar als preisabhängigen Prozess modelliert und den Preis somit explizit als Steuerungsvariable nutzt (vgl. *Talluri und van Ryzin* (2004a, S. 175)).

### 5.1.3 Anwendungsvoraussetzungen

Die Entscheidung darüber, welche Technik zur Erlösmaximierung eingesetzt werden kann und sollte, ist häufig nicht dem Anbieter selbst überlassen, sondern ergibt sich vielmehr aus dem jeweiligen *branchenspezifischen Kontext.*

So ist es bspw. bei *Reiseveranstaltern* nach wie vor üblich, die Preise für Pauschalreisen im Rahmen von Katalogen frühzeitig bekannt zu geben. Eine Preisänderung würde einen Neudruck sowie die erneute Distribution der Kataloge erfordern, was mit erheblichem finanziellen Aufwand verbunden wäre. Umgekehrt ist es für Reiseveranstalter leicht möglich, ex ante eine Preisdifferenzierung durchzuführen und so durch zusätzliche Restriktionen von vornherein verschiedene Produkte anzubieten, die alle auf die gleichen, homogenen Ressourcen (bei Flugreisen bspw. Economy Sitzplatz und Standard-Doppelzimmer im Hotel) zugreifen. Unter den beschriebenen Voraussetzungen ist somit die Anwendung der klassischen RM Instrumente naheliegend.

Gänzlich anders verhält es sich bspw. für den *saisonalen Einzelhandel,* auf den wir in Kap. 5.1.5.1 noch etwas genauer eingehen. Hier ist – ausgehend von einem fixen, zu Saisonanfang aufgebauten Lagerbestand – die Umsetzung einer Preisdifferenzierung schwierig, da Fencing-Kriterien fehlen, mit denen sich etwaige Produktvarianten gegeneinander abgrenzen lassen. Umgekehrt ist es hier aber i. d. R. leicht möglich, die Preisauszeichnungen abzuändern und somit den Angebotspreis während der Saison kontinuierlich zu variieren.

Die beiden geschilderten Beispiele machen deutlich, dass für die erfolgreiche Anwendung des Dynamic Pricing bestimmte *Voraussetzungen* erfüllt sein müssen, die wie folgt zusammengefasst werden können (vgl. z.B. *Talluri und van Ryzin* (2004a, Kap. 5.1.1)):

– Es muss die Möglichkeit existieren, Preise ohne wesentlichen zeitlichen bzw. finanziellen Aufwand anzupassen. Dies ist bspw. dann gegeben, wenn die Produktvermarktung ausschließlich über das Internet erfolgt.

– Es darf keine Notwendigkeit bestehen, Preise für Leistungen (Produkte) im Voraus und über einen längeren Zeitraum hinweg zu fixieren.

– Die Komplexität entsprechender Steuerungsansätze erfordert häufig (aber nicht ausschließlich, vgl. Kap. 5.2.1), dass verschiedene abgesetzte Leistungen (Produkte) keine gemeinsamen Komponenten mit beschränkter Verfügbarkeit aufweisen, so dass keine Verbundeffekte aufgrund knapper Kapazitäten im Absatzprozess zu berücksichtigen sind.

Stellt man klassisches RM und Dynamic Pricing gegenüber, so kann Letzteres als der „natürlichere" Mechanismus zur Erlösmaximierung bezeichnet werden. Denn auch wenn die intensive wissenschaftliche Auseinandersetzung mit dem Thema erst vor wenigen Jahren eingesetzt hat, so reflektiert dieser Ansatz, einen Ausgleich zwischen Angebot und Nachfrage durch entsprechende Wahl bzw. Anpassung des Preises zu finden, das Grundprinzip der Marktwirtschaft und ist allgemein verständlich. Nicht zuletzt aus diesem Grund ist es naheliegend, in den (Ausnahme-)Fällen, in denen ein Anbieter „freie Wahl" zwischen klassischem RM und Dynamic Pricing hat, auf die Instrumente des Dynamic Pricing zurückzugreifen.[3]

### 5.1.4 Ziele des Dynamic Pricing

Wie im klassischen RM besteht auch im Dynamic Pricing das Fundamentalziel in der Maximierung einer monetären Zielgröße, i. A. dem erzielbaren Gewinn. Geht man außerdem wiederum von fixen Angebotskapazitäten aus, so ergibt sich eine Deckungsbeitrags- bzw. bei geringen variablen Kosten approximativ eine reine Erlösmaximierung (vgl. Kap. 1.3.2).

Zur Erreichung des Fundamentalziels ist die Anwendung von Verfahren des Dynamic Pricing gegenüber der Verwendung fixer Angebotspreise aus zwei Gründen als vorteilhaft anzusehen (vgl. z.B. *Talluri und van Ryzin* (2004a, S. 207)):

– Erlösvorteil durch implizite, zeitliche Preisdifferenzierung:
Durch das Dynamic Pricing wird versucht, die sich im *Verkaufszeitraum*[4]

---

[3] *Talluri und van Ryzin* (2004a, S. 176 f.) liefern weitere Gründe für diese Entscheidung.

ggf. verändernde Preissensibilität bzw. Zahlungsbereitschaft der Kunden gewinnbringend auszunutzen. So werden in Phasen, in denen die Nachfrage weitestgehend unelastisch reagiert, tendenziell höhere Preise festgelegt als in Phasen elastischer Nachfrage.[5] In diesem Sinne lässt sich Dynamic Pricing als spezielle, implizite Form der *zeitlichen Preisdifferenzierung* auffassen. Dabei besteht die Besonderheit, dass sich diese auf den Zeitpunkt des Leistungserwerbs und nicht auf den Zeitpunkt der Leistungserstellung bezieht, falls beide – wie im Airline-Fall – zeitlich auseinanderfallen. Branchentypische Nachfrageverläufe diskutieren wir in Kap. 5.1.5.

– Erlösvorteil durch Reaktion auf zufällige Nachfrageschwankungen:
  Die Anwendung des Dynamic Pricing ermöglicht dem Anbieter, auf *Schwankungen der Nachfrage* zu reagieren. Tritt bei knapper Angebotskapazität zu Beginn eines Verkaufszeitraums eine unerwartet große Nachfrage auf, so wird er seine Preise – auch bei unveränderter Erwartung bzgl. der verbleibenden Nachfrage – tendenziell erhöhen. Denn es stehen ihm für den weiteren Verkauf nur noch unerwartet wenige ME zur Verfügung, die er potenziell auch zu einem höheren Preis als geplant vollständig absetzen kann. Entsprechend verhält es sich umgekehrt für den Fall, dass die Nachfrage unerwartet klein ausfällt.

Ähnlich wie die in Kap. 3.1.1 geschilderte Problematik von Umsatzverlust und Umsatzverdrängung im klassischen RM, so besteht auch die Anwendung des Dynamic Pricing in dem ständigen Abwägen zwischen den Risiken, auf der einen Seite durch unnötig hohe Preise am Ende des Verkaufszeitraums nicht alle ME verkauft, auf der anderen Seite durch zu niedrige Preise einem Großteil der Kunden eine unnötig große Konsumentenrente eingeräumt zu haben.[6]

**Bemerkung 5.1:** Ein gelegentlich im Zusammenhang mit Dynamic Pricing genannter Begriff ist das sog. *Peak-Load Pricing* (auch *Variable Pricing*, vgl. *Phillips* (2005, S. 106 ff.)). Dabei geht man von der Beobachtung aus, dass die Nachfrage nach einem bestimmten Leistungstyp je nach Zeitpunkt

---

[4]  Im Zusammenhang mit dem Dynamic Pricing ziehen wir den Begriff *Verkaufszeitraum* dem Begriff *Buchungszeitraum* (vgl. Kap. 3.1.4.1) i.d.R. vor, um auch den Einzelhandel als typischen Anwendungsbereich in die Betrachtung einbeziehen zu können (vgl. Kap. 5.1.5.1).

[5]  Zu den Begriffen elastisch und unelastisch vgl. z.B. *Opitz* (2004, S. 439).

[6]  Zu diesem permanenten „Trade-Off" vgl. z.B. *Bitran und Mondschein* (1997, S. 65) oder *Bitran und Caldentey* (2003, S. 204).

der Leistungsnutzung in vielen Fällen stark variiert. So ist bspw. bei typischen Urlaubshotels in der Hauptsaison eine sehr große Nachfrage zu beobachten, welche die zur Verfügung stehende Zimmerkapazität ggf. weit übersteigt (Peak-Zeiträume). Während der Vor- und Nachsaison besteht hingegen eine regelrechte Auslastungslücke (Off-Peak-Zeitraum). Ziel des Peak-Load Pricing ist es nun, durch entsprechende Preisnachlässe preissensible Nachfrage in die Off-Peak-Periode zu verlagern, um dadurch insgesamt mehr Kunden bedienen und so letztlich den Gesamterlös steigern zu können. Peak-Load Pricing wird heute in vielen Bereichen angewendet, neben der Transport- und Touristikbranche bspw. auch im Veranstaltungsbereich (z.B. günstige Matinee-Vorstellungen bei Oper, Theater oder Musicals), in der Elektrizitätswirtschaft (z.B. Unterscheidung des Elektrizitätsverbrauchs am Tag und in der Nacht) oder in der Telekommunikation (z.B. günstige Abendtarife o.Ä.).

Auch wenn hinsichtlich des Vorgehens bei Peak-Load Pricing und Dynamic Pricing gewisse Ähnlichkeiten bestehen, so müssen für die weiteren Ausführungen beide Vorgehensweisen klar gedanklich voneinander abgegrenzt werden:

– Beim Peak-Load Pricing erfolgt die Definition von Produkten durch unterschiedliche Arten der Einschränkung des potenziellen Zeitraums der Leistungsnutzung. Es handelt sich somit um eine explizite Form zeitlicher Preisdifferenzierung. Dabei erfolgt die Preissetzung statisch, d.h. für die resultierenden Produkte werden Preise mit dem vornehmlichen Ziel der Nachfrageglättung in Peak-/Off-Peak-Zeiten einmalig festgelegt.

– Demgegenüber liegt bei der Anwendung des Dynamic Pricing wie bereits geschildert implizit eine zeitliche Preisdifferenzierung vor. Es handelt sich um ein dynamisches Konzept, bei dem nachfrageabhängig ständig Preisänderungen für einzelne Produkte auftreten können. Der wesentliche Aspekt des Peak-Load Pricing, d.h. die Betrachtung nachfrageseitiger Wechselwirkungen zwischen einzelnen Produkten, wird dabei i.d.R. ausgeklammert.

Zu ausführlicheren Darstellungen des Peak-Load Pricing aus einer vorwiegend wohlfahrtsorientierten, volkswirtschaftlichen Betrachtungsweise verweisen wir z.B. auf *Crew et al.* (1995) oder *Aberle und Eisenkopf* (2000). *Skiera und Spann* (1999) und *Phillips* (2005, S. 106 ff.) betrachten Peak-Load Pricing eher aus einer betriebswirtschaftlichen Perspektive und präsentieren entsprechende gewinn- bzw. erlösmaximierende Optimierungsmodelle.

## 5.1.5 Anwendungsbereiche des Dynamic Pricing

Im Folgenden gehen wir auf die zentralen Anwendungsbereiche des Dynamic Pricing ein und erläutern die jeweils geltenden Rahmenbedingungen sowie den charakteristischen Verlauf des sich ergebenden Preisanpassungsprozesses.

### 5.1.5.1 Einzelhandel

Einen typischen Anwendungsbereich des Dynamic Pricing stellt der klassische *Einzelhandel* dar.[7] Dynamische Preisanpassungen sind hier insbesondere dann notwendig, wenn die jeweilige Güternachfrage stark saisonabhängig ist wie bspw. im Handel mit Sport- oder Modeartikeln. Aufgrund der Kürze der Saison von meist nur wenigen Monaten sind hier händlerseitige Warennachbestellungen häufig nicht möglich, so dass das oberste Ziel darin besteht, das fixe Anfangsinventar innerhalb der Saison möglichst vollständig abzuverkaufen, da es danach praktisch wertlos wird und nur noch zu einem äußerst geringen Resterlös liquidiert werden kann. Auch Produkte, die aus anderen Gründen einem sehr kurzen Produktlebenszyklus unterworfen sind, eignen sich für die Anwendung des Dynamic Pricing. Als Beispiele sind hier der Handel mit High-Tech Artikeln wie Computer-Hardware, die aufgrund rasanter technologischer Weiterentwicklungen häufig innerhalb kürzester Zeit an Wert verliert, oder auch der Verkauf verderblicher Lebensmittel zu nennen.

Bei den erwähnten Beispielen aus dem Handelssektor führt die Anwendung des Dynamic Pricing i.d.R. im Laufe des Verkaufszeitraums tendenziell zu kontinuierlichen Preissenkungen. Man spricht daher auch von *Markdown Pricing* (vgl. z.B. *Phillips* (2005, S. 240 ff.)), für das u.a. die folgenden Gründe anzugeben sind:

– Zu Beginn einer Verkaufsperiode bestehen von Seiten der Händler häufig Schwierigkeiten hinsichtlich der Einschätzung der kundenseitigen Zahlungsbereitschaften für die Produkte. Dies gilt insbesondere für die Neuprodukteinführung. Aus diesem Grund werden die Anbieter – in der Hoffnung auf sog. *Hot Seller* (vgl. *Feng und Gallego* (1995, S. 1372)) –

---

[7] Tatsächlich handelt es sich dabei momentan um das Hauptanwendungsgebiet des Dynamic Pricing. Zu entsprechenden Anwendungen, die bei einigen amerikanischen Handelsketten zur Erhöhung des Bruttogewinns um bis zu 25 % führten, vgl. z.B. *Mantrala und Rao* (2001) sowie *Talluri und van Ryzin* (2004a, Kap. 5.1.2 sowie 10.4).

mit vergleichsweise hohen Angebotspreisen starten und diese je nach Entwicklung der Nachfrage ggf. im weiteren Verlauf nach unten korrigieren. Man spricht in diesem Zusammenhang von einer Form des *Demand Learning* (vgl. Kap. 5.2.1).

- Tendenziell nimmt die Zahlungsbereitschaft der Käufer sowohl von Mode- als auch von High-Tech-Artikeln über die Saison bzw. den Lebenszyklus hinweg kontinuierlich ab. Frühe Käufer (englisch *Early Adopters*, vgl. *Zhao und Zheng* (2000, S. 376)) von Modeartikeln sind aus verschiedenen Gründen dazu bereit, mehr für ein Produkt zu zahlen: Sie können sich früher als viele andere als stolze Besitzer eines bestimmten Modeartikels „brüsten" und diesen darüber hinaus über einen längeren Zeitraum hinweg nutzen. Außerdem ist die Sortimentstiefe zum Saisonbeginn sehr hoch, so dass noch eine große Auswahl (bei Bekleidung z.B. Farben, Größen etc.) besteht. Bei High-Tech Artikeln liegt die abnehmende Zahlungsbereitschaft vorwiegend in den ständigen technischen Neu- und Weiterentwicklungen begründet, die das Produkt vergleichsweise rasch altern lassen.

- Die Anbieter sind auf das Wohlwollen ihrer Kunden angewiesen (*Goodwill*). Zu viele Preiserhöhungen innerhalb des Verkaufszeitraums lassen sich nicht rechtfertigen und treffen i.d.R. auf Unverständnis.

Neben den beschriebenen, dauerhaften Preissenkungen (englisch *Permanent Markdowns*) werden in der Praxis zusätzlich zeitlich begrenzte Preisnachlässe, sog. *Temporary Markdowns*, eingesetzt. So erfolgt bspw. vor Weihnachten oder anderen Feiertagen häufig eine vorübergehende Preissenkung. Dabei geht man davon aus, dass die Kunden zu diesen Zeiten im Gegensatz zu Alltagskäufen mehr Zeit aufbringen, um Preisvergleiche durchzuführen und nach dem günstigsten Angebot zu suchen, so dass die Nachfrage insgesamt wesentlich elastischer ausfällt. Anschließend kehren die Preise wieder auf ihr ursprüngliches Niveau zurück (vgl. *Bitran und Mondschein* (1997, S. 65)).

### 5.1.5.2 Fluggesellschaften

Ein weiterer möglicher Anwendungsbereich des Dynamic Pricing besteht im Verkauf von Flugtickets, den wir in der Einleitung bereits am Beispiel der *Low-Cost Carrier* angesprochen haben. Im Gegensatz zum Einzelhandel sind hier aus verschiedenen Gründen im Verkaufszeitraum steigende Preise charakteristisch (sog. *Markup Pricing*[8]):

- Wie wir bereits in Kap. 2.3.1 dargelegt haben, gibt der Buchungszeitpunkt typischerweise unmittelbar Auskunft über die Segmentzugehörigkeit des buchenden Kunden. Während zahlungskräftige, unflexible
  Geschäftsreisende tendenziell kurzfristig, d.h. gegen Ende des
  Buchungszeitraums buchen, entscheiden sich preissensiblere, flexible
  Urlaubsreisende frühzeitig für einen Flug. Nur mit Hilfe steigender
  Preise können somit durch das Dynamic Pricing als Instrument der zeitlichen Preisdifferenzierung die unterschiedlichen Zahlungsbereitschaften
  der beiden Kundengruppen möglichst weitgehend abgeschöpft werden.

- Im Fall nicht-stornierbarer Tickets besteht zu Beginn des Buchungszeitraums für den Einzelnen häufig ein größeres Risiko, die Flugreise letztlich aus verschiedenen Gründen (Krankheit, Berufsveränderungen o.Ä.)
  nicht antreten zu können. Der Kunde wird daher den Wert, den er dem
  Ticket grundsätzlich beimisst, mit der Wahrscheinlichkeit „multiplizieren", die Reise tatsächlich antreten zu können (vgl. *Talluri und van Ryzin*
  (2004a, S. 180)). In der Konsequenz sind die Zahlungsbereitschaften
  eines Kunden umso geringer, je früher er bucht.

- Da die Leistungserbringung bei Fluggesellschaften für alle Kunden
  gebündelt am Ende des Buchungszeitraums erfolgt, fällt die Argumenta-
  tion bzgl. des *Goodwill* der Kunden genau umgekehrt aus wie im Fall des
  Einzelhandels (vgl. Kap. 5.1.5.2). Hier ist eine Preissenkung im Verkaufszeitraum insbesondere gegenüber den Kunden, die bereits ein
  Ticket erstanden haben, nur schwer zu rechtfertigen (vgl. *Talluri und van
  Ryzin* (2004a, S. 181)).

Auch etablierte Fluggesellschaften versuchen, den Ansatz des Dynamic
Pricing – nicht zuletzt aufgrund des Erfolges der Low-Cost Carrier[9] – zu
adaptieren (vgl. z.B. *Anjos et al.* (2004)). So hat sich bspw. British Airways
im Jahr 2002 entschlossen, bei innereuropäischen Verbindungen auf den
Einsatz von für Kunden sichtbaren Segmentierungskriterien zugunsten einer preisorientierten Steuerung zu verzichten. Einen generellen Verzicht auf
eine segmentorientierte Preisdifferenzierung im gesamten Streckennetz hält
die Gesellschaft jedoch nicht für möglich (vgl. z.B. *Foran* (2003)).

---

[8]  Man beachte, dass der Begriff *Markup Pricing* in der Literatur teilweise auch als
     Synonym für *Cost-Plus Pricing* verwendet wird (vgl. Kap. 2.3.2).
[9]  *Barlow* (2004) beschreibt die spannende Erfolgsgeschichte des britischen Low-
     Cost Carrier easyJet, mit einem Schwerpunkt auf der Darstellung des RM.

## 5.2 Modelle und Verfahren des Dynamic Pricing

In diesem Kapitel stellen wir verschiedene mathematische Modelle und Verfahren vor, mit denen sich das Dynamic Pricing praktisch umsetzen lässt. Der Schwerpunkt unserer Darstellung liegt dabei nicht auf der möglichst vollständigen Abdeckung aller in der Literatur diskutierten Ansätze. Vielmehr konzentrieren wir uns auf elementare Grundmodelle, die vergleichsweise leicht nachzuvollziehen sind, an denen jedoch alle typischen Charakteristika dynamischer Preisanpassungsprozesse demonstriert werden können.

Wir erläutern zunächst die wesentlichen Annahmen, die allen von uns dargestellten Modellen zugrunde liegen. Dabei liefern wir auch eine Auswahl an einschlägigen Literaturverweisen zu alternativen Ansätzen, bei denen die jeweils behandelte Annahme nicht gilt. Anschließend stellen wir deterministische Modellierungsansätze des Dynamic Pricing vor und demonstrieren anhand eines Beispiels die erzielbaren Erlösvorteile gegenüber einer Fixpreisstrategie. Danach dehnen wir die Betrachtung auf stochastische Modelle aus und erläutern die typischen Wirkungszusammenhänge anhand einer Vielzahl von Auswertungen und Diagrammen für ein durchgängiges Beispiel.

### 5.2.1 Modellierungsannahmen

Für die in den nachfolgenden Kapiteln vorgestellten Ansätze des Dynamic Pricing gelten die folgenden Annahmen:

– Wir betrachten ausschließlich *Einprodukt-Modelle*. Bei diesen geht man – analog zu den Single Leg-Modellen in der Kapazitätssteuerung (vgl. Kap. 3.2) – vereinfachend davon aus, dass zwischen den verschiedenen Produkten eines Anbieters keine Interdependenzen aufgrund gemeinsam genutzter Ressourcen oder nachfrageseitiger Korrelationen bestehen. Folglich kann die Preissetzung für alle Produkte vollständig unabhängig voneinander vorgenommen werden. Mehrprodukt-Modelle, die anbieterseitige Verbundeffekte und/oder nachfrageseitige Substitutions- bzw. Komplementärbeziehungen zwischen Produkten explizit berücksichtigen, werden bspw. von *Gallego und van Ryzin* (1997), *Bitran und Caldentey* (2003, S. 214 ff. und 222 ff.) sowie von *Talluri und van Ryzin* (2004a, S. 215 ff.) behandelt.

– Jedem abzusetzenden Produkt ist eine *fixe Angebotskapazität* C zugeordnet, die innerhalb eines begrenzten, ebenfalls *fixen Verkaufszeitraums* der Länge T zur Verfügung steht und danach verfällt. Nachbestellungen oder Rückstandsbildungen (*backlogging*) sind nicht möglich. Darüber hinaus entstehen durch den Verkauf einer Produkteinheit keine oder vernachlässigbar geringe variable Kosten, so dass die Zielsetzung in der *Maximierung des erzielten Gesamterlöses* besteht.

Diese Annahmen, die eine strikte Trennung von Produktions- und Absatzentscheidungen implizieren, werden auch für die Anwendbarkeit des klassischen RM in Kap. 1.2.2 vorausgesetzt. Sie gelten jedoch nicht nur für das dort diskutierte, typische Anwendungsfeld der Transport- und Logistikindustrie (Fluggesellschaften, Hotels, Pauschalreisen etc.), sondern bspw. auch für den saisonalen Einzelhandel als eines der typischen Einsatzgebiete des Dynamic Pricing (vgl. Kap. 5.1.5.1). Dort ist der fixe Verkaufszeitraum durch die Saisonlänge von wenigen Monaten bis zu einem Jahr vorgegeben, die Bestellzyklen sind aufgrund der häufig in Übersee durchgeführten Produktion i.d.R. zu lang, um während der Saison nachzubestellen und mit dem Absatz der Artikel entstehen keine weiteren variablen Kosten.

Allerdings finden die Methoden des Dynamic Pricing mittlerweile auch in Branchen Einzug, in denen oben genannte Annahmen nicht oder nur begrenzt gelten. So ist in den vergangenen Jahren eine intensive wissenschaftliche Auseinandersetzung mit Ansätzen integrierter Preis- und Produktionsentscheidungen zu beobachten. Klassische Verfahren des Operations Managements aus den Bereichen Material- und Produktionswirtschaft werden dabei zunehmend mit dem Konzept des Dynamic Pricing verknüpft. Ziel ist es, gegenüber der in der Vergangenheit üblichen, rein kostenorientierten Betrachtung weitergehende Erlössteigerungen durch die aktive Einbeziehung der Nachfrageseite erzielen zu können. In diesem Zusammenhang seien an dieser Stelle exemplarisch die Arbeiten von *Federgruen und Heching* (1999), *Chen und Simchi-Levi* (2006), *Chen et al.* (2006), *Adida und Perakis* (2007) sowie *Transchel und Minner* (2008) erwähnt.

− Wir unterstellen *myopisches Kaufverhalten*, bei dem sich die Konsumenten für den Kauf eines Produkts entscheiden, sobald der jeweilige Angebotspreis unterhalb ihrer individuellen Zahlungsbereitschaft liegt. Explizite Auswirkungen möglicher Antizipationen bzgl. der künftigen Preisgestaltung des Anbieters werden somit ausgeschlossen.[10] Modelle, die ein etwaiges strategisches Verhalten der Kunden − wie bspw. den bewussten Verzicht auf einen Kauf in der Hoffnung auf eine weitere Preissenkung − explizit berücksichtigen, werden z.B. in *Besanko und*

*Winston* (1990), *Aviv und Pazgal* (2008) und *Elmaghraby et al.* (2008) behandelt.

– Innerhalb eines Verkaufszeitraums bestehen keine *intertemporalen Abhängigkeiten* bzgl. der Konsumentennachfrage. Die Nachfragehöhe ist ausschließlich vom Zeitpunkt innerhalb des Verkaufszeitraums sowie vom aktuellen Angebotspreis des Produkts abhängig. Es existieren somit keinerlei nachfrageseitige *Sättigungseffekte*, so dass durchgeführte Verkäufe keinen (negativen) Einfluss auf spätere Nachfragevolumina haben.[11] Umgekehrt schließen wir auch sog. *Diffusionseffekte* aus, die unterstellen, dass große Absatzmengen aufgrund von Imitationsverhalten bzw. Mund-zu-Mund Propaganda positive Auswirkungen auf künftige Nachfragevolumina haben. Dynamic Pricing Modelle, die Sättigungs- bzw. Diffusionseffekte explizit berücksichtigen, sind bspw. *Raman und Chatterjee* (1995) oder *Talluri und van Ryzin* (2004a, S. 223 ff.) zu entnehmen.

– Der Anbieter agiert als *Monopolist*, so dass weder die Reaktion der Kunden auf Preisänderungen der Konkurrenz noch die Reaktion der Konkurrenz auf eigene Preisänderungen explizit modelliert wird. Diese Vereinfachungen können – ähnlich wie die Annahme myopischer Konsumenten (vgl. Fußnote 10) – dadurch gerechtfertigt werden, dass die Vergangenheitsdaten, die zur Prognose des direkten Zusammenhangs zwischen eigenem Preis und Absatz verwendet worden sind, zwangsläufig mittelbar auch die Reaktionen der Konkurrenz und in deren Folge die Auswirkungen auf das Nachfrageverhalten der Kunden beinhaltet haben. Unter der Prämisse, dass die Konkurrenz die historische Preisanpassungsstrategie beibehält, kann somit auf ihre explizite Modellierung verzichtet werden (vgl. *Phillips* (2005, S. 55)).
Oligopol-Modelle, die das Konkurrenzverhalten zwar explizit berücksichtigen, allerdings aufgrund ihrer Komplexität i.d.R. für praktische Anwendungszwecke nur geringe Relevanz haben, werden bspw. in

---

[10] Implizit bilden die in den myopischen Modellansätzen verwendeten Preis-Absatz-Zusammenhänge jedoch in begrenztem Maße auch das strategische Verhalten ab, da sie i.d.R. auf Basis von historischen Verkaufsdaten ermittelt werden, in welche strategische Entscheidungen der Kunden eingeflossen sind (vgl. hierzu *Talluri und van Ryzin* (2004a, S. 183)).

[11] Man spricht hierbei auch von Modellen mit *endlicher Käuferpopulation* bzw. mit *fixem Nachfrage-"Pool"* (vgl. hierzu *Talluri und van Ryzin* (2004a, S. 184 f.) sowie *Elmaghraby und Keskinocak* (2003, S. 1289 f.)).

*Dockner und Jørgensen* (1988), *Bernstein und Federgruen* (2004) und *Perakis und Sood* (2006) behandelt.

– Sowohl bei den deterministischen als auch bei den stochastischen Modellen gehen wir von *bekannten, deterministischen Nachfragepara-metern*[12] aus. Modelle, bei denen die Nachfrageparameter a priori unbe-kannt sind und erst im Laufe des Verkaufsprozesses sukzessive anhand der getätigten Verkäufe „erlernt" werden, bezeichnet man mit den Begriffen *Market Learning, Demand Learning* oder *Online Learning*. Entsprechende Ansätze sind z. B. *Petruzzi und Dada* (2002) oder *Lin* (2006) zu entnehmen.

– Wir betrachten ausschließlich *zeit-diskrete Modellformulierungen*, bei denen der Verkaufszeitraum in T diskrete Perioden unterteilt wird. Die Indexierung der Perioden erfolgt dabei – wie in Kap. 3.1.4 beschrieben – rückwärts beginnend mit Periode T und endend mit Periode 1. Jeweils zu Beginn einer Periode wird eine Preisentscheidung getroffen, mit der die Höhe der innerhalb der anschließenden Periode eintreffenden Nach-frage beeinflusst werden kann. Die Problemstellung des Dynamic Pri-cing besteht somit darin, für jede Periode die Angebotspreise derart fest-zulegen, dass der über alle Perioden hinweg erzielte Gesamterlös (bzw. bei stochastischen Modellen dessen Erwartungswert) maximal wird. Bei deterministischen Ansätzen kann die ermittelte Lösung dann als eine T-elementige Menge optimaler Verkaufspreise $r_1^*, ..., r_T^*$ angegeben wer-den. Anders verhält es sich bei den insbesondere in theorielastigen Publi-kationen weit verbreiteten zeit-kontinuierlichen Modellformulierungen. Bei diesen tritt an die Stelle einzelner, periodenbezogener Preis-Absatz-Zusammenhänge eine durchgängige, preisabhängige Nachfrageintensi-tät, so dass bei deterministischen Modellen im Rahmen der Optimierung die optimale Preisanpassungsstrategie in Form eines kontinuierlichen funktionalen Zusammenhangs $r^*(t)$ mit $0 \le t \le T$ ermittelt wird.
Während die Diskretisierung des Verkaufszeitraums einerseits der Ver-einfachung dient, so stellt sie andererseits vielfach auch den realitätsnä-heren Modellierungsansatz dar. In der Praxis ist es i. d. R. rein technisch nicht möglich, zu jedem beliebigen Zeitpunkt einen anderen Preis zu ver-langen (vgl. *Bitran und Wadhwa* (1996, S. 3)). Ferner führen ständige Preisschwankungen häufig zu Missgunst und Vertrauensverlusten von Seiten der Kunden, da u. a. das Gefühl für den immanenten „Wert" eines

---

[12] Je nach verwendetem Modelltyp gehören hierzu bspw. Parameter von Preisab-satzfunktionen, Erwartungswerte, Varianzen etc.

Produkts verloren geht. Des Weiteren kann gezeigt werden, dass durch die entsprechende Wahl der Anzahl an Perioden die Unterschiede zwischen kontinuierlichen und zeit-diskreten Modellformulierungen im Ergebnis gering ausfallen (vgl. *Bitran und Mondschein* (1997, S. 66)). Deterministische zeit-kontinuierliche Modelle werden bspw. in *Anjos et al.* (2004) und *Chou und Parlar* (2006) formuliert. *Gallego und van Ryzin* (1994) präsentieren einen vielzitierten, stochastischen zeit-kontinuierlichen Ansatz; darauf aufbauende Veröffentlichungen sind z.B. *Feng und Xiao* (1999) und *Feng und Xiao* (2000).

## 5.2.2 Deterministische Modelle

Wir betrachten zunächst deterministische Modelle, bei denen man vereinfachend davon ausgeht, dass die aus einer bestimmten Preisvorgabe resultierende Absatzmenge keinerlei stochastischen Einflüssen unterliegt. Der Anbieter kann somit seine Preisstrategie vollständig *ex ante* festlegen, da sich der zugehörige, erzielbare Erlös exakt vorhersagen lässt. Bezüglich der beiden zentralen Erlösvorteile des Dynamic Pricing, die wir in Kap. 5.1.4 geschildert haben, lässt sich festhalten, dass mit Hilfe deterministischer Ansätze ausschließlich der Effekt einer zeitlichen Preisdifferenzierung modelliert werden kann, zum Ausgleich stochastischer Nachfrageschwankungen eignen sie sich hingegen nicht. Trotz dieser Einschränkungen sind deterministische Ansätze in der Praxis aus verschiedenen Gründen weit verbreitet (vgl. *Bitran und Caldentey* (2003, S. 212)):

– Deterministische Modelle sind im Gegensatz zu stochastischen Ansätzen mathematisch wesentlich leichter handhabbar.

– Deterministische Modelle liefern – wie wir auch in Kap. 5.2.3 sehen werden – häufig sehr gute Approximationen ihrer realitätsnäheren, aber wesentlich komplexeren, stochastischen Gegenstücke. Sie eignen sich gut als Heuristiken und sind für große Nachfragevolumina *asymptotisch optimal* (vgl. *Gallego und van Ryzin* (1994, S. 1007)).

– Der optimale Erlös einer deterministischen Modellformulierung liefert stets eine obere Schranke für den erwarteten optimalen Erlös des zugehörigen stochastischen Modells und kann somit je nach Fragestellung gut als erster Anhaltspunkt dienen (vgl. *Talluri und van Ryzin* (2004a, S. 204 f.)).

### 5.2.2.1 Nachfragemodellierung

Der zentrale Bestandteil eines jeden Dynamic Pricing Modells ist die mathematische Formulierung des Zusammenhangs zwischen Angebotspreis und resultierender Nachfrage. Bei deterministischen Modellansätzen geht man davon aus, dass für jede der T Perioden des Verkaufszeitraums eine deterministische *Nachfragefunktion* (Preisabsatzfunktion) bekannt ist, die vom Angebotspreis $r_t$ abhängt:

$$q_t(r_t) \qquad\qquad \text{mit } r_t \in \mathbb{D}_{q_t}, t = 1, \dots, T \qquad (5.1)$$

Bezüglich dieser Nachfragefunktionen treffen wir zunächst einige formale *Annahmen*, die für das weitere Vorgehen hilfreich sind (vgl. auch *Talluri und van Ryzin* (2004a, S. 311 ff.)):

– Die Funktionen sind ausschließlich für nichtnegative Preise definiert, d.h. für den Definitionsbereich $\mathbb{D}_{q_t}$ gilt $\mathbb{D}_{q_t} \subseteq [0, \infty)$. Darüber hinaus können auch keine negativen Nachfragewerte angenommen werden, d.h. es gilt $\mathbb{W}_{q_t} \subseteq [0, \infty)$, wobei $\mathbb{W}_{q_t}$ den Wertebereich der Preisabsatzfunktion $q_t(r_t)$ bezeichnet.

– Die Funktionen sind auf ihrem Definitionsbereich $\mathbb{D}_{q_t}$ stetig differenzierbar.

– Je höher der festgelegte Preis, desto geringer die zugehörige Nachfragemenge. Formal bedeutet dies, dass die Funktionen auf ihrem Definitionsbereich $\mathbb{D}_{q_t}$ streng monoton fallend sind, d.h. es gilt: $q_t{}'(r_t) < 0$.

– Für ausreichend hohe Preise tendiert die Nachfrage gegen 0, d.h. es gilt $\inf_{r_t \in \mathbb{D}_{q_t}} q_t(r_t) = 0$.

Aus den Annahmen folgt u.a., dass zu $q_t(r_t)$ die ebenfalls stetig differenzierbare und streng monoton fallende *Umkehrfunktion* $r_t(q_t)$ gebildet werden kann:

$$r_t(q_t) = q_t^{-1}(r_t) \qquad\qquad \text{mit } q_t \in \mathbb{W}_{q_t} (= \mathbb{D}_{r_t}), t = 1, \dots, T \qquad (5.2)$$

Mit Hilfe der Umkehrfunktion wird es möglich, anstelle des Angebotspreises unmittelbar die zugehörige Nachfragemenge $q_t$ als Entscheidungsvariable aufzufassen, aus der dann eindeutig auf den einzufordernden Angebotspreis $r_t(q_t)$ rückgeschlossen werden kann. Formal sind beide Betrachtungsweisen vollständig analog zueinander und führen im Rahmen von Modellformulierungen zu denselben Ergebnissen. Mathematisch ist die Verwendung der Nachfragemenge als Entscheidungsvariable jedoch häufig leichter handhabbar, so dass wir bei den folgenden deterministischen Modellen auf diese Variante der Nachfragemodellierung zurückgreifen werden.

Ausgehend von der inversen Nachfragefunktion (5.2) ergibt sich – ebenfalls in Abhängigkeit von der Nachfragehöhe $q_t$ als Entscheidungsvariable – die *Erlösfunktion* $u_t(q_t)$ sowie der *Grenzerlös* $u_t{'}(q_t)$ wie folgt:

$$u_t(q_t) = q_t \cdot r_t(q_t) \qquad \text{mit } q_t \in \mathbb{D}_{r_t}, \, t = 1, \ldots, T \qquad (5.3)$$

$$u_t{'}(q_t) = r_t(q_t) + q_t \cdot r_t{'}(q_t) \quad \text{mit } q_t \in \mathbb{D}_{r_t}, \, t = 1, \ldots, T \qquad (5.4)$$

Dabei sollen die folgenden *Annahmen* gelten:

– Die Erlösfunktion ist beschränkt, d.h. sie nimmt auf ihrem Definitionsbereich ausschließlich endliche Werte an.

– Die Erlösfunktion besitzt in einem endlichen, inneren Punkt $q_t^0$ von $\mathbb{D}_{r_t}$ ein Maximum.[13]

– Die Grenzerlösfunktion ist streng monoton fallend auf $\mathbb{D}_{r_t}$.

Die letzte Annahme impliziert, dass die Erlösfunktion auf ihrem gesamten Definitionsbereich konkav ist. In Kombination mit der zweiten Annahme bedeutet dies, dass es zur Ermittlung des dann einzigen globalen Maximums der Funktion hinreichend ist, die notwendigen Optimalitätsbedingungen – d.h. die gleich Null gesetzten ersten Ableitungen – zu lösen, was für die weiteren Betrachtungen eine wesentliche Erleichterung darstellt.

**Beispiel 5.1:** *Exemplarisch überprüfen wir alle Annahmen für die häufig verwendete lineare Preisabsatzfunktion* $q_t(r_t) = a - b \cdot r_t$ *mit* $r_t \in \mathbb{D}_{q_t} = [0, a/b]$ *und den Parametern* $a, b > 0$. *Die Funktion ist stetig differenzierbar mit* $q_t{'}(r_t) = -b$ *und streng monoton fallend. Per Definition gilt* $\mathbb{D}_{q_t} \subseteq [0, \infty)$ *und wegen* $q_t(a/b) = 0$ *auch* $\mathbb{W}_{q_t} \subseteq [0, \infty)$. *Für* $r_t \to a/b$ *konvergiert die Nachfragemenge gegen 0. Die ebenfalls lineare Umkehrfunktion lautet* $r_t(q_t) = a' - b' \cdot q_t$ *mit* $q_t \in [0, a'/b']$, *wobei für die Koeffizienten* $a' = a/b$ *und* $b' = 1/b$ *gilt. Die zugehörige Erlösfunktion* $u_t(q_t) = a' \cdot q_t - b' \cdot q_t^2$ *nimmt ausschließlich endliche Werte an, ist wegen* $u_t{''}(q_t) = -2b'$ *konkav und ihr einziges globales Maximum liegt an dem (inneren) Punkt* $q_t^0 = a'/(2b')$.

---

[13] Zur formalen Definition eines inneren Punkts vgl. z.B. *Opitz* (2004, S. 172).

### 5.2.2.2 Fixpreis-Modell

Wir beschäftigen uns zunächst mit der Modellierung des Falls, dass der Angebotspreis über den gesamten Verkaufszeitraum hinweg konstant gehalten werden soll und somit auf die Möglichkeit einer dynamischen Preisanpassung verzichtet wird. Gründe für eine solche Fixpreisstrategie können u.a. sein (vgl. *Bitran und Caldentey* (2003, S. 216 f.)):

– Der Verkaufszeitraum des Produkts ist zu kurz, um dynamische Preisanpassungen sinnvoll umsetzen zu können.

– Preisänderungen würden mit erheblichen Kosten einhergehen, die den Erlösvorteil kompensieren würden.

– Preisänderungen innerhalb des Verkaufszeitraums sind aufgrund gesetzlicher Regelungen oder Katalogpreisbindungen nicht möglich.

Darüber hinaus sind entsprechende Modellansätze einfach zu implementieren und zu kontrollieren. Sie werden in der Praxis daher durchaus selbst dann eingesetzt, wenn auch dynamische Preisanpassungen grundsätzlich denkbar wären.

Da für die Modellierung der Fixpreisstrategie $r = r_1 = \ldots = r_T$ gilt, können wir zunächst die Preisabsatzfunktionen $q_t(r_t)$ der einzelnen Perioden $t = 1, \ldots, T$ aggregieren, so dass wir eine Funktion $q(r)$ erhalten, welche die eintreffende *Gesamtnachfrage* in Abhängigkeit vom *fixen Angebotspreis* r beschreibt:[14]

$$q(r) = \sum_{t=1}^{T} q_t(r) \qquad (5.5)$$

Die *aggregierte Nachfragefunktion* $q(r)$ genügt nun ebenfalls den Annahmen aus Kap. 5.2.2.1. Die zugehörige Umkehrfunktion sei $r(q)$. Wie bereits erläutert, verwenden wir in den nachfolgenden Modellierungen die Nachfragemenge als Entscheidungsvariable, der jeweils zugehörige Preis kann unmittelbar über die Beziehung $r(q)$ ermittelt werden.

Das Modell zur Berechnung des optimalen Fixpreises lässt sich nun wie in M5.1 angeben. Die Zielfunktion (5.6) maximiert den Gesamtumsatz $u(q)$ als Produkt aus Nachfragemenge q und zugehörigem Angebotspreis $r(q)$. Die Nebenbedingung (5.7) stellt sicher, dass die zur Verfügung stehende Angebotskapazität $C > 0$ nicht überschritten wird. Nebenbedingung

---

[14] Wir unterstellen hier zusätzlich, dass die Definitionsbereiche der periodenbezogenen Nachfragefunktionen $q_t(r_t)$ identisch sind.

(5.8) erwähnen wir nur der Vollständigkeit halber, da aufgrund unserer Annahme $\mathbb{D}_{r_t} \subseteq [0, \infty)$ aus Kap. 5.2.2.1 die Nichtnegativität der Nachfragemenge ohnehin gewährleistet ist.

Zur Lösung des nichtlinearen Modells vernachlässigen wir zunächst die Kapazitätsbeschränkung (5.7). Die optimale Lösung $q_0$ des unbeschränkten Problems kann dann aufgrund unserer Annahmen leicht mit Hilfe der Bedingung erster Ordnung $u'(q) = 0$ ermittelt wer-

| **M5.1:** Deterministisches Fixpreis-Modell | |
| --- | --- |
| Maximiere $u(q) = q \cdot r(q)$ | (5.6) |
| unter den Nebenbedingungen | |
| $q \leq C$ | (5.7) |
| $q \geq 0$ | (5.8) |

den. In Abb. 5.2 ist exemplarisch ein möglicher Verlauf der Erlösfunktion skizziert.

Nehmen wir nun die Kapazitätsrestriktion wieder hinzu, so sind zwei Fälle zu unterscheiden:

– Gilt $C \geq q_0$, d.h. ist die zur Verfügung stehende Angebotskapazität größer oder gleich der optimalen Nachfragemenge des unbeschränkten Problems, so sind keine weiteren Berechnungen nötig. Die optimale Lösung $q^*$ des beschränkten Problems lautet in diesem Fall $q^* = q_0$.
  Abb. 5.2 verdeutlicht diesen Sachverhalt für $C = C_2$. Eine Ausdehnung der Nachfragemenge (durch weitere Preissenkungen) über $q_0$ hinaus ist auch bei noch zur Verfügung stehender Kapazität offensichtlich nicht sinnvoll, da jede weitere Nachfrageerhöhung aufgrund der damit einhergehenden Preisreduktion zur Verringerung des Gesamterlöses führen würde. Es ist daher in diesem Fall optimal, einen Teil des Warenbestandes $(C_2 - q_0)$ nicht abzusetzen.

– Gilt umgekehrt $C < q_0$, so kann die optimale Nachfrage, die aus dem unbeschränkten Problem resultieren würde, nicht vollständig befriedigt werden. Ein Teil der generierten Nachfragemenge würde somit wertlos verfallen. Es ist daher in diesem Fall sinnvoll, den Angebotspreis zu erhöhen und damit die Nachfragemenge soweit abzusenken, bis sie genau der Angebotsmenge $C$ entspricht. In diesem Fall lautet die

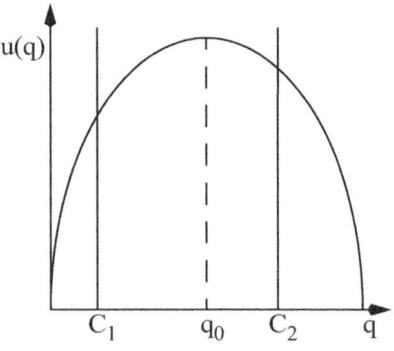

**Abb. 5.2.** Deterministisches Fixpreis-Modell

optimale Lösung des beschränkten Problems somit $q^* = C$. Der zugehörige Preis $r(C)$, der genau für den Ausverkauf des gesamten Warenbestandes sorgt, wird auch als *Runout Price* oder *Stock-Clearing Price* bezeichnet (vgl. *Phillips* (2005, S. 101) sowie *Talluri und van Ryzin* (2004a, S. 193)).

Abb. 5.2 verdeutlicht den beschriebenen Fall der knappen Kapazität für $C = C_1$.

Fasst man beide Fälle zusammen, so kann die optimale Lösung des Fixpreis-Modells wie folgt angegeben werden:

$$q^* = \min\{q_0, C\} \qquad \text{bzw.} \qquad r^* = \max\{r(q_0), r(C)\} \qquad (5.9)$$

**Beispiel 5.2:** *Wir wollen das beschriebene Vorgehen anhand eines Beispiels verdeutlichen. Dazu nehmen wir an, dass für ein Produkt durch Aggregation der periodenbezogenen Nachfragefunktionen die lineare Preisabsatzfunktion* $q(r) = 250 - 0.5 \cdot r$ *mit* $\mathbb{D}_q = [0, 500]$ *ermittelt werden konnte. Insgesamt stehen* $C = 80\,ME$ *zum Verkauf zur Verfügung.*

*Zur Lösung des Problems bestimmen wir zunächst die Umkehrfunktion* $r(q) = 500 - 2 \cdot q$ *sowie die Erlösfunktion* $u(q) = 500 \cdot q - 2 \cdot q^2$. *Für den unbeschränkten Fall ergibt sich durch die Bedingung erster Ordnung* $u'(q_0) = 500 - 4 \cdot q_0 = 0$ *eine optimale Nachfragemenge von* $q_0 = 125\,ME$. *Zur Bestimmung der optimalen Verkaufsmenge* $q^*$ *bzw. des optimalen Angebotspreises* $r^*$ *unter Berücksichtigung der Angebotsrestriktion wenden wir nun Formel (5.9) an. Es ergeben sich* $q^* = \min\{125, 80\} = 80\,ME$ *bzw.* $r^* = \max\{250, 340\} = 340\,GE/ME$. *Folglich wird der komplette Warenbestand zum Runout Price verkauft. Der dabei erzielte Gesamterlös* $u^*$ *beträgt* $u^* = r^* \cdot q^* = 27\,200\,GE$.

### 5.2.2.3 Deterministisches Grundmodell

Im Folgenden stellen wir das deterministische Grundmodell des Dynamic Pricing vor, das in dieser oder leicht abgewandelter Form in der einschlägigen Literatur vielfach zu finden ist (vgl. z.B. *Phillips* (2005, S. 251 ff.) oder *Talluri und van Ryzin* (2004a, S. 188 ff.)). Die im vorangegangenen Kapitel geltende, einschränkende Voraussetzung eines fixen Preises wird hierbei aufgehoben, so dass der Anbieter eines Produkts nun zu Beginn jeder Periode einen neuen Preis festlegen kann. Bezüglich der Nachfrage- und Erlösfunktionen wollen wir wiederum von unseren Annahmen aus Kap. 5.2.2.1 ausgehen.

Modell M5.2 stellt die entsprechende mathematische Formulierung des sich ergebenden Optimierungsproblems dar. Die Entscheidungsvariablen des Modells sind die in den einzelnen Teilperioden generierten Nachfragemengen, die wir in dem Vektor $\mathbf{q} = (q_1, \ldots, q_T)$ zusam-

| **M5.2:** Deterministisches Grundmodell des Dynamic Pricing |
|---|
| Maximiere $u(\mathbf{q}) = \sum_{t=1}^{T} q_t \cdot r_t(q_t)$ $\qquad$ (5.10) |
| unter den Nebenbedingungen |
| $\sum_{t=1}^{T} q_t \leq C$ $\qquad\qquad\qquad\qquad$ (5.11) |
| $q_t \geq 0$ $\qquad\qquad$ für t = 1, …, T $\quad$ (5.12) |

menfassen. Die Zielfunktion (5.10) maximiert den Gesamtumsatz $u(\mathbf{q})$ als Summe über die in den einzelnen Perioden erzielbaren Teilerlöse $u_t = q_t \cdot r_t(q_t)$. Die Nebenbedingung (5.11) stellt sicher, dass die Summe der periodenspezifischen Nachfragemengen die insgesamt zur Verfügung stehende Angebotskapazität C nicht überschreitet. Die Nebenbedingungen (5.12) erwähnen wir wiederum nur der Vollständigkeit halber, da die Annahme $\mathbb{D}_{p_t} \subseteq [0, \infty)$ aus Kap. 5.2.2.1 die Nichtnegativität der Nachfragemengen ohnehin gewährleistet.

Die Lösung dieses Optimierungsproblems ist nicht so unmittelbar einsichtig, wie es für das Modell mit fixen Preisen aus Kap. 5.2.2.2 der Fall war. Vielmehr muss auf fortgeschrittene Methoden der nichtlinearen Optimierung mit Ungleichungen in den Nebenbedingungen unter Verwendung der sog. *Karush-Kuhn-Tucker-Bedingungen*[15] zurückgegriffen werden. Ohne diesbezüglich auf die genauen methodischen Details einzugehen, halten wir fest, dass unter unseren Voraussetzungen aus Kap. 5.2.2.1 die folgenden Bedingungen für eine (globale) optimale Lösung $\mathbf{q}^*$ an einem inneren Punkt des Definitionsbereichs $\mathbb{D}_{r_1} \times \ldots \times \mathbb{D}_{r_T}$ hinreichend sind (vgl. *Talluri und van Ryzin* (2004a, S. 189)):

$$u_t{}'(q_t^*) = \pi \qquad\qquad \text{für t = 1, …, T} \qquad\qquad (5.13)$$

$$\pi \cdot (C - \sum_{t=1}^{T} q_t^*) = 0 \qquad\qquad (5.14)$$

Dabei ist $\pi \geq 0$ der sog. *Lagrange-Multiplikator*. Sein Wert entspricht den marginalen *Opportunitätskosten der Angebotskapazität*, d.h. er gibt (marginal) an, um wie viele GE sich der Zielfunktionswert $u(\mathbf{q})$ bei einer Verrin-

---

[15] Für eine ausführliche Beschreibung von Methoden der nichtlinearen Optimierung vgl. z.B. *Domschke und Drexl* (2007, Kap. 8).

gerung der Angebotsmenge auf $C - 1$ ME verschlechtern würde.[16] Gleichung (5.14) wird auch als *Bedingung vom komplementären Schlupf* bezeichnet.

Die Optimalitätsbedingungen haben eine intuitive ökonomische Bedeutung. Die Bedingungen (5.13) stellen sicher, dass im Optimum die Grenzerlöse in allen Perioden identisch sind und den Opportunitätskosten der Angebotskapazität entsprechen. Diese Forderung ist sinnvoll, denn würden sich für zwei Perioden unterschiedliche Grenzerlöse ergeben, so könnte der Gesamterlös durch eine Verschiebung der Nachfrage, d. h. durch Vergrößerung der Nachfragemenge in der Periode mit höherem Grenzerlös und entsprechender Verringerung der Nachfragemenge in der Periode mit geringerem Grenzerlös, weiter gesteigert werden. Die gefundene Lösung kann in diesem Fall also nicht optimal sein.

Die Bedingung vom komplementären Schlupf (5.14) besagt, dass die Opportunitätskosten der Angebotskapazität $\pi$ nur dann einen echt positiven Wert annehmen können, wenn die Angebotsmenge vollständig abgesetzt wird, d. h. wenn in Ungleichung (5.11) kein Schlupf mehr besteht und daher $C - \sum_{t=1}^{T} q_t^* = 0$ gilt. Auch diese Forderung macht Sinn, da für $\sum_{t=1}^{T} q_t^* < C$ eine marginale Verringerung der ohnehin nicht ausgenutzten Angebotskapazität keinen Einfluss auf den erzielten Gesamterlös haben kann und daher $\pi = 0$ gelten muss. In diesem Fall gehen die Bedingungen (5.13) über in $u_t'(q_t^*) = 0$ und entsprechen somit den Bedingungen erster Ordnung, so dass sich als optimale Lösung genau die Lösung des unbeschränkten Optimierungsproblems ergibt.

**Beispiel 5.3:** *Wir demonstrieren das Vorgehen zur optimalen Lösung des deterministischen Grundmodells anhand eines Rechenbeispiels. Dabei gehen wir davon aus, dass der Verkaufszeitraum in $T = 3$ Perioden unterteilt wurde, für welche die in Tabelle 5.1 dargestellten inversen Nachfragefunktionen ermittelt werden konnten. Die zugehörige Angebotsbeschränkung betrage $C = 500$ ME.*

| t | $r_t(q_t)$ | $\mathbb{D}_{r_t}$ |
|---|---|---|
| 1 | $r_1(q_1) = 200 - \frac{1}{2}q_1$ | $[0, 400]$ |
| 2 | $r_2(q_2) = 150 - \frac{1}{3}q_2$ | $[0, 450]$ |
| 3 | $r_3(q_3) = 100 - \frac{1}{5}q_3$ | $[0, 500]$ |

**Tabelle 5.1.** Inverse Nachfragefunktionen

---

[16] Es handelt sich hierbei folglich um (marginale) *inputorientierte* Opportunitätskosten. Vgl. diesbezüglich auch Kap. 3.1.2.1.

*Zur Lösung des Problems greifen wir ausschließlich auf die Optimalitätsbedingungen (5.13) und (5.14) zurück. Wir berechnen zunächst die Bedingungen (5.13) durch Aufstellen und Ableiten der jeweiligen Erlösfunktion. Sie lauten:*

$$200 - q_1^* = \pi, \ 150 - \frac{2}{3} q_2^* = \pi \ und \ 100 - \frac{2}{5} q_3^* = \pi$$

*Die Bedingung vom komplementären Schlupf (5.14) ergibt sich zu:*

$$\pi \cdot (500 - q_1^* - q_2^* - q_3^*) = 0$$

*Als erstes überprüfen wir, ob die Lösung des Problems der Lösung der unbeschränkten Formulierung entspricht, indem wir $\pi = 0$ setzen und die Bedingungen (5.13) auflösen. Es ergeben sich die Werte $q_1 = 200 \ ME$, $q_2 = 225 \ ME$ sowie $q_3 = 250 \ ME$. Diese Lösung ist wegen $q_1 + q_2 + q_3 = 675 > 500$ jedoch für das beschränkte Problem nicht zulässig.*

*Setzen wir nun $\pi > 0$, so geht Bedingung (5.14) über in $q_1^* + q_2^* + q_3^* = 500$. Zusammen mit den Bedingungen (5.13) ergibt sich ein lineares Gleichungssystem mit 4 Gleichungen und 4 Unbekannten, dessen Lösung zu den zulässigen und damit optimalen Werten $q_1^* = 165$, $q_2^* = 172.5$ und $q_3^* = 162.5 \ ME$ sowie $\pi = 35$ führt. Die optimalen Preise für die einzelnen Teilperioden lauten daher $r_1^* = r_1(q_1^*) = 117.50$, $r_2^* = 92.50$ und $r_3^* = 67.50 \ GE/ME$. Der zugehörige Gesamterlös beträgt $46\,312.50\,GE$.*

*Eine interessante Frage ist nun, inwieweit die dynamische Preissetzung zu einem Erlösvorteil gegenüber einer ebenfalls möglichen Fixpreisstrategie führt. Die optimale Fixpreis-Lösung erhalten wir, indem wir – wie in Kap. 5.2.2.2 beschrieben – die drei periodenbezogenen Preisabsatzfunktionen $q_1(r)$, $q_2(r)$ und $q_3(r)$ zunächst aggregieren. Aufgrund der unterschiedlichen Definitionsbereiche dieser Funktionen erhalten wir dadurch jedoch eine nur stückweise lineare Gesamtnachfragefunktion $q(r)$, so dass die Annahme der Konkavität der Gesamterlösfunktion aus Kap. 5.2.2.1 hier nicht erfüllt wird. Die Bestimmung des Fixpreis-Optimums fällt daher etwas umständlicher aus als in Kap. 5.2.2.2 beschrieben.[17] Der optimale Fixpreis ergibt sich zu $r^* = 85 \ GE/ME$ mit der zugehörigen Nachfragemenge $q^* = 500 \ ME$. Der erzielbare Gesamterlös beträgt $42\,500\,GE$. Durch die Anwendung des Dynamic Pricing kann so-*

---

[17] Vgl. Übungsaufgabe Ü2.3 bzw. deren Lösungsvorschlag für eine detaillierte Beschreibung des möglichen Vorgehens bei stückweise linearen Nachfragefunktionen.

*mit gegenüber einer Fixpreisstrategie in diesem Beispiel eine Erlösstei-gerung von ca. 9% erzielt werden.*

**Bemerkung 5.2:** Wie erwähnt können mit Hilfe der *Optimalitätsbedingun-gen* (5.13) und (5.14) bis auf wenige Ausnahmefälle lediglich globale Opti-ma gefunden werden, die sich an inneren Punkten des Definitionsbereichs $\mathbb{D}_{r_1} \times \ldots \times \mathbb{D}_{r_T}$ befinden. Diese sehr restriktive Voraussetzung ist in vielen Anwendungsfällen, bei denen globale Optima ausschließlich an Randpunk-ten des Definitionsbereichs auftreten, nicht gegeben. Man kann sich jedoch behelfen, indem man bspw. vor der Aufstellung der Karush-Kuhn-Tucker-Bedingungen funktionsspezifisch die Grenzen des Definitionsbereichs ex-plizit durch die Ergänzung entsprechender Ungleichungen einbezieht. Der Lösungsgang für das sich ergebende Gleichungssystem wird dadurch je-doch i.d.R. erheblich komplexer.[18] In Übungsaufgabe Ü5.2 behandeln wir ein entsprechendes Anwendungsbeispiel für den Fall linearer Nachfrage-funktionen und zeigen einen möglichen Lösungsweg auf.

**Bemerkung 5.3:** Das deterministische Dynamic Pricing Problem ist voll-ständig äquivalent zu dem in Kap. 2.2.1 kurz angesprochenen Problem der Preisdifferenzierung dritten Grades bei vorliegenden Kapazitätsrestriktio-nen (vgl. Modellformulierung M2.1, S. 53). Die T verschiedenen Perioden entsprechen dort den n unterschiedlichen Kundensegmenten, für die je-weils ein Preis festzulegen ist. Folglich können alle hier behandelten Ver-fahren und Lösungsansätze ohne Einschränkung übertragen werden.

### 5.2.2.4 Heuristische Lösung des Grundmodells

Neben dem im Rahmen von Beispiel 5.3 geschilderten exakten Verfahren bietet sich zur Lösung des deterministischen Grundmodells des Dynamic Pricing auch eine heuristische Vorgehensweise an, die wir im Folgenden kurz vorstellen möchten (vgl. *Talluri und van Ryzin* (2004a, S. 191 f.)). Zur Vereinfachung der Darstellung unterstellen wir dabei, dass $0 \in \mathbb{D}_{r_t}$ für $t = 1, \ldots, T$ gilt, dass also in jeder Periode der Preis so (hoch) gewählt wer-den kann, dass überhaupt keine Nachfrage entsteht. Ausgangspunkt ist die Bedingung (5.13), welche die Gleichheit der periodenbezogenen Grenzer-löse im Optimum fordert, sowie die Annahme der Konkavität der einzelnen Erlösfunktionen.

Die Grundidee des Verfahrens besteht darin, ausgehend von $q_1 = \ldots = q_T = 0$ sukzessive die Nachfragemengen derjenigen Perioden

---

[18] Vgl. zu dieser Problematik auch *Chou und Parlar* (2006, S. 326 f.).

zu erhöhen, von denen die größten Erlössteigerungen zu erwarten sind, wo also der jeweils aktuelle Grenzerlös am größten ausfällt. Aufgrund der Konkavität der Erlösfunktionen führt jede Erhöhung dazu, dass der zugehörige Grenzerlös sinkt und im nächsten Schritt ggf. die Nachfragemenge einer anderen Periode angehoben wird. Insgesamt werden sich im Laufe des Verfahrens die Grenzerlöse im Sinne der Bedingungen (5.13) sukzessive annähern bzw. gleichmäßig weiter sinken. Die Heuristik lässt sich algorithmisch wie folgt angeben:

**Start:**     Setze die Nachfragemengen aller Perioden auf Null
($q_t := 0$ für $t = 1, ..., T$).

**Iteration k = 1, ..., C:**
Berechne für die aktuellen Nachfragemengen $q_1, ..., q_T$ die jeweiligen Grenzerlöse $u_t'(q_t)$, $t = 1, ..., T$.
Ist mindestens einer dieser Werte positiv, so erhöhe die Nachfragemenge einer Periode $t^*$, in welcher der größte aktuelle Grenzerlös auftritt, um 1 ME ($q_{t^*} := q_{t^*} + 1$).

**Abbruch:** Das Verfahren bricht ab, wenn keiner der Grenzerlöse positiv und somit keine weitere Steigerung des Gesamterlöses durch Erhöhung der Nachfragemengen möglich ist, oder wenn alle zur Verfügung stehenden KE einer Periode zugeteilt wurden ($k = C$).

**Ergebnis:** Die aktuellen Werte von $q_1, ..., q_T$ stellen die gefundene Lösung dar.

Im Allgemeinen ist die Heuristik im Gegensatz zum exakten Verfahren besonders leicht zu implementieren und liefert darüber hinaus ausschließlich ganzzahlige Nachfragemengen, was in vielen Anwendungssituationen wünschenswert ist. Der benötigte Rechenaufwand lässt sich mit $O(C \cdot \log(T))$ abschätzen.

> **Beispiel 5.4:** *Zur Verdeutlichung des Ablaufs lösen wir nun die Problemstellung aus Beispiel 5.3 mit Hilfe der Heuristik. Dazu greifen wir einige interessante Iterationen heraus, die in Tabelle 5.2 dargestellt sind.*
> *Nachdem wir zunächst den Startschritt durchgeführt haben ($q_1 = q_2 = q_3 = 0$), berechnen wir in der ersten Iteration die zugehörigen Grenzerlöse $u_1'(q_1) = 200$, $u_2'(q_2) = 150$ und $u_3'(q_3) = 100$. Da der Grenzerlös von Periode 1 offensichtlich das Maximum darstellt, setzen wir $t^* = 1$ und erhöhen $q_1$ entsprechend um 1 ME. Dies führt dazu, dass der Grenzerlös von Periode 1 in der nächsten Iteration auf $u_1'(q_1) = 199$ GE sinkt, während die Grenzerlöse der anderen beiden Perioden unverändert bleiben. Dennoch ist $u_1'(q_1)$ nach wie vor das Maximum, so dass $q_1$ erneut um 1 ME erhöht wird.*

*Im weiteren Verlauf wird* $q_1$ *sukzessive immer weiter um* $1\,ME$ *erhöht, bis der zugehörige Grenzerlös in Iteration 52 zum ersten Mal kein Maximum mehr darstellt, sondern* $\max_t\{u_t'(q_t)\} = u_2'(q_2)$ *gilt. Folglich wird nun* $q_2$ *erhöht, bis in Iteration 54 schließlich wieder* $u_1'(q_1)$ *das einzige Maximum darstellt.*

| Iteration (k) | $u_1'(q_1)$ | $u_2'(q_2)$ | $u_3'(q_3)$ | $t^*$ | $q_1$ | $q_2$ | $q_3$ |
|---|---|---|---|---|---|---|---|
| 0 | - | - | - | - | 0 | 0 | 0 |
| 1 | 200 | 150 | 100 | 1 | 1 | 0 | 0 |
| 2 | 199 | 150 | 100 | 1 | 2 | 0 | 0 |
| ⋮ | ⋮ | ⋮ | ⋮ | ⋮ | ⋮ | ⋮ | ⋮ |
| 50 | 151 | 150 | 100 | 1 | 50 | 0 | 0 |
| 51 | 150 | 150 | 100 | 1 | 51 | 0 | 0 |
| 52 | 149 | 150 | 100 | 2 | 51 | 1 | 0 |
| 53 | 149 | 149.33 | 100 | 2 | 51 | 2 | 0 |
| 54 | 149 | 148.67 | 100 | 1 | 52 | 2 | 0 |
| ⋮ | ⋮ | ⋮ | ⋮ | ⋮ | ⋮ | ⋮ | ⋮ |
| 177 | 99 | 100 | 100 | 2 | 101 | 76 | 0 |
| 178 | 99 | 99.33 | 100 | 3 | 101 | 76 | 1 |
| 179 | 99 | 99.33 | 99.6 | 3 | 101 | 76 | 2 |
| 180 | 99 | 99.33 | 99.2 | 2 | 101 | 77 | 2 |
| ⋮ | ⋮ | ⋮ | ⋮ | ⋮ | ⋮ | ⋮ | ⋮ |
| 500 | 35 | 35.33 | 35.2 | 2 | 165 | 173 | 162 |

**Tabelle 5.2.** Iterationen der Heuristik (Auszug)

*In den Folgeiterationen werden* $q_1$ *und* $q_2$ *sukzessive erhöht, wobei die jeweiligen Grenzerlöse durchgängig in etwa auf gleichem Niveau gehalten werden. In Iteration 178 wird dann erstmals der Grenzerlös der dritten Periode unterschritten, der bisher konstant bei* $u_3'(q_3) = 100$ *lag, so dass nun* $q_3$ *angehoben wird. Fortan werden die Nachfragemengen aller drei Perioden sukzessive weiter angehoben, wobei sich nun alle Grenzerlöse in etwa die Waage halten.*

*Nach Iteration 500 schließlich bricht das Verfahren gemäß der Abbruchbedingung des Algorithmus ab, da zu diesem Zeitpunkt die gesamte Angebotskapazität eingeplant ist* $(k = C)$, *und daher eine weitere Erhöhung der Nachfragemengen nicht möglich ist. Als Ergebnis erhalten wir* $q_1^* = 165$, $q_2^* = 173$ *und* $q_3^* = 162\,ME$ *mit den zugehörigen Preisen*

$r_1^* = 117.50$, $r_2^* = 92.33$ *und* $r_3^* = 67.60$ *GE/ME. Der zugehörige Gesamterlös beträgt* $46311.79\,GE$. *Man erkennt, dass sich die ermittelte Lösung sowie der zugehörige Zielfunktionswert nur geringfügig von der exakten Lösung aus Beispiel 5.3 unterscheiden.*

### 5.2.2.5 Dynamischer Einsatz des Grundmodells

Die zentrale Einschränkung der deterministischen Modellformulierung besteht in der Annahme, dass mit Hilfe der periodenbezogenen Preisabsatzfunktionen die durch eine bestimmte Preisfestlegung jeweils induzierte Nachfrage exakt vorhergesagt werden kann. Im Rahmen praktischer Anwendungen sind i.d.R. Abweichungen der tatsächlich eintreffenden Nachfrage von dieser Prognose zu beobachten, so dass eine zu Beginn durch Lösung von Modell M5.2 statisch festgelegte Preisänderungspolitik im Laufe des Verkaufszeitraums zunehmend an Optimalität verliert. Man kann sich jedoch behelfen, indem man das deterministische Grundmodell vor Beginn einer jeden Periode erneut löst. Man spricht in diesem Zusammenhang auch von *rollierender Planung*.[19] Algorithmisch lässt sich dieses naheliegende Vorgehen wie folgt beschreiben:[20]

**Start:**    Ausgangspunkt ist ein Dynamic Pricing Problem mit den Perioden $t = T, \ldots, 1$ und einer Gesamtangebotskapazität $c_{T+1}$.

**Iteration t = T, …, 1:**
    Ermittle den optimalen Preisvektor $r_t^*, \ldots, r_1^*$ durch Anwendung des Modells M5.2 für die verbleibenden Perioden $t, \ldots, 1$ unter Verwendung der noch zur Verfügung stehenden Angebotskapazität $c_{t+1}$ in Nebenbedingung (5.11) ($C := c_{t+1}$). Lege $r_t^*$ als Angebotspreis für die Periode $t$ fest.
    Beobachte nach Ablauf der Periode $t$ die Höhe der tatsächlich eingetroffenen Nachfrage $\bar{q}_t$ bzw. die Anzahl abgesetzter ME $k_t = \min\{\bar{q}_t, c_{t+1}\}$. Berechne die noch zur Verfügung stehende Angebotsmenge $c_t := c_{t+1} - k_t$.

**Abbruch:**    Das Verfahren bricht ab, sobald kein Restangebot mehr zur Verfügung steht ($c_t = 0$) oder wenn das Ende des Verkaufszeitraums erreicht worden ist ($t = 0$).

---

[19] Zum Begriff der *rollierenden Planung* vgl. *Klein und Scholl* (2004, S. 200 ff.) sowie *Scholl et al.* (2004).

[20] Ähnlich geht man beim Einsatz des Erwartungswertmodells im klassischen RM vor (vgl. Kap. 3.3.3.3).

Auch wenn der beschriebene Algorithmus – im Gegensatz zu den im nächsten Kapitel behandelten stochastischen Modellansätzen – die Unsicherheit bzgl. der künftigen Nachfrage nicht explizit bei der Preissetzung berücksichtigt, so reagiert er zumindest *ex post* auf Nachfrageschwankungen und führt dadurch i.d.R. zu wesentlich besseren Ergebnissen als eine statische Bestimmung der Preisanpassungspolitik (vgl. *Phillips* (2005, S. 254)).

### 5.2.3 Stochastische Modelle

Wir betrachten nun mehrere zentrale Modellierungsansätze des Dynamic Pricing, welche die in der Realität existierenden Unsicherheiten bzgl. der eintreffenden Nachfrage im Rahmen der Preissetzung explizit berücksichtigen. Gegenüber den zuvor behandelten deterministischen Ansätzen eignen sie sich somit nicht nur zur zeitlichen Preisdifferenzierung, sondern insbesondere zum Ausgleich stochastischer Nachfrageschwankungen (vgl. Kap. 5.1.4). Im Folgenden untersuchen wir ausführlich diesen letztgenannten Erlösvorteil. Daher unterstellen wir *zeithomogenes* Verhalten der Nachfrager, was bedeutet, dass im Laufe des Verkaufszeitraums kein genereller Trend steigender oder fallender Zahlungsbereitschaften zu beobachten ist. Man beachte, dass deterministische Ansätze in diesem Fall stets zu einer Fixpreislösung führen würden. Erst am Ende von Unterkapitel 5.2.3.3 bringen wir beide Erlösvorteile zusammen und betrachten die Wirkungsweise des Dynamic Pricing für den Fall, dass sowohl zeitlich variierende Zahlungsbereitschaften als auch stochastische Nachfrageschwankungen vorliegen.

#### 5.2.3.1 Nachfragemodellierung

Wie in Kap. 5.2.2 beginnen wir auch hier mit der mathematischen Modellierung der periodenbezogenen Nachfrage. Im Gegensatz zu den deterministischen Modellansätzen ist deren Höhe nun nicht mehr eindeutig über einen funktionalen Zusammenhang durch den festgelegten Angebotspreis bestimmt, sondern hängt vielmehr zusätzlich von zufälligen Einflüssen ab, die der Anbieter nicht unmittelbar beeinflussen kann. Diese fassen wir im Folgenden in der stochastischen Störgröße $\varepsilon_t$ zusammen, wobei wir davon ausgehen, dass der Anbieter Kenntnis über deren Verteilung besitzt. Die Nachfrage wird somit insgesamt zur preisabhängigen Zufallsvariablen:

$$Q_t(r_t, \varepsilon_t) \qquad\qquad \text{mit } r_t \in \mathbb{D}_{Q_t}, \, t = 1, ..., T \qquad (5.15)$$

Bezüglich dieser Zufallsvariablen treffen wir die folgenden *Annahmen*:

- $Q_t(r_t, \varepsilon_t)$ setzt sich aus einem *deterministischen Anteil* $q_t(r_t)$ und der *stochastischen Störgröße* $\varepsilon_t$ zusammen. Es gelte $\mathbb{D}_{Q_t} = \mathbb{D}_{q_t}$.

- Bildet man den Erwartungswert der Zufallsvariablen $Q_t(r_t, \varepsilon_t)$, so erhält man genau ihren deterministischen Anteil, d.h. es gilt:

$$E(Q_t(r_t, \varepsilon_t)) = q_t(r_t) \quad \text{für alle } r_t \in \mathbb{D}_{Q_t}, t = 1, \ldots, T \quad (5.16)$$

- Für den deterministischen Anteil $q_t(r_t)$, den man als klassische Preisabsatzfunktion betrachten kann, gelten alle Annahmen, die wir in Kap. 5.2.2.1 getroffen haben.

- Für alle $r_t \in \mathbb{D}_{Q_t}$ gilt $P(Q_t(r_t, \varepsilon_t) < 0) = 0$, so dass die Nachfrage niemals Werte kleiner als Null annehmen kann.

Auf Grundlage dieser Annahmen kann die Konstruktion der Zufallsvariablen $Q_t(r_t, \varepsilon_t)$ nun auf unterschiedliche Arten erfolgen. Am weitesten verbreitet sind die folgenden drei Modellierungstechniken (vgl. z.B. *Bitran und Caldentey* (2003, S. 209)):

### *Additiver Störterm*

Das additive Modell unterstellt, dass $\varepsilon_t$ eine kontinuierliche oder diskrete Zufallsvariable mit einem Erwartungswert von 0 ist, die zur zugrunde liegenden deterministischen Preisabsatzfunktion hinzuaddiert wird:

$$Q_t(r_t, \varepsilon_t) = q_t(r_t) + \varepsilon_t \quad \text{mit } r_t \in \mathbb{D}_{Q_t}, t = 1, \ldots, T \quad (5.17)$$

Wegen $E(Q_t(r_t, \varepsilon_t)) = E(q_t(r_t)) + E(\varepsilon_t) = q_t(r_t)$ sind unsere zuvor getroffenen Annahmen somit erfüllt. Dennoch besteht ein wesentlicher Nachteil dieser Art der stochastischen Nachfragemodellierung darin, dass die Zufallsvariable $Q_t(r_t, \varepsilon_t)$ je nach Verteilungsfunktion der $\varepsilon_t$ für kleine Werte von $q_t(r_t)$ und große Varianz von $\varepsilon_t$ grundsätzlich auch negative Werte annehmen könnte, was der ökonomischen Interpretation der Größe offensichtlich widerspricht (vgl. obige Annahme). Aus diesem Grund ist das additive Modell für praktische Anwendungszwecke nur bedingt geeignet. Es lässt sich insbesondere nur dann einsetzen, wenn unsere Annahme $P(\varepsilon_t < -q_t(r_t)) = 0$ für alle $r_t \in \mathbb{D}_{Q_t}$ sichergestellt werden kann.

### *Multiplikativer Störterm*

Das multiplikative Modell geht ebenfalls von einer kontinuierlich oder diskret verteilten Zufallsvariablen $\varepsilon_t$ aus, die nun jedoch den Erwartungswert $E(\varepsilon_t) = 1$ besitzt, darüber hinaus nur positive Werte annehmen kann und mit der deterministischen Preisabsatzfunktion wie folgt multipliziert wird:

$$Q_t(r_t, \varepsilon_t) = \varepsilon_t \cdot q_t(r_t) \qquad \text{mit } r_t \in \mathbb{D}_{Q_t}, \, t = 1, ..., T \qquad (5.18)$$

Auch hier sind unsere Annahmen wegen $E(Q_t(r_t, \varepsilon_t)) = E(\varepsilon_t) \cdot q_t(r_t) = q_t(r_t)$ erfüllt. Die Störgröße $\varepsilon_t$ bewirkt letztlich eine einfache Skalierung der erwarteten Nachfrage $q_t(r_t)$. Man beachte, dass wegen $\varepsilon_t > 0$ keine negativen Nachfragemengen angenommen werden können und somit das Problem des additiven Modells hier nicht besteht.

### Bernoulli-Nachfrage

Eine Sonderstellung unter den Möglichkeiten zur stochastischen Nachfragemodellierung nimmt das Bernoulli-Nachfragemodell ein. Während wir sowohl beim additiven als auch beim multiplikativen Modell keine Einschränkungen bzgl. der Nachfragehöhe innerhalb einzelner Perioden vorgesehen haben, gehen wir nun davon aus, dass in jeder Periode $t = 1, ..., T$ maximal eine Anfrage eintreffen kann (Mikroperioden).[21] $q_t(r_t)$ kann daher nicht nur als Erwartungswert der Zufallsvariablen $Q_t(r_t, \varepsilon_t)$, sondern gleichzeitig als Wahrscheinlichkeit für das Eintreffen einer Anfrage aufgefasst werden. $1 - q_t(r_t)$ gibt entsprechend die Wahrscheinlichkeit an, dass keine Anfrage eintrifft. Wenn wir zusätzlich fordern, dass $\varepsilon_t$ eine gleichverteilte Zufallsvariable im Intervall $[0, 1]$ ist, so lässt sich das Bernoulli-Nachfragemodell folgendermaßen formulieren:

$$Q_t(r_t, \varepsilon_t) = \begin{cases} 1 & \text{für } \varepsilon_t \leq q_t(r_t) \\ 0 & \text{für } \varepsilon_t > q_t(r_t) \end{cases} \quad \text{mit } r_t \in \mathbb{D}_{Q_t}, \, t = 1, ..., T \qquad (5.19)$$

Eine intuitivere Darstellung des Bernoulli-Nachfragemodells ergibt sich wie folgt: Wir gehen davon aus, dass in jeder Mikroperiode genau ein Kunde erscheint und sich wiederum genau dann für den Kauf des Produkts entscheidet, wenn seine individuelle *Zahlungsbereitschaft* $v_t$ (auch *Vorbehalts-*, *Prohibitiv-* oder *Reservationspreis*, vgl. auch Kap. 2.2.1) größer oder gleich dem vorherrschenden Angebotspreis ausfällt. Die Zahlungsbereitschaft modellieren wir dabei als beliebige kontinuierliche Zufallsvariable mit der zugehörigen Verteilungsfunktion $F_t(v) = P(v_t \leq v)$. Bei festgelegtem Preis $r_t$ kommt ein Kauf daher mit der Wahrscheinlichkeit $1 - F_t(r_t)$ zustande. Das resultierende Nachfragemodell lautet dann:

---

[21] Es besteht somit eine Analogie zur Nachfragemodellierung beim stochastischen, dynamischen Grundmodell des klassischen RM aus Kap. 3.3.2. Auch dort sind wir davon ausgegangen, dass in jeder Periode maximal eine Anfrage eintrifft.

$$Q_t(r_t, v_t) = \begin{cases} 1 \text{ für } v_t \geq r_t \\ 0 \text{ für } v_t < r_t \end{cases} \quad \text{mit } r_t \in \mathbb{D}_{Q_t}, \; t = 1, ..., T \quad (5.20)$$

Man kann sich leicht überzeugen, dass die Formulierungen (5.19) und (5.20) völlig äquivalent zueinander sind, indem man in (5.19) für die Kaufwahrscheinlichkeiten $q_t(r_t) = 1 - F_t(r_t)$ wählt. Für die Kaufwahrscheinlichkeiten verwenden wir anstelle von $q_t(r_t)$ in den folgenden Kapiteln auch den für Wahrscheinlichkeiten gebräuchlicheren Bezeichner $p_t(r_t)$.

Das Bernoulli-Nachfragemodell bietet verschiedene Vorzüge (vgl. *Talluri und van Ryzin* (2004a, S. 329)):

- Zum einen ermöglicht es die unmittelbare Umwandlung eines deterministischen Modells mit der Preisabsatzfunktion $q_t(r_t)$ in ein korrespondierendes, stochastisches Modell mit der Kaufwahrscheinlichkeit $p_t(r_t)$. Dabei müssen keine zusätzlichen Verteilungsspezifikationen (Varianz etc.) vorgenommen werden.

- Zum anderen liefert es schon per Definition ausschließlich diskrete Nachfragewerte, was für viele Anwendungszwecke wünschenswert ist.

**Bemerkung 5.4:** Eine Vielzahl von Autoren betrachtet die folgende Erweiterung des Bernoulli-Nachfragemodells (vgl. z.B. *Bitran und Mondschein* (1997, S. 67 ff.) oder *Zhao und Zheng* (2000)), mit der eine Trennung zwischen Ankunft eines Kunden und Kaufentscheidung erreicht wird: Zusätzlich zu den auf Prohibitivpreisen basierenden Wahrscheinlichkeiten, dass der Kunde in Periode t das Produkt kauft (*Kaufwahrscheinlichkeiten*), werden Wahrscheinlichkeiten dafür definiert, dass in der jeweiligen Periode überhaupt ein potenzieller Kunde zur Verfügung steht (sog. *Ankunftswahrscheinlichkeiten*). Beide Werte multipliziert ergeben die eigentliche Wahrscheinlichkeit für das Zustandekommen eines Kaufs. Der Vorteil dieser Betrachtungsweise besteht darin, dass die zusätzlichen Ankunftswahrscheinlichkeiten approximativ aus einem stochastischen Ankunftsprozess (z.B. Poisson-Prozess) abgeleitet werden können, so dass sich eine quasi-zeitkontinuierliche Modellierung ergibt. Da das zu lösende Modell aber letztlich völlig identisch ausfällt, verzichten wir im Weiteren auf diese Modellerweiterung.

**Bemerkung 5.5:** Analog zu unseren Überlegungen aus Kap. 5.2.2.1 kann das Entscheidungsproblem des Anbieters auch bei den stochastischen Modellen unmittelbar als optimale Festlegung der *erwarteten* Nachfragehöhe anstelle der optimalen Wahl des Angebotspreises interpretiert werden. Für das Bernoulli-Nachfragemodell bedeutet dies, dass der Anbieter unmittelbar die *Wahrscheinlichkeit* für das Eintreffen einer Anfrage in der folgenden Mikroperiode als Entscheidungsvariable nutzt (vgl. *Lin* (2004), S. 503). In den nachfolgenden Modellformulierungen werden wir jedoch auf den Preis als Entscheidungsvariable zurückgreifen.

### 5.2.3.2 Fixpreis-Modell

Analog zur Darstellung der deterministischen Ansätze in Kap. 5.2.2 möchten wir mit einem Modell beginnen, mit dem der optimale Fixpreis für das stochastische Szenario ermittelt werden kann. Dazu aggregieren wir zunächst die periodenbezogenen Zufallsvariablen $Q_t(r_t, \varepsilon_t)$ für $t = 1, \ldots, T$, um zu einer Zufallsvariablen zu gelangen, welche die Höhe der Gesamtnachfrage in Abhängigkeit vom gewählten Preis $r = r_1 = \ldots = r_T$ beschreibt:

$$Q(r, \varepsilon) = \sum_{t=1}^{T} Q_t(r, \varepsilon_t) \qquad \text{mit } \varepsilon = (\varepsilon_1, \ldots, \varepsilon_T) \qquad (5.21)$$

Das sich ergebende Optimierungsproblem ist in Modell M5.3 dargestellt (vgl. z. B. *Bitran und Caldentey* (2003, S. 217 f.)). Der in der Zielfunktion (5.22) verwendete Term $E[\min\{Q(r, \varepsilon), C\}]$

| **M5.3:** Stochastisches Fixpreis-Modell (OFP) |
| --- |
| Maximiere $r \cdot E[\min\{Q(r, \varepsilon), C\}]$ (5.22) |
| unter der Nebenbedingung |
| $r \geq 0$ (5.23) |

ermittelt die erwartete Absatzmenge bei einem Angebotspreis $r$ und verfügbarem Warenbestand $C$. Folglich maximiert die Zielfunktion den *erwarteten* Gesamterlös als Produkt aus dieser Größe und dem zugehörigen Angebotspreis. Die Nebenbedingung (5.23) erwähnen wir nur der Vollständigkeit halber, da der Definitionsbereich von $Q(r, \varepsilon)$ negative Preise gemäß unserer Annahmen ohnehin verbietet.

Die optimale Lösung $r^*_{OFP}$ des Modells M5.3 lässt sich je nach Gestalt der Zufallsvariablen $Q(r, \varepsilon)$ häufig nicht in geschlossener Form darstellen, so dass im Rahmen der Maximierung auf numerische Techniken zurückgegriffen werden muss. In praktischen Anwendungsszenarien fällt es daher häufig leichter, anstelle des stochastischen Fixpreis-Modells den korrespondierenden deterministischen Ansatz aus Kap. 5.2.2.2 als *Ersatzmodell* heranzuziehen. Dabei ist unmittelbar der Erwartungswert der aggregierten Nachfrage zu verwenden:

$$E(Q(r, \varepsilon)) = E[\textstyle\sum_{t=1}^{T} Q_t(r, \varepsilon_t)] = \sum_{t=1}^{T} q_t(r) = q(r) \qquad (5.24)$$

In Modell M5.4 geben wir eine entsprechend angepasste Formulierung nochmals explizit mit dem Preis als Entscheidungsvariable an. Die optimale Lösung des Ersatzmodells bezeichnen wir mit $r_{FP}^*$.[22] Zur Lösung kann die Vorgehensweise

| **M5.4:** Deterministisches Ersatzmodell zur Fixpreisbestimmung (FP) | |
|---|---|
| Maximiere $r \cdot E[Q(r, \varepsilon)] = r \cdot q(r)$ | (5.25) |
| unter den Nebenbedingungen | |
| $q(r) \le C$ | (5.26) |
| $r \ge 0$ | (5.27) |

eingesetzt werden, die wir in Kap. 5.2.2.2 beschrieben haben.

Wir möchten noch etwas näher auf den Spezialfall eingehen, dass zur Modellierung der Nachfrage das Bernoulli-Modell aus Kap. 5.2.3.1 eingesetzt wird. Da wir zeithomogene Zahlungsbereitschaften unterstellen, können wir auf die Beibehaltung des Index t verzichten und die Kaufwahrscheinlichkeiten für die einzelnen Mikroperioden einheitlich mit $p(r)$ bezeichnen. Für den Fall eines fixen Preises r ist nun die Gesamtnachfrage als Summe von Bernoulli-Zufallsvariablen $B(n, p)$-binomialverteilt mit Wahrscheinlichkeit $p = p(r)$ bei $n = T$ Wiederholungen. Die Zielfunktion (5.22) des stochastischen Fixpreismodells kann daher wie folgt konkretisiert werden:

$$\text{Maximiere } r \cdot \left( \sum_{t=1}^{T} \binom{T}{t} p(r)^t \cdot (1 - p(r))^{T-t} \cdot \min\{t, C\} \right) \qquad (5.28)$$

Für die Zielfunktion (5.25) des deterministischen Ersatzmodells können wir ausnutzen, dass der Erwartungswert einer $B(n, p)$-verteilten Zufallsvariablen leicht durch $n \cdot p$ berechnet werden kann. Sie geht daher über in:

$$\text{Maximiere } r \cdot (n \cdot p(r)) = r \cdot (T \cdot p(r)) \qquad (5.29)$$

**Beispiel 5.5:** *Wir betrachten ein Beispiel für den Fall, dass die Nachfrage wie beschrieben einem zeithomogenen Bernoulli-Modell folgt. Die Länge des Verkaufszeitraums betrage* T = 50 *Mikroperioden. Wir gehen*

---

[22] Zur Unterscheidung der beiden Fixpreis-Ansätze verwenden wir die in der englischsprachigen Literatur üblichen Kürzel OFP (*Optimal Fix-Price*) und FP (*(Deterministic) Fix-Price*) (vgl. z.B. *Gallego und van Ryzin* (1994), S. 1006 ff.).

*außerdem davon aus, dass die Zahlungsbereitschaften in jeder Periode einer Gleichverteilung auf dem Intervall* $[0, 200]$ *folgen, wobei der Preis* r *ebenfalls genau aus diesem Intervall gewählt werden muss. Für die Kaufwahrscheinlichkeiten* $p(r)$ *gilt dementsprechend:*

$$p(r) = 1 - \frac{1}{200}r \qquad \textit{mit } r \in [0, 200]$$

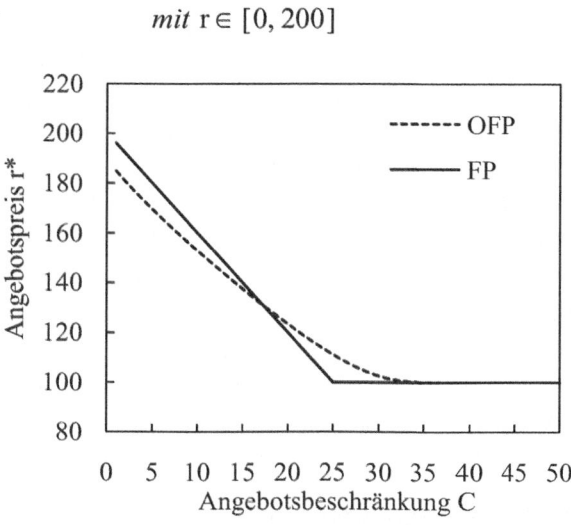

*In Abb. 5.3 sind die resultierenden optimalen Fixpreise sowohl des stochastischen Modells M5.3 (OFP) als auch des deterministischen Ersatzmodells M5.4 (FP) für verschiedene Werte der Angebotsbeschränkung C abgetragen. Man erkennt, dass der optimale Preis des deterministischen Ersatzmodells zunächst linear mit*

**Abb. 5.3.** Fixpreis-Strategien im Vergleich

*der wachsenden Angebotskapazität abnimmt, ab* C = 25 *jedoch konstant bei* r = 100 *GE liegt. Dieses Verhalten ist – wie in Kap. 5.2.2.2 ausführlich erläutert – dadurch zu erklären, dass ab einer bestimmten Angebotsmenge eine weitere Preissenkung nicht mehr gewinnbringend ist, da das Maximum der Erlösfunktion bereits überschritten wurde (vgl. Abb. 5.2, S. 194).*

*Man erkennt ferner, dass die optimalen Fixpreise der beiden Modelle für kleine Werte C deutlich voneinander abweichen, während sie sich für* C → ∞ *sukzessive annähern. Es lässt sich also festhalten, dass der Einsatz des deterministischen Ersatzmodells offenbar insbesondere dann unproblematisch ist, wenn die Anfangsbestände in Relation zur maximalen Nachfrage vergleichsweise groß ausfallen.*

Die letztgenannte Beobachtung im Rahmen von Beispiel 5.5 lässt sich auch analytisch belegen. Sie folgt daraus, dass allgemein für beliebige $r \in \mathbb{D}_Q$

$$\lim_{C \to \infty} r \cdot E[\min\{Q(r, \varepsilon), C\}] = r \cdot E[Q(r, \varepsilon)] \qquad (5.30)$$

gilt und darüber hinaus die Nebenbedingung (5.26) des deterministischen Ersatzmodells für $C \to \infty$ verschwindet. Beide Modelle gehen folglich für $C \to \infty$ ineinander über.

Bei Bernoulli-Nachfragemodellen gilt außerdem, dass M5.3 und M5.4 bereits für beliebige Angebotskapazitäten $C \geq T$ vollständig identisch sind, da aufgrund der Modellierungsannahme maximal einer Verkaufseinheit pro Mikroperiode ohnehin insgesamt niemals mehr als T ME verkauft werden könnten und daher die Angebotsbeschränkung auch im stochastischen Modell nicht mehr greift. Dieser Sachverhalt lässt sich unmittelbar an Formel (5.28) illustrieren, denn für Werte $C \geq T$ gilt im Rahmen der Erwartungswertbildung stets $\min\{t, C\} = t$, so dass die Angebotsbeschränkung $C$ keinen Einfluss mehr besitzt.

**Bemerkung 5.6:** Man beachte, dass das Verhältnis zwischen stochastischem Fixpreisansatz und deterministischem Ersatzmodell völlig analog zum Verhältnis zwischen stochastischem Modell M3.1, S. 107, und Erwartungswertmodell M3.3, S. 110, im klassischen RM anzusehen ist. Beide haben wir ausführlich in Kap. 3.3.3 behandelt.

### 5.2.3.3 Bernoulli-Modell

Wir behandeln nun einen Ansatz zur dynamischen Preisanpassung, der eine Nachfragemodellierung in Form der Bernoulli-Nachfrage voraussetzt (vgl. Kap. 5.2.3.1) und den wir daher als *„Bernoulli-Modell des Dynamic Pricing"* bezeichnen wollen. Das resultierende Problem ist *dynamisch*, da der Anbieter nun zu Beginn jeder Mikroperiode in Abhängigkeit von der aktuell verfügbaren Restangebotsmenge sowie von der noch verbleibenden Länge des Verkaufszeitraums eine neue Preisentscheidung treffen kann. Es ist darüber hinaus *stochastisch*, da die aus einer bestimmten Preisfestlegung resultierende Nachfragehöhe eine preisabhängige Zufallsvariable darstellt, deren Wert der Anbieter nicht exakt voraussagen kann. Insgesamt ergibt sich somit ein *stochastisches, dynamisches Optimierungsproblem*, das mit den Methoden der *Dynamischen Optimierung (DO)* gelöst werden kann, deren Grundlagen wir bereits in Kap. 3.3.2 im Zusammenhang mit dem stochastischen, dynamischen Grundmodell des klassischen RM ausführlich behandelt haben. Wir verweisen den Leser auf die entsprechende Darstellung und geben unmittelbar die Modellformulierung in Form der *Bellman'schen Funktionalgleichung* an:[23]

---

[23] Vgl. *Talluri und van Ryzin* (2004a, S. 203) für eine alternative Formulierung mit der Nachfrage als Steuerungsvariable.

$$V(c, t) = \max_{r_t \in \mathbb{D}_{p_t}} \{ p_t(r_t) \cdot (r_t + V(c - 1, t - 1)) +$$

$$(1 - p_t(r_t)) \cdot V(c, t - 1) \}$$

für alle $0 \leq c \leq C$ und $t = 1, \ldots, T$ \hfill (5.31)

Die zu beachtenden Randbedingungen lauten:

$V(c, 0) = 0$ \qquad\qquad für alle $c \geq 0$ \hfill (5.32)

$V(0, t) = 0$ \qquad\qquad für $t = 1, \ldots, T$ \hfill (5.33)

Die Formulierung lässt sich wie folgt erläutern: Jede Mikroperiode t, für die eine separate Preisentscheidung getroffen werden kann, entspricht einer *Stufe* des dynamischen Optimierungsproblems. Entsprechend lassen sich die *Zustände*, in denen sich das System in Stufe t befinden kann, eindeutig durch die dort theoretisch möglichen Angebotsrestbestände c und somit insgesamt durch die Tupel (c, t) charakterisieren. Ziel des Entscheidungsproblems ist es nun, eine *Politik* zu bestimmen, welche ausgehend von dem Zustand (C, T) den erwarteten Gesamterlös maximiert. Bei der Berechnung des stufenbezogenen Erwartungswerts ist das Eintreffen zweier möglicher *Umweltlagen* zu berücksichtigen (vgl. (5.31)):

- Mit der Wahrscheinlichkeit $p_t(r_t)$ trifft in der jeweiligen Mikroperiode t eine Anfrage ein, die zu einem unmittelbaren Erlös i.H.v. $r_t$ GE führt. Gleichzeitig verringert sich in diesem Fall jedoch die noch verfügbare Angebotskapazität um 1 ME, so dass in den verbleibenden Perioden $t - 1, \ldots, 1$ noch mit einem Resterlös i.H.v. $V(c - 1, t - 1)$ gerechnet werden kann. Insgesamt ergibt sich somit der erste Summand des Erwartungswerts zu $p_t(r_t) \cdot (r_t + V(c - 1, t - 1))$.

- Mit der Wahrscheinlichkeit $1 - p_t(r_t)$ trifft in Mikroperiode t keine Anfrage ein. Es resultiert somit kein unmittelbarer Erlöszuwachs und die Restangebotskapazität steht vollständig für die verbleibenden Perioden $t - 1, \ldots, 1$ zur Verfügung. Der zweite Summand des Erwartungswerts ergibt sich daher zu $(1 - p_t(r_t)) \cdot V(c, t - 1)$.

Die Randbedingungen (5.32) und (5.33) stellen sicher, dass am Ende des Verkaufszeitraums bzw. bei aufgebrauchter Angebotskapazität kein weiterer Erlös generiert werden kann.

Zur Lösung des durch (5.31)–(5.33) definierten Optimierungsproblems ist nun die Bellman'sche Funktionalgleichung (5.31) für sämtliche denkbaren Zustände (c, t) auszuwerten. Dies kann – wie in Kap. 3.3.2 beschrieben – ausgehend von der Stufe $t = 1$ in Form einer *Rückwärtsre-*

*kursion* bzw. eines *Roll Back-Verfahrens* erfolgen, bis letztlich die Stufe t = T erreicht wird. Bezüglich der Preismaximierung, die dabei auf jeder Stufe durchzuführen ist, wollen wir zwei Fälle unterscheiden:

– Wir sprechen von *diskreten Preisen*, wenn der Definitionsbereich $\mathbb{D}_{p_t(r_t)}$ auf jeder Stufe t eine n-elementige Menge möglicher Angebotspreise $r_{t1}, \ldots, r_{tn}$ darstellt.[24] In diesem Fall liegt eine *endliche Entscheidungsmenge* vor, so dass auf jeder Stufe im Rahmen der Zielfunktion der Erwartungswert für alle möglichen $r_t \in \mathbb{D}_{p_t(r_t)}$ separat berechnet und das entsprechende Maximum ausgewählt werden kann. Abb. 5.4 illustriert das Vorgehen für eine Stufe des entsprechenden Entscheidungsbaums. Dabei werden wie in Kap. 3.3.2.3 die Entscheidungsknoten durch Quadrate, die Zufallsknoten durch Kreise symbolisiert.[25]

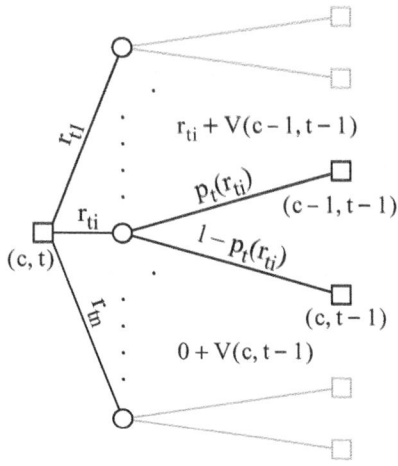

**Abb. 5.4.** Stufe t bei diskreten Preisen

– Schwieriger verhält es sich bei *kontinuierlichen Preisen,* die beliebige Werte aus einem bestimmten Intervall annehmen können. In diesem Fall liegt eine *unendliche Entscheidungsmenge* vor, so dass auf jeder Stufe explizit ein kontinuierliches mathematisches Optimierungsproblem zu lösen ist. Eine Illustration in Form eines Entscheidungsbaums ist somit nur noch beschränkt möglich (vgl. Abb. 5.5).

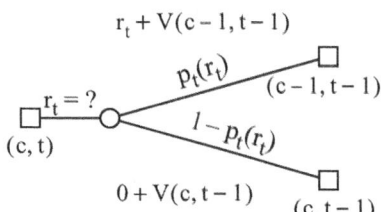

**Abb. 5.5.** Stufe t bei kontinuierlichen Preisen

---

[24] Zur Vereinfachung der Indexierung gehen wir hierbei davon aus, dass auf jeder Stufe die Anzahl möglicher Preise identisch ist.

[25] Die Annahme diskreter Preise lässt sich in vielen Anwendungsfällen durchaus rechtfertigen. Neben psychologischen Erwägungen bzgl. der Kundenwahrnehmung bestimmter Preisstufen (z.B. 9.99 € gegenüber 10 €) ist eine diskrete Liste möglicher Preise häufig einfacher zu implementieren und zu kontrollieren (vgl. *Bitran und Caldentey* (2003, S. 210)).

**Beispiel 5.6:** *Wir demonstrieren die Anwendung des Bernoulli-Modells anhand eines Beispiels. Dazu greifen wir die Voraussetzungen aus Beispiel 5.5, S. 208, auf, d.h. wir gehen von* $T = 50$ *Mikroperioden sowie von zeithomogenen Zahlungsbereitschaften aus, die jeweils im Intervall* $[0, 200]$ *gleichverteilt sind. Zusätzlich legen wir die zur Verfügung stehende Angebotskapazität auf* $C = 15$ *KE fest. Die Konkretisierung der Bellman'schen Funktionalgleichung lautet nun:*

$$V(c,t) = \max_{r_t \in [0, 200]} \left\{ \left(1 - \frac{1}{200}r_t\right) \cdot (r_t + V(c-1, t-1)) + \right.$$

$$\left. \left(\frac{1}{200}r_t\right) \cdot V(c, t-1) \right\}$$

*Da sich aufgrund von* $r_t \in [0, 200]$ *für das zu lösende Problem eine unendliche Entscheidungsmenge ergibt, müssen wir die auf den einzelnen Stufen entstehenden Maximierungsprobleme analytisch lösen. Zur Ermittlung des jeweiligen Maximums bilden wir die Bedingungen erster Ordnung, d.h. wir leiten auf jeder Stufe den Erwartungswert des Erlöses aus der Zielfunktion nach* $r_t$ *ab, setzen ihn gleich 0 und lösen nach* $r_t$ *auf. Als optimaler Preis in Stufe* t *bei verfügbarer Restkapazität* c *ergibt sich:*

$$r_{t,c}^* = 100 + \frac{1}{2}(V(c, t-1) - V(c-1, t-1))$$

*Dabei entspricht der enthaltene Term* $V(c, t-1) - V(c-1, t-1)$ *genau den im Zustand* $(c, t)$ *geltenden inputorientierten Opportunitätskosten der Angebotskapazität* $\rho(c, t)$. *Man kann sich nun überlegen, dass eine Verknappung der Kapazität den Erwartungswert des Erlöses grundsätzlich nicht verbessern kann, so dass stets* $\rho(c, t) \geq 0$ *zutreffen muss. Umgekehrt muss auch* $\rho(c, t) \leq 200$ *gelten, da die durch jede nicht zur Verfügung stehende KE verursachte Erlösminderung aufgrund unserer Annahmen bzgl. der Zahlungsbereitschaften stets weniger als* $200\,GE$ *betragen muss. Beide Abschätzungen gemeinsam führen dazu, dass auch obige Formel für den optimalen Angebotspreis* $r_{t,c}^*$ *stets Werte innerhalb des Definitionsbereichs* $[0, 200]$ *liefert und so aufgrund der Konkavität der Erwartungswertfunktion stets globale Optima ermittelt werden können.*

*Mit Hilfe obiger Formel kann nun im Laufe des Verkaufsprozesses für jeden eintretenden Zustand* $(c, t)$ *der zugehörige optimale Angebotspreis bestimmt werden. Ergebnis ist eine optimale Preisanpassungspolitik, die wir in Abb. 5.6 für eine konkrete Realisierung der Zahlungsbereitschaf-*

*ten illustrieren. Der resultierende Preisanpassungspfad selbst wird dabei durch die durchgezogene Linie gekennzeichnet, jeder darauf befindliche Punkt stellt ein Kaufereignis dar.[26] Anhand der Abbildung kann man den typischen Verlauf dynamischer Preisanpassungspolitiken erkennen: In Phasen, in denen keine ME verkauft wird, sinkt der Angebotspreis kontinuierlich von Mikroperiode zu Mikroperiode. Durch diese Preissenkungen werden die Wahrscheinlichkeiten für einen künftigen Kauf sukzessive erhöht. Kommt es schließlich zu einem Kaufereignis, so steigt der Preis sprunghaft an, sinkt danach wieder kontinuierlich usw.*

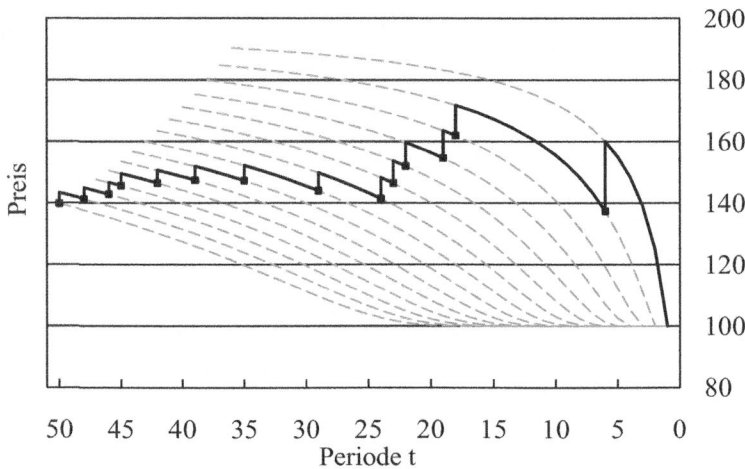

**Abb. 5.6.** Exemplarischer Preisanpassungspfad des Bernoulli-Modells

## Iso-Kapazitätslinien und Monotonieeigenschaften

Wir möchten zunächst den im Rahmen des Beispiels angesprochenen, typischen Preisanpassungsmechanismus noch etwas genauer analysieren. Zu diesem Zweck haben wir in Abb. 5.6 zusätzlich gestrichelte Linien eingezeichnet, welche für verschiedene fixe Restkapazitätsniveaus c jeweils die optimalen Preisverläufe darstellen (*Iso-Kapazitätslinien*). Dabei gibt die unterste Linie den Preispfad für c = 15, die oberste denjenigen für c = 1 an. Unter Berücksichtigung der Iso-Kapazitätslinien kann man sich den

---

[26] Streng genommen liegen aufgrund der diskreten Unterteilung in T Mikroperioden nur einzelne Datenpunkte vor. Zur besseren Veranschaulichung haben wir sie in der Abbildung jedoch zu einer Linie verbunden.

Preisanpassungsprozess wie folgt veranschaulichen: Zu Beginn des Verkaufszeitraums folgt der Angebotspreis zunächst der Iso-Kapazitätslinie für c = 15. Sobald ein Verkauf stattfindet, springt der Preis auf die nächsthöhere Linie (c = 14) und folgt wiederum dieser, bis er beim nächsten Verkauf weiter nach oben springt usw.

Bezüglich des Verlaufes der Iso-Kapazitätslinien lassen sich die beiden folgenden, wichtigen Eigenschaften festhalten:

- Alle Iso-Kapazitätslinien sind monoton fallend. Dies verdeutlicht den Sachverhalt, dass bei gleichbleibender Restkapazität, d.h. ausbleibenden Verkäufen, der Angebotspreis mit fortschreitender Zeit kontinuierlich sinkt.

- Die Iso-Kapazitätslinien schneiden sich nicht. Dies bedeutet, dass zu jedem Zeitpunkt des Verkaufszeitraums der optimale Angebotspreis umso größer ist, je knapper die noch zur Verfügung stehende Angebotskapazität ausfällt.

Diese beiden zentralen Aussagen bzgl. dynamischer Preisanpassungsprozesse werden in der Literatur auch als *Monotonieeigenschaften* bezeichnet. Sie lassen sich allgemein für beliebige Bernoulli-Modelle mit zeithomogenen Zahlungsbereitschaften beweisen (vgl. z.B. *Bitran und Mondschein* (1993, S. 6)) und können formal wie folgt angegeben werden:

$$r^*_{t+1,c} \geq r^*_{t,c} \qquad \text{für } t = 1, ..., T, \ c \geq 0 \qquad (5.34)$$

$$r^*_{t,c} \geq r^*_{t,c+1} \qquad \text{für } t = 1, ..., T, \ c \geq 0 \qquad (5.35)$$

**Bemerkung 5.7:** Aus den Monotonieeigenschaften folgt unmittelbar ein weiteres Merkmal dynamischer Preisanpassungsprozesse. Betrachten wir dazu den Fall $c \to \infty$, in dem die Kapazitätsrestriktion nicht mehr greift. In diesem Fall besteht zwischen den einzelnen Mikroperioden keinerlei Verbindung mehr, so dass die Preisoptimierung für jede Periode separat erfolgen kann. Aufgrund der zeitinvaranten Zahlungsbereitschaften muss dabei zwangsläufig für alle Perioden dasselbe, fixe Preisoptimum gelten, das sich durch die Maximierung der Formel $p(r) \cdot r$ ergibt. Aus (5.35) folgt nun unmittelbar, dass der optimale Angebotspreis jeder dynamischen Preisanpassungspolitik zu keinem Zeitpunkt unterhalb dieses Optimalpreises des unbeschränkten Problems liegen kann. Er liefert somit stets eine Preisuntergrenze PUG > 0. Im Beispiel kann diese angegeben werden als PUG = 100 (vgl. auch Übungsaufgabe Ü5.6).

## Dynamische Preissetzung vs. Fixpreisstrategie

Als nächstes möchten wir Fixpreisstrategie und dynamische Preissetzung gegenüberstellen. Dazu greifen wir erneut das Beispiel 5.6 auf und berechnen zusätzlich den zugehörigen optimalen Fixpreis für $c_0 = 15$ mit Hilfe des Modells M5.3, S. 207. Es ergibt sich $r^*_{\ddot{O}FP} \approx 137.46$ GE. Wir betrachten nun zwei Szenarien, die mögliche Vorteile des Dynamic Pricing gegenüber der Verwendung des fixen Angebotspreises verdeutlichen:

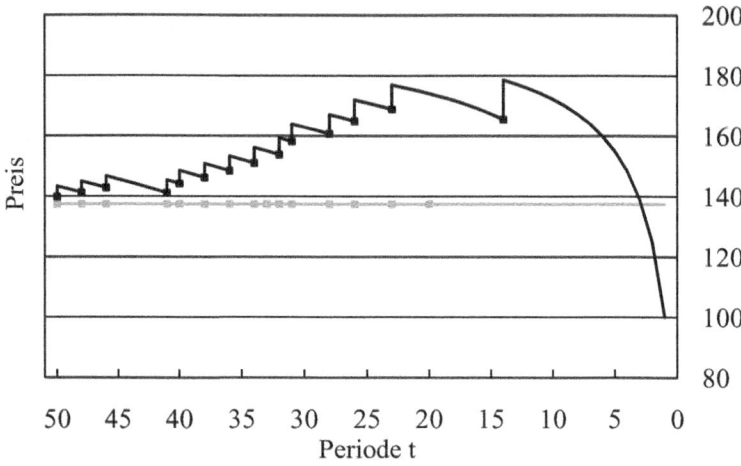

**Abb. 5.7.** Preisanpassungspfad bei großer Nachfrage

– In Abb. 5.7 ist ein Szenario dargestellt, bei dem die Zahlungsbereitschaften der Kunden und somit die Nachfrage unerwartet groß ausfallen. Die Verwendung des Fixpreis-Ansatzes (graue waagrechte Gerade) führt in diesem Fall dazu, dass der Angebotsbestand bereits nach 31 Mikroperioden vollständig ausverkauft ist. Demgegenüber wird durch die Mechanismen des Dynamic Pricing der Preis aufgrund der großen Nachfrage und der dadurch immer knapper werdenden Restkapazität kontinuierlich in die Höhe getrieben. In der Folge sinken die Verkaufswahrscheinlichkeiten, so dass trotz einer massiven Preissenkung gegen Ende des Verkaufszeitraums nicht alle ME verkauft werden können. Dieser Nachteil wird jedoch durch die im Durchschnitt wesentlich höheren erzielten Stückerlöse kompensiert, so dass die Preisanpassungspolitik gegenüber dem Fixpreis in Summe zu einer Erlössteigerung von mehr als 3 % führt.

– In Abb. 5.8 stellen wir umgekehrt ein Szenario dar, bei dem die Zahlungsbereitschaften der Kunden unerwartet gering ausfallen. Hier führt die Fixpreisstrategie dazu, dass nur 12 ME verkauft werden können. Demgegenüber werden durch die dynamische Preisanpassung aufgrund erheblicher Preissenkungen alle ME abgesetzt. Obwohl diese Verkäufe zu geringeren Durchschnittserlösen erfolgen, lässt sich aufgrund der insgesamt größeren Anzahl getätigter Verkäufe ein Erlöszuwachs von fast 9 % verzeichnen.

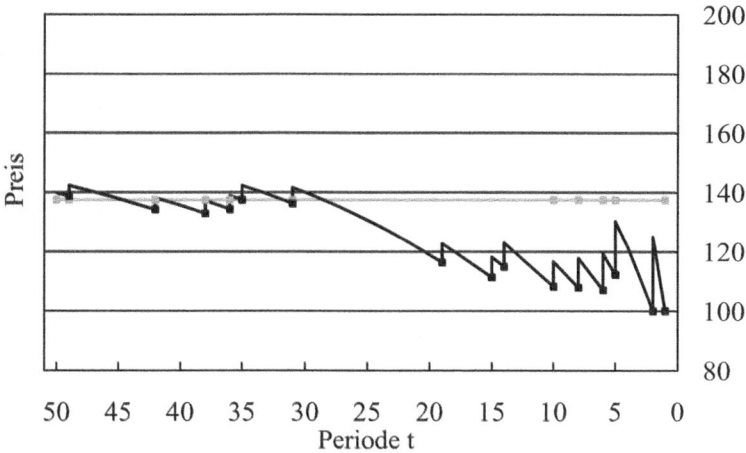

**Abb. 5.8.** Preisanpassungspfad bei niedriger Nachfrage

Man kann sich leicht überlegen, dass neben den beiden diskutierten Szenarien, die gewissermaßen Extremfälle beschreiben, ebenso eine Vielzahl an Szenarien existiert, bei denen die Unterschiede zwischen dynamischer Preissetzung und Fixpreisstrategie nicht so eindeutig ausfallen. Gegebenenfalls ist die Nachfragesituation sogar derart ungünstig, dass die dynamische Preisanpassung zu erheblichen Erlöseinbußen führt und der Fixpreis wesentlich besser abschneidet (vgl. Übungsaufgabe Ü5.8). Im Mittel über alle möglichen Szenarien ist die dynamische Preisanpassung einem fixen Angebotspreis jedoch stets überlegen.

### *Anwendung bei zeitinhomogenen Zahlungsbereitschaften*

Wie einleitend bereits erwähnt, möchten wir zum Abschluss dieses Unterkapitels die Annahme zeithomogener Zahlungsbereitschaften relaxieren und kurz auf den Fall eingehen, dass sich die Verteilungsfunktion der Zahlungsbereitschaften im Zeitablauf grundsätzlich ändern kann. Die Anwendung des Bernoulli-Modells dient unter diesen Voraussetzungen nicht nur dem Ausgleich stochastischer Nachfrageschwankungen, sondern gleichzeitig auch der zeitlichen Preisdifferenzierung (vgl. Kap. 5.1.4). Wir beschränken uns auf die beispielhafte Untersuchung des *Markup Pricing*, das insbesondere für die Airline-Branche typisch ist, wie wir in Kap. 5.1.5.2 ausführlich diskutiert haben. Dabei gehen wir davon aus, dass die *maximale Zahlungsbereitschaft* $r_{max}$ der anfragenden Kunden im Zeitablauf kontinuierlich steigt.

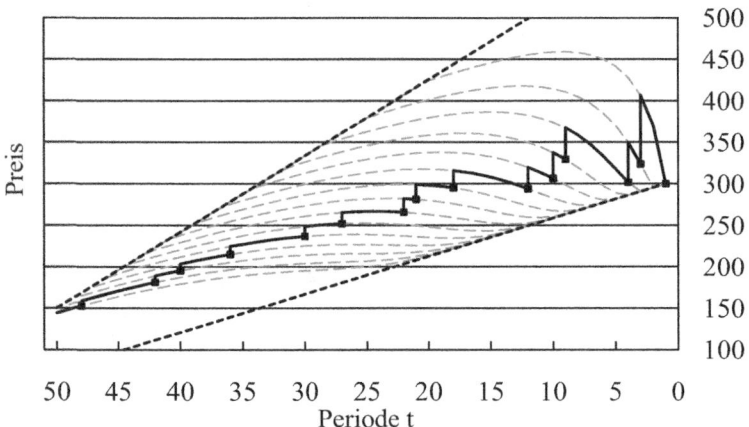

**Abb. 5.9.** Preisanpassungspfad bei zeitinhomogener Nachfrage

**Beispiel 5.7:** *Wie in Beispiel 5.6 unterstellen wir eine Angebotskapazität von C = 15 KE sowie einen Verkaufszeitraum der Länge T = 50 Mikroperioden. Für die Zahlungsbereitschaften wählen wir wieder eine Gleichverteilung, bei der sich nun allerdings der obere Wert, d.h. die maximale Zahlungsbereitschaft $r_{max}$, von 150 GE in Periode t = 50 auf 600 GE in Periode t = 1 linear erhöht. Für die Kaufwahrscheinlichkeiten $p_t(r_t)$ ergibt sich folglich:*

$$p_t(r_t) = 1 - \frac{1}{r_{max}(t)} \cdot r \qquad \textit{mit } r_t \in [0, r_{max}(t)],$$

$$r_{max}(t) = 600 - (t-1) \cdot \frac{600 - 150}{49}$$

*Die optimale Lösung des resultierenden Problems führt zu den Iso-Kapazitätslinien, die wir in Abb. 5.9 skizziert und um einen möglichen Preisanpassungspfad ergänzt haben.*

*Zusätzlich haben wir gepunktet zwei trichterförmig auseinanderlaufende Geraden angedeutet, welche offensichtlich die Menge möglicher Preise begrenzen („Preiskorridor").*

Bezüglich des Monotonieverhaltens der resultierenden Preisanpassungspolitik lassen sich anhand der Abb. 5.9 die folgenden wichtigen Beobachtungen machen:[27]

- Auch in Phasen, in denen keine Verkäufe stattfinden, sind nun steigende Preise durchaus sinnvoll (vgl. z.B. den Zeitraum zwischen $t = 47$ und $t = 42$), um die sich im Zeitablauf verändernden Zahlungsbereitschaften weitergehend abzuschöpfen. Die Monotonieeigenschaft (5.34) gilt somit im Fall zeitinhomogener Nachfrage i.A. nicht mehr.

- Nach wie vor schneiden sich die Iso-Kapazitätslinien nicht. Ein Verkauf führt somit stets zu einem Sprung auf eine höher gelegene Linie, so dass die Monotonieeigenschaft (5.35) auch hier Geltung hat.

Auf dieser Grundlage kann man sich das Zustandekommen des trichterförmigen *Preiskorridors* nun wie folgt überlegen:

Die Menge zulässiger Preise ist wie im Fall zeithomogener Nachfrage wegen der geltenden Monotonieeigenschaft nach unten durch den optimalen Preis des unrestringierten Modells begrenzt. Dieses führt nun aufgrund der Inhomogenität allerdings nicht mehr zu einem einheitlichen Fixpreis als Preisuntergrenze, sondern liefert ebenfalls in jeder Periode unterschiedliche Werte (vgl. Übungsaufgabe Ü5.9). Folglich entsteht keine waagrechte Gerade mehr, sondern die untere der in Abb. 5.9 dargestellten gepunkteten Linien mit positiver Steigung.

Die obere Beschränkung ergibt sich durch den jeweils aktuell geltenden Maximalpreis, bei dem die Kaufwahrscheinlichkeit definitionsgemäß genau Null beträgt. Für höhere Preise ist die Nachfragefunktion formal nicht definiert. Im Beispiel ist in diesem Zusammenhang die Beobachtung interessant, dass sich bei knappen Restkapazitäten die entsprechenden Iso-Kapazitätslinien durchaus über einen längeren Zeitraum hinweg auf diesem maximalen Preisniveau bewegen können, so dass ein möglicher Verkauf gänzlich verhindert und bewusst auf späte Zeitpunkte des Verkaufszeitraums verzögert wird. Dies wird insbesondere für die Restkapazität von $c = 1$ KE deutlich. Diese kann theoretisch frühestens nach 14 Perioden erreicht werden, unter der Bedingung, dass in jeder Periode $t = 50, \ldots, 37$ genau 1 ME verkauft werden konnte. Tritt dieser Fall ein, so wird anschließend von Periode 36 bis einschließlich Periode 21 der Preis konstant auf

---

[27] Eine allgemeine, analytische Betrachtung für den Fall zeitinhomogener Nachfrage mit entsprechenden formalen Beweisen findet sich in *Zhao und Zheng* (2000, S. 381 f.).

höchstem Niveau und somit die Verkaufswahrscheinlichkeit auf Null gehalten, in der Erwartung, die verbleibende Verkaufseinheit gewinnbringend in einer der späten Perioden verkaufen zu können.

### 5.2.3.4 Allgemeines stochastisches Modell

Wir betrachten abschließend kurz eine allgemeinere stochastische Modellformulierung des Dynamic Pricing, bei der – im Gegensatz zum Bernoulli-Modell aus dem vorherigen Kapitel – in jeder Preissetzungsperiode t grundsätzlich mehrere Kaufereignisse stattfinden können. Dazu unterstellen wir die stochastische Modellierung der Nachfrage unter Verwendung der Zufallsvariablen $Q_t(r_t, \varepsilon_t)$ mit den in Kap. 5.2.3.1 geschilderten Annahmen. Insbesondere lassen sich die dort beschriebenen, typischen additiven und multiplikativen Spezifikationen einsetzen. Man beachte, dass sich bei Verwendung von Bernoulli-Zufallsvariablen das Modell des vorherigen Kapitels als Spezialfall dieser allgemeineren Formulierung ergibt.

Das Modell kann mit Hilfe der *Bellman'schen Funktionalgleichung* wie folgt angegeben werden (vgl. *Bitran und Wadhwa* (1996, S. 7 ff.)):

$$V(c, t) = \max_{r_t \in \mathbb{D}_{Q_t}} E(r_t \cdot \min\{Q_t(r_t, \varepsilon_t), c\} +$$

$$V(c - \min\{Q_t(r_t, \varepsilon_t), c\}, t - 1))$$

für alle $0 \le c \le C$ und $t = 1, \ldots, T$            (5.36)

Die zu beachtenden Randbedingungen lauten:

$$V(c, 0) = 0 \qquad\qquad \text{für alle } c \ge 0 \qquad\qquad (5.37)$$

$$V(0, t) = 0 \qquad\qquad \text{für } t = 1, \ldots, T \qquad\qquad (5.38)$$

Im Unterschied zu der Formulierung des Bernoulli-Modells (5.31), S. 211, sind je nach Verteilung der Zufallsvariablen $Q_t(r_t, \varepsilon_t)$ bei der Berechnung des stufenbezogenen Erwartungswerts nun i. A. mehr als zwei mögliche Umweltlagen einzubeziehen, bei stetig verteilten $Q_t(r_t, \varepsilon_t)$ gar unendlich viele. Darüber hinaus ist explizit zu berücksichtigen, dass die in einer Periode eintreffende Nachfrage aufgrund der begrenzten Kapazität ggf. nicht vollständig bedient werden kann. Der zu berechnende Erwartungswert setzt sich auf jeder *Stufe* wie beim Bernoulli-Modell für jede mögliche *Umweltlage* aus zwei Summanden zusammen:

– Der unmittelbar auf der jeweiligen Stufe erzielbare Erlös ergibt sich als Produkt aus gewähltem Angebotspreis $r_t$ und absetzbarer Menge

$\min\{Q_t(r_t, \varepsilon_t), c\}$, welche durch die noch verfügbare Kapazität c begrenzt wird.

- Der in den verbleibenden Verkaufsperioden erzielbare Erlös berechnet sich rekursiv zu $V(c - \min\{Q_t(r_t, \varepsilon_t), c\}, t-1)$.

Das Modell erlaubt im Vergleich zum Bernoulli-Modell insbesondere für diejenigen Anwendungsbereiche eine realitätsnähere Modellierung, bei denen Preisanpassungen nicht nach jeder einzelnen eintreffenden Kundenanfrage, sonderen ausschließlich nach fest vorgegebenen Zeitintervallen, bspw. auf Tagesbasis, vorgenommen werden. Gleichzeitig ist das Modell aufgrund der Erwartungswertbildung und insbesondere der explizit zu berücksichtigenden Kapazitätsschranken mathematisch schwieriger handhabbar: Die analytische Ermittlung einer optimalen Politik ist je nach Spezifikation der Nachfragefunktionen ggf. nicht möglich.

**Beispiel 5.8:** *Wie in den vorangegangenen Beispielen unterstellen wir, dass bei einer Angebotskapazität von C = 15 KE innerhalb des Verkaufszeitraums maximal 50 Kaufereignisse stattfinden, wobei wir die Zahlungsbereitschaften der Kunden nun wieder als zeithomogen annehmen. Darüber hinaus sei es nicht mehr möglich, den Preis für jeden einzelnen (potenziellen) Käufer neu festzulegen. Vielmehr sei der Verkaufszeitraum nur noch in T = 5 Perioden unterteilbar, innerhalb derer bei jeweils maximal 10 möglichen Anfragen der Angebotspreis konstant bleibt. Diese Einschränkung auf das Bernoulli-Modell (5.31), S. 211, lässt sich leicht mit Hilfe des allgemeinen Modells formulieren, denn die Gesamtnachfrage innerhalb der einzelnen Perioden t ist als Summe von 10 Bernoulli-Zufallsvariablen jeweils $B(n, p)$-binomialverteilt mit Wahrscheinlichkeit $p = p_t(r_t)$ bei n = 10 Wiederholungen. Die Wahrscheinlichkeit für das Eintreffen von j Anfragen innerhalb einer Periode t errechnet sich folglich zu:*

$$P(Q_t(r_t, \varepsilon_t) = j) = \binom{10}{j} p_t(r_t)^j \cdot (1 - p_t(r_t))^{10-j}, \; j = 1, ..., 10$$

*Die Bellman'sche Funktionalgleichung (5.36) lässt sich damit nun wie folgt konkretisieren:*[28]

---

[28] Vgl. auch *Bitran und Mondschein* (1993, S. 10 ff.), wobei dort zusätzlich separate Ankunftswahrscheinlichkeiten der Kunden in die Modellierung einbezogen werden.

$$V(c, t) = \max_{r_t} \left\{ \sum_{j=0}^{10} [\min\{j, c\} + V(c - \min(\{j, c\}, t - 1))] \cdot \right.$$

$$\left. P(Q_t(r_t, \varepsilon_t) = j) \right\}$$

*für alle* $0 \le c \le C$ *und* $t = 1, \ldots, T$.

## 5.3 Übungsaufgaben

**Ü5.1:** Überlegen Sie sich, wie man das deterministische Grundmodell des Dynamic Pricing (M5.2, S. 196) als dynamisches Optimierungsproblem lösen kann. Stellen Sie die entsprechende Bellman'sche Funktionalgleichung auf!

**Ü5.2:** Betrachten Sie das Beispiel 5.3, S. 197.

a) Lösen Sie es für die Angebotsbeschränkung C = 700 KE. Interpretieren Sie das Ergebnis!

b) Lösen Sie es für die Angebotsbeschränkung C = 100 KE. Welches Problem ergibt sich? Wie können Sie es lösen?

**Ü5.3:** Zeigen Sie an einem selbstgewählten Beispiel, dass durch das Verfahren aus Kap. 5.2.2.4 nicht zwangsläufig die optimale *ganzzahlige* Lösung ermittelt wird!

**Ü5.4:** Überlegen Sie sich, wie bei der Nachfragemodellierung additiver und multiplikativer Störterm kombiniert werden könnten (vgl. Kap. 5.2.3.1). Erfüllt das resultierende Modell immer noch alle getroffenen Annahmen?

**Ü5.5:** Zeigen Sie für das Bernoulli-Modell aus Kap. 5.2.3.3, dass im Optimum der periodenbezogene Grenzerlös genau den (marginalen) inputorientierten Opportunitätskosten entspricht!

**Ü5.6:** Berechnen Sie explizit den Mindestpreis für das Bernoulli-Modell aus Beispiel 5.6, S. 213, indem Sie das zugehörige unbeschränkte Problem lösen! Inwiefern folgt das Ergebnis auch unmittelbar aus

der Formel für den optimalen Preis:
$$r^*_{t,c} = 100 + (1/2)(V(c, t-1) - V(c-1, t-1))?$$

**Ü5.7:** Zeigen Sie, dass beim zeithomogenen Bernoulli-Modell des Dynamic Pricing für $C \to \infty$ die Fixpreis-Modelle OFP und FP aus Kap. 5.2.3.2 asymptotisch optimal sind!

**Ü5.8:** Beschreiben Sie verbal ein Szenario mit einem „ungünstigen" Nachfrageverlauf, bei dem durch die Verwendung eines Fixpreises ein größerer Erlös erzielt wird als durch die Anwendung des dynamischen Bernoulli-Modells!

**Ü5.9:** Zeigen Sie, dass in Beispiel 5.7, S. 218, die untere Gerade des „Trichters" durch PUG $= (1/2) \cdot r_{max}(t)$ beschrieben werden kann!

# Literatur

**A**

Aberle, G. und A. Eisenkopf (2000): Peak Load Pricing – Grundzüge der Preisbildung bei periodisch schwankender Nachfrage. WISU – Das Wirtschaftsstudium 29, S. 238-244.

Adida, E. und G. Perakis (2007): A nonlinear continuous time optimal control model of dynamic pricing and inventory control with no backorders. Naval Research Logistics 54, S. 767-795.

Alstrup, J.; S. Boas, O.B.G. Madsen und R.V.V. Vidal (1986): Booking policy for flights with two types of passengers. European Journal of Operational Research 27, S. 274-288.

Alstrup, J.; S.E. Andersson, S. Boas, O.B.G. Madsen und R.V.V. Vidal (1989): Booking control increases profit at Scandinavian Airlines. Interfaces 19 (4), S. 10-19.

Anderson, C.K. und M. Blair (2004): Performance monitor: The opportunity costs of revenue management. Journal of Revenue and Pricing Management 2, S. 353-367.

Anjos, M.F.; R.C.H. Cheng und C.S.M. Currie (2004): Maximizing revenue in the airline industry under one-way pricing. Journal of the Operational Research Society 55, S. 535-541.

Aviv, Y. und A. Pazgal (2008): Optimal pricing of seasonal products in the presence of forward-looking consumers. Erscheint in: Manufacturing and Service Operations Management 10.

**B**

Backhaus, K.; B. Erichson, W. Plinke und R. Weiber (2006): Multivariate Analysemethoden – Eine anwendungsorientierte Einführung. 11. Aufl., Springer, Berlin.

Badinelli, R.D. (2000): An optimal, dynamic policy for hotel yield management. European Journal of Operational Research 121, S. 476-503.

Baker, T.K. und D.A. Collier (1999): A comparative revenue analysis of hotel yield management heuristics. Decision Sciences 30, S. 239-263.

Balakrishnan, N.; S.V. Sridharan und J.W. Patterson (1996): Rationing capacity between two product classes. Decision Sciences 27, S. 185-214.

Bamberg, G. und A.G. Coenenberg (2006): Betriebswirtschaftliche Entscheidungslehre. 13. Aufl., Vahlen, München.

Bamberg, G.; F. Baur und M. Krapp (2007): Statistik. 14. Aufl., Oldenbourg, München.

Barlow, G. (2004): easyJet: An airline that changed our flying habits. In: Yeoman, I. und U. McMahon-Beattie (Hrsg.): Revenue management and pricing: Case studies and applications. Thomson, London, S. 9-23.

Barnhart, C. und A. Cohn (2004): Airline schedule planning: Accomplishments and opportunities. Manufacturing & Service Operations Management 6, S. 3-22.

Barnhart, C.; T. Kniker und M. Lohatepanont (2002): Itinerary-based airline fleet assignment. Transportation Science 36, S. 199–217.

Bartodziej, P. und U. Derigs (2004): On an experimental algorithm for revenue management for cargo airlines. In: Ribeiro, C.C. und S.L. Martins (Hrsg.): Experimental and efficient algorithms. Springer, Berlin, S. 57-71.

Bartodziej, P.; U. Derigs und M. Zils (2007): O&D revenue management in cargo airlines – A mathematical programming approach. OR Spectrum 29, S. 105-121.

Barut, M. und V. Sridharan (2004): Design and evaluation of a dynamic capacity apportionment procedure. European Journal of Operational Research 155, S. 112-133.

Beckmann, M.J. (1958): Decision and team problems in airline reservation. Econometrica 26, S. 134-145.

Beckmann, M.J. und F. Bobkoski (1958): Airline demand: An analysis of some frequency distributions. Naval Research Logistics Quarterly 5, S. 43–51.

Belobaba, P.P. (1987a): Air travel demand and airline seat inventory management. Dissertation, Flight Transportation Laboratory, Massachusetts Institute of Technology, Cambridge.

Belobaba, P.P. (1987b): Airline yield management – A survey of seat inventory control. Transportation Science 21, S. 63-73.

Belobaba, P.P. (1989): Application of a probabilistic decision model to airline seat inventory control. Operations Research 37, S. 183-197.

Belobaba, P.P. (1992): Optimal vs. heuristic methods for nested seat allocation. Proceedings of AGIFORS Reservations and Yield Management Study Group, Brüssel, S. 28-53.

Bernstein, F. und A. Federgruen (2004): Dynamic inventory and pricing models for competing retailers. Naval Research Logistics 51, S. 258-274.

Bertsch, L. und O. Wendt (1998): Yield Management. In: Weber, J. und H. Baumgarten (Hrsg.): Handbuch Logistik. Schäffer-Poeschel, Stuttgart, S. 469-483.

Bertsekas, D.P. (2005): Dynamic programming and optimal control: Volume 1. 3. Aufl., Athena Scientific, Belmont.

Bertsekas, D.P. (2007): Dynamic programming and optimal control: Volume 2. 3. Aufl., Athena Scientific, Belmont.

Bertsekas, D.P. und J.N. Tsitsiklis (1996): Neuro-dynamic programming. Athena Scientific, Belmont.

Bertsekas, D.P.; J.N. Tsitsiklis und C. Wu (1997): Rollout algorithms for combinatorial optimization. Journal of Heuristics 3, S. 245-262.

Bertsimas, D. und S. de Boer (2005): Simulation-based booking limits for airline revenue management. Operations Research 53, S. 90-106.

Bertsimas, D. und I. Popescu (2003): Revenue management in a dynamic network environment. Transportation Science 37, S. 257-277.

Besanko, D. und W.L. Winston (1990): Optimal price skimming by a monopolist facing rational consumers. Management Science 36, S. 555-567.

Billings, J.S.; A.G. Diener und B.B. Yuen (2003): Cargo revenue optimisation. Journal of Revenue and Pricing Management 2, S. 69-79.

Birge, J. und F. Louveaux (1997): Introduction to stochastic programming. Springer, Berlin.

Bitran, G.R. und R. Caldentey (2003): An overview of pricing models for revenue management. Manufacturing & Service Operations Management 5, S. 203-229.

Bitran, G.R. und S.M. Gilbert (1996): Managing hotel reservations with uncertain arrivals. Operations Research 44, S. 35-49.

Bitran, G.R. und S.V. Mondschein (1993): Pricing perishable products: An application to the retail industry. Working Paper #3592-93, MIT Sloan School of Management, Cambridge.

Bitran, G.R. und S.V. Mondschein (1995): An application of yield management to the hotel industry considering multiple day stays. Operations Research 43, S. 427-443.

Bitran, G.R. und S.V. Mondschein (1997): Periodic pricing of seasonal products in retailing. Management Science 43, S. 64-79.

Bitran, G.R. und H.K. Wadhwa (1996): Some structural properties of the seasonal product pricing problem. Working Paper #3897-96, MIT Sloan School of Management, Cambridge.

Blair, M. und C.K. Anderson (2002): Performance monitor. Journal of Revenue and Pricing Management 1, S. 57-66.

Blomeyer, J. (2006): Air cargo revenue management. Dissertation, Universität Tilburg.

Bodily, S.E. und P.E. Pfeifer (1992): Overbooking decision rules. Omega 20, S. 129-133.

Bodily, S.E. und L.R. Weatherford (1995): Perishable-asset revenue management: Generic and multiple-price yield management with diversion. Omega 23, S. 173-185.

Boella, M. (2000): Legal aspects. In: Ingold, A.; B. McMahon-Beattie und I. Yeoman (Hrsg.): Yield management – Strategies for the service industries. 2. Aufl., Continuum, London, S. 3-14.

Boella, M. und T. Hely (2004): Cases in legal aspects. In: Yeoman, I. und U. McMahon-Beattie (Hrsg.): Revenue management and pricing: Case studies and applications. Thomson, London, S. 166-173.

Botimer, T.C. (1996): Efficiency considerations in airline pricing and yield management. Transportation Research Part A 30, S. 307-317.

Botimer, T.C. (2000): Airline fare product design in the context of yield management. International Journal of Services Technology and Management 1, S. 100-113.

Botimer, T.C. und P.P. Belobaba (1999): Airline pricing and fare product differentiation: A new theoretical framework. Journal of the Operational Research Society 50, S. 1085-1097.

Boyd, E.A. und I.C. Bilegan (2003): Revenue management and e-commerce. Management Science 49, S. 1363-1386.

Brumelle, S.L. und J.I. McGill (1993): Airline seat allocation with multiple nested fare classes. Operations Research 41, S. 127-137.

Brumelle, S.L. und D. Walczak (2003): Dynamic airline revenue management with multiple semi-Markov demand. Operations Research 51, S. 137-148.

C

Carrol, W.J. und R.C. Grimes (1995): Evolutionary change in product management: Experiences in the car rental industry. Interfaces 25 (5), S. 84-104.

Chan, L.M.A.; Z.J.M. Shen, D. Simchi-Levi und J.L. Swann (2004): Coordination of pricing and inventory decisions: A survey and classification. In: Simchi-Levi, D.; S.D. Wu und Z.J.M. Shen (Hrsg.): Handbook of quantitative supply chain analysis: Modeling in the e-business era. Kluwer, Boston, S. 335-392.

Chatwin, R.E. (1996): Optimal control of continuous-time terminal-value birth-and-death processes and airline overbooking. Naval Research Logistics 43, S. 159-168.

Chatwin, R.E. (1998): Multiperiod airline overbooking with a single fare class. Operations Research 46, S. 805-819.

Chatwin, R.E. (1999): Continuous-time airline overbooking with time-dependent fares and refunds. Transportation Science 33, S. 182-191.

Chen, X. und D. Simchi-Levi (2006): Coordinating inventory control and pricing strategies: The continuous review model. Operations Research Letters 34, S. 323-332.

Chen, Y.; S. Ray und Y. Song (2006): Optimal pricing and inventory control policy in periodic-review systems with fixed ordering cost and lost sales. Naval Research Logistics 53, S. 117-136.

Chiang W.-C.; J.C.H. Chen und X. Xu (2007): An overview of research on revenue management: Current issues and future research. International Journal of Revenue Management 1, S. 97-128.

Choi, S. und A.S. Mattila (2004): Hotel revenue management and its impact on customers' perceptions of fairness. Journal of Revenue and Pricing Management 2, S. 303-314.

Chou, F.-S. und M. Parlar (2006): Optimal control of a revenue management system with dynamic pricing facing linear demand. Optimal Control: Applications and Methods 27, S. 323-347.

Corsten, H. und R. Gössinger (2007): Dienstleistungsmanagement. 5. Aufl., Oldenbourg, München.

Corsten, H. und S. Stuhlmann (1999): Yield Management – Ein Ansatz zur Kapazitätsplanung und -steuerung in Dienstleistungsunternehmen. In: Corsten, H. und H. Schneider (Hrsg.): Wettbewerbsfaktor Dienstleistung. Vahlen, München, S. 79-107.

Côté, J.-P.; P. Marcotte und G. Savard (2003): A bilevel modelling approach to pricing and fare optimisation in the airline industry. Journal of Revenue and Pricing Management 2, S. 23-36.

Coughlan, J. (1999): Airline overbooking in the multi-class case. Journal of the Operational Research Society 50, S. 1098-1103.

Crew, M.A.; C.S. Fernando und P.A. Kleindorfer (1995): The theory of peak-load pricing: A survey. Journal of Regulatory Economics 8, S. 215-248.

Cross, R. (1995): An introduction to revenue management. In: Jenkins, D. (Hrsg.): The handbook of airline economics. McGraw-Hill, New York, S. 443-458.

Cross, R. (1997): Revenue Management: Das richtige Produkt für den richtigen Kunden zum richtigen Zeitpunkt zum richtigen Preis; weg vom Downsizing hin zu Real Growth. Ueberreuter, Wien.

Curry, R.E. (1990): Optimal airline seat allocation with fare classes nested by origins and destinations. Transportation Science 24, S. 193-204.

**D**

Dana, J.D. (1999): Equilibrium price dispersion under demand uncertainty: The roles of costly capacity and market structure. RAND Journal of Economics 30, S. 632-660.

Daudel, S. und G. Vialle (1992): Yield-Management: Erträge optimieren durch nachfrageorientierte Angebotssteuerung. Campus, Frankfurt.

De Boer, S.; R. Freling und N. Piersma (2002): Mathematical programming for network revenue management revisited. European Journal of Operational Research 137, S. 72-92.

Diamond, M. und R. Stone (1991): Dynamic yield management on a single leg. Unveröffentlichtes Arbeitspapier, Northwest Airlines.

Diller, H. (2007): Preispolitik. 4. Aufl., Kohlhammer, Stuttgart.

DiMicco, J.M.; A. Greenwald und P. Maes (2001): Dynamic pricing strategies under a finite time horizon. Proceedings of the Third ACM Conference on Electronic Commerce, Tampa Florida, USA, S. 95-104.

Dockner, E. und S. Jørgensen (1988): Optimal pricing strategies for new products in dynamic oligopolies. Marketing Science 7, S. 315-334.

Doganis, R. (2002): Flying off course: The economics of international airlines. 3. Aufl., Routledge, London.

Domschke, W. (2007): Logistik: Transport. 5. Aufl., Oldenbourg, München.

Domschke, W. und A. Drexl (2007): Einführung in Operations Research. 7. Aufl., Springer, Berlin.

Domschke, W. und R. Klein (2004): Bestimmung von Opportunitätskosten am Beispiel des Produktionscontrolling. Zeitschrift für Planung und Unternehmenssteuerung 15, S. 275-294.

Domschke, W. und G. Krispin (1999): Zur wirtschaftlichen Effizienz von Hub-and-Spoke-Netzen. In: Pfohl, H.-C. (Hrsg.): Logistikforschung: Entwicklungszüge und Gestaltungsansätze. Erich Schmidt, Berlin, S. 279-304.

Domschke, W. und A. Scholl (2005): Grundlagen der Betriebswirtschaftslehre – Eine Einführung aus entscheidungsorientierter Sicht. 3. Aufl., Springer, Berlin.

Domschke, W.; A. Scholl und S. Voß (1997): Produktionsplanung – Ablauforganisatorische Aspekte. 2. Aufl., Springer, Berlin.

Donaghy, K.; U. McMahon-Beattie und D. McDowell (1997): Yield management practices. In: Yeoman, I. und I. Ingold (Hrsg.): Yield management – Strategies for the service industries. Cassell, London, S. 183-201.

Dror, M.; P. Trudeau und S.P. Ladany (1988): Network models for seat allocation on flights. Transportation Research Part B 22, S. 239-250.

Dunleavy, H.N. (1995): Airline passenger overbooking. In: Jenkins, D. (Hrsg.): The handbook of airline economics. McGraw-Hill, New York, S. 469-476.

Dyckhoff, H. und T.S. Spengler (2007): Produktionswirtschaft: Eine Einführung für Wirtschaftsingenieure. 2. Aufl., Springer, Berlin.

**E**

Echtermeyer, M. (1998): Elektronisches Tourismus-Marketing – Globale CRS-Netze und neue Informationstechnologien. De Gruyter, Berlin.

El-Haber, S.E. und M. El-Taha (2004): Dynamic two-leg airline seat inventory control with overbooking, cancellations and no-shows. Journal of Revenue and Pricing Management 3, S. 143-170.

Elimam, A.A. und B.M. Dodin (2001): Incentives and yield management in improving productivity of manufacturing facilities. IIE Transactions 33, S. 449-462.

Elmaghraby, W. und P. Keskinocak (2003): Dynamic pricing in the presence of inventory considerations: Research overview, current practices and future directions. Management Science 49, S. 1287-1309.

Elmaghraby, W.; A. Gülcü und P. Keskinocak (2008): Designing optimal preannounced markdowns in the presence of rational customers with multiunit demands. Manufacturing & Service Operations Management 10, S. 126-148.

Eso, M. (2001): An iterative online auction for airline seats. Unveröffentlichtes Arbeitspapier, IBM T.J. Watson Research Center, Yorktown Heights.

Esse, T. (2003): Securing the value of customer value management. Journal of Revenue and Pricing Management 2, S. 166-171.

Europäische Kommission (1997): Yield Management in klein- und mittelständischen Unternehmen der Tourismuswirtschaft. Zusammenfassung, ausgearbeitet von A. Andersen, Frankfurt am Main, für die Europäische Kommission, Generaldirektion XXIII, Referat Tourismus, Luxemburg.

Europäische Union (2002): Stellungnahme des Wirtschafts- und Sozialausschusses zu dem „Vorschlag für eine Verordnung des Europäischen Parlaments und des Rates über eine gemeinsame Regelung für Ausgleichs- und Betreuungsleistungen für Fluggäste im Fall der Nichtbeförderung und bei Annullierung oder großer Verspätung von Flügen". Amtsblatt der Europäischen Union C 241, S. 30-33.

Europäische Union (2004): Verordnung (EG) Nr. 261/2004 des Europäischen Parlaments und des Rates vom 11. Februar 2004 über eine gemeinsame Regelung für Ausgleichs- und Unterstützungsleistungen für Fluggäste im Fall der Nichtbeförderung und bei Annullierung oder großer Verspätung von Flügen und zur Aufhebung der Verordnung (EWG) Nr. 295/91. Amtsblatt der Europäischen Union L 046, S. 1-7.

Ewert, R. und A. Wagenhofer (2008): Interne Unternehmensrechnung. 7. Aufl., Springer, Berlin.

**F**

Faßnacht, M. (1996): Preisdifferenzierung bei Dienstleistungen – Implementationsformen und Determinanten. DUV, Wiesbaden.

Faßnacht, M. (2003): Preisdifferenzierung. In: Diller, H. und A. Hermann (Hrsg.): Handbuch Preispolitik: Strategie – Planung – Organisation – Umsetzung. Gabler, Wiesbaden, S. 483-502.

Faßnacht, M. und C. Homburg (1998): Preisdifferenzierung und Yield Management bei Dienstleistungsanbietern. In: Meyer, A. (Hrsg.): Handbuch Dienstleistungs-Marketing. Schäffer-Poeschel, Stuttgart, S. 866-879.

Federgruen, A. und A. Heching (1999): Combined pricing and inventory control under uncertainty. Operations Research 47, S. 454-475.

Feng, Y. und G. Gallego (1995): Optimal starting times for end-of-season sales and optimal stopping times for promotional fares. Management Science 41, S. 1371-1391.

Feng, Y. und B. Xiao (1999): Maxmizing revenue of perishable assets with a risk factor. Operations Research 47, S. 337-341.

Feng, Y. und B. Xiao (2000): A continuous-time yield management model with multiple prices and reversible price changes. Management Science 46, S. 644-657.

Fleischmann, B.; H. Meyr und M. Wagner (2008): Advanced planning. In: Stadtler, H. und C. Kilger (Hrsg.): Supply chain management and advanced planning: Concepts, models, software, and case studies. 4. Aufl., Springer, Berlin, S. 81-106.

Foran, J. (2003): The cost of complexity. Journal of Revenue and Pricing Management 2, S. 150-152.

Friege, C. (1996): Yield-Management. In: WiSt – Wirtschaftswissenschaftliches Studium, 25, S. 616-622.

# G

Gallego, G. und G. van Ryzin (1994): Optimal dynamic pricing of inventories with stochastic demand over finite horizons. Management Science 40, S. 999-1020.

Gallego, G. und G. van Ryzin (1997): A multi-product dynamic pricing problem and its application to network yield management. Operations Research 45, S. 24-41.

Gans, N. und S. Savin (2007): Pricing and capacity rationing for rentals with uncertain durations. Management Science 53, S. 390-407.

Garrow, L.A. und F.S. Koppelman (2004): Multinomial and nested logit models of airline passengers' no-show and standby behaviour. Journal of Revenue and Pricing Management 3, S. 237-253.

Geraghty, M.K. und E. Johnson (1997): Revenue management saves national car rental. Interfaces 27 (1), S. 107-127.

Gerchak, Y.; M. Parlar und T.K.M. Lee (1985): Optimal rationing policies and production quantities for products with several demand classes. Canadian Journal of Administration Science 2, S. 161-176.

Glover, F.; R. Glover, J. Lorenzo und C. McMillan (1982): The passenger-mix problem in the scheduled airlines. Interfaces 12 (3), S. 73-79.

Goldman, P.; R. Freling, K. Pak und N. Piersma (2002): Models and techniques for hotel revenue management using a rolling horizon. Journal of Revenue and Pricing Management 1, S. 207-219.

Gönsch, J.; R. Klein und C. Steinhardt (2008a): Discrete Choice Modelling – Grundlagen. Erscheint in: WiSt – Wirtschaftswissenschaftliches Studium.

Gönsch, J.; R. Klein und C. Steinhardt (2008b): Discrete Choice Modelling – Anwendungsbezogene Aspekte. Erscheint in: WiSt – Wirtschaftswissenschaftliches Studium.

Gosavi, A. (2004): A reinforcement learning algorithm based on policy iteration for average reward: Empirical results with yield management and convergence analysis. Machine Learning 55, S. 5–29.

Gosavi, A.; N. Bandla und T.K. Das (2002): A reinforcement learning approach to a single leg airline revenue management problem with multiple fare classes and overbooking. IIE Transactions 34, S. 729-742.

Green L.V; S. Savin und B. Wang (2006): Managing patient service in a diagnostic medical facility. Operations Research 54, S. 11-25.

Günther, H.-O. und H. Tempelmeier (2007): Produktion und Logistik. 7. Aufl., Springer, Berlin.

Gupta, D. und L. Wang (2007): Capacity management for contract manufacturing. Operations Research 55, S. 367-377.

**H**

Hane, C.A.; C. Barnhart, E.L. Johnson, R.E. Marsten, G.L. Nemhauser und G. Sigismondi (1995): The fleet assignment problem: Solving a large-scale integer program. Mathematical Programming 70, S. 211–232.

Hanks, R.B.; R.P. Noland und R.G. Cross (1992): Discounting in the hotel industry – A new approach. Cornell Hotel and Restaurant Administration Quarterly 33 (3), S. 40-45.

Hardes, H.-D. und S. Weber (2000): Preisdifferenzierung – Theoretische Grundlegung und Fallbeispiel. WISU – Das Wirtschaftsstudium 29, S. 230-237.

Harris, F.H.deB. und J.P. Pinder (1995): A revenue management approach to demand management and order booking in assemble-to-order manufacturing. Journal of Operations Management 13, S. 299-309.

Hartung, J.; B. Elpelt und K.-H. Klösener (2005): Statistik: Lehr- und Handbuch der angewandten Statistik. 14. Aufl., Oldenbourg, München.

Helmedag, F. (2001): Preisdifferenzierung. WiSt – Wirtschaftswissenschaftliches Studium 30, S. 10-16.

Hermann, A. und C. Homburg (2000): Marktforschung: Methoden – Anwendungen – Praxisbeispiele. 2. Aufl., Gabler, Wiesbaden.

Hersh, M. und S.P. Ladany (1978): Optimal seat allocation for flights with one intermediate stop. Computers & Operations Research 5, S. 31-37.

Hoffman, K.D.; L.W. Turley und S.W. Kelley (2002): Pricing retail services. Journal of Business Research 55, S. 1015-1023.

Holloway, S. (2003): Straight and level: Practical airline economics. 2. Aufl., Ashgate, Aldershot.

Homburg, C. und H. Krohmer (2006): Marketingmanagement: Strategie – Instrumente – Umsetzung – Unternehmensführung. 2. Aufl., Gabler, Wiesbaden.

Hunkel, M. (2001): Segmentorientierte Preisdifferenzierung für Verkehrsdienstleistungen –Ansätze für ein optimales Fencing. DUV, Wiesbaden.

**I**

Ihde, G.B. (1993): Ertragsorientiertes Preis- und Kapazitätsmanagement für logistische Dienstleistungsunternehmen. In: Bloech, J.; U. Götze und B.R.A. Sierke (Hrsg.): Managementorientiertes Rechnungswesen – Konzepte und Analysen zur Entscheidungsvorbereitung. Gabler, Wiesbaden, S. 103-119.

**J**

Jacob, H. (1971): Zur optimalen Planung des Produktionsprogramms bei Einzelfertigung. Zeitschrift für Betriebswirtschaft 41, S. 495-516.

Jones, P. (1999): Yield management in UK hotels: A systems analysis. Journal of the Operational Research Society 50, S. 1111-1119.

**K**

Kahnemann, D.; J.L. Knetsch und R.H. Thaler (1986a): Fairness and the assumptions of economics. The Journal of Business 59, S. 285-300.

Kahnemann, D.; J.L. Knetsch und R.H. Thaler (1986b): Fairness as a constraint of profit seeking: Entitlements in the market. American Economic Review 76, S. 728-741.

Kall, P. und S.W. Wallace (1994): Stochastic programming. Springer, Berlin.

Kalyan, V. (2002): Dynamic customer value management: Asset values under demand uncertainty using airline yield management and related techniques. Information Systems Frontiers 4, S. 101-119.

Karaesmen, I. und G. van Ryzin (2004a): Coordinating overbooking and capacity control decisions on a network. Unveröffentlichtes Arbeitspapier, Graduate School of Business, Columbia University, New York.

Karaesmen, I. und G. van Ryzin (2004b): Overbooking with substitutable inventory classes. Operations Research 52, S. 83-104.

Kasilingam, R.G. (1996): Air cargo revenue management: Characteristics and complexities. European Journal of Operational Research 96, S. 36-44.

Kephart, J.O.; J.E. Hanson und A.R. Greenwald (2000): Dynamic pricing by software agents. Computer Networks 32, S. 731-752.

Kim S. und R.E. Giachetti (2006): A stochastic mathematical appointment overbooking model for healthcare providers to improve profits. IEEE Transactions on Systems, Man and Cybernetics – Part A: Systems and Humans 36, S. 1211-1219.

Kimes, S.E. (1989a): The basics of yield management. Cornell Hotel and Restaurant Administration Quarterly 30 (3), S. 14-19.

Kimes, S.E. (1989b): Yield management: A tool for capacity constrained service firms. Journal of Operations Management 8, S. 348-363.

Kimes, S.E. (1994): Perceived fairness of yield management. Cornell Hotel and Restaurant Administration Quarterly 35 (1), S. 22-29.

Kimes, S.E. (1999): Implementing restaurant revenue management. Cornell Hotel and Restaurant Administration Quarterly 40 (3), S. 16-21.

Kimes, S.E. (2000): A strategic approach to yield management. In: Ingold, A.; B. McMahon-Beattie und I. Yeoman (Hrsg.): Yield management – Strategies for the service industries. 2. Aufl., Continuum, London, S. 3-14.

Kimes, S.E. (2003): Revenue management: A retrospective. Cornell Hotel and Restaurant Administration Quarterly 44 (5/6), S. 131-138.

Kimes, S.E. (2004): Restaurant revenue management – Implementation at Chevys Arrowhead. Cornell Hotel and Restaurant Administration Quarterly 45 (1), S. 52-67.

Kimes, S.E. (2005): Restaurant revenue management: Could it work? Journal of Revenue and Pricing Management 4, S. 95-97.

Kimes, S.E. und S.K.A. Robson (2004): The impact of restaurant table characteristics on meal duration and spending. Cornell Hotel and Restaurant Administration Quarterly 45 (4), S. 333-346.

Kimes, S.E.; J. Wirtz und B.M. Noone (2002): How long should dinner take? Measuring expected meal duration for restaurant revenue management. Journal of Revenue and Pricing Management 1, S. 220-233.

Kimms, A. und R. Klein (2005): Revenue Management im Branchenvergleich. Zeitschrift für Betriebswirtschaft, Ergänzungsheft 1 „Revenue Management", S. 1-30.

Kimms, A. und M. Müller-Bungart (2003): Revenue Management beim Verkauf auftragsorientierter Sachleistungen. Arbeitspapier, Technische Universität Bergakademie Freiberg.

Kimms, A. und M. Müller-Bungart (2007a): Simulation of stochastic demand data streams for network revenue management problems. OR Spectrum 29, S. 5-20.

Kimms, A. und M. Müller-Bungart (2007b): Revenue management for broadcasting commercials: The channel's problem of selecting and scheduling the advertisements to be aired. International Journal of Revenue Management 1, S. 28-44.

Klein, R. (2001): Revenue Management: Quantitative Methoden zur Erlösmaximierung in der Dienstleistungsproduktion. Betriebswirtschaftliche Forschung und Praxis 53, S. 245-259.

Klein, R. (2007): Network capacity control using self-adjusting bid-prices. OR Spectrum 29, S. 39-60.

Klein, R. und A. Scholl (2004): Planung und Entscheidung – Konzepte, Modelle und Methoden einer modernen betriebswirtschaftlichen Entscheidungsanalyse. Vahlen, München.

Klophaus, R. (1998): Revenue Management: Wie die Airline Ertragswachstum schafft. Absatzwirtschaft, Heft 5, S. 146-152.

Klophaus, R. (1999): Revenue Management: Strategischer Ansatz im globalen Luftfrachtverkehr. Internationales Verkehrswesen 51 (7/8), S. 294-297.

Klose, M. (1999): Dienstleistungsproduktion – Ein theoretischer Rahmen. In: Corsten, H. und H. Schneider (Hrsg.): Wettbewerbsfaktor Dienstleistung. Vahlen, München, S. 3-21.

Kniker, T.S. und M.H. Burman (2001): Applications of revenue management to manufacturing. Proceedings of the Third Aegean International Conference on „Design and Analysis of Manufacturing Systems", Tinos Island, Griechenland, S. 19-22.

Kretsch, S.S. (1995): Airline fare management and policy. In: Jenkins, D. (Hrsg.): The handbook of airline economics. McGraw-Hill, New York, S. 477-482.

Kuhn, H. und F. Defregger (2004): Revenue Management in der Sachgüterproduktion. WiSt – Wirtschaftswissenschaftliches Studium 33, S. 319-324.

**L**

Ladany, S.P. (1976): Dynamic operating rules for motel reservations. Decision Sciences 5, S. 829-840.

Ladany, S.P. und D.N. Bedi (1977): Dynamic booking rules for flights with an intermediate stop. Omega 5, S. 721-730.

Ladany, S.P. und F.-S. Chou (2001): Optimal yield policy with infiltration consideration. International Journal of Services Technology und Management 2, S. 4-17.

Ladany, S.P. und B. Sheva (1977): Bayesian dynamic operating rules for optimal hotel reservations. Zeitschrift für Operations Research 21, S. B165-B176.

Lai, K.-K. und W.-L. Ng (2005): A stochastic approach to hotel revenue optimization. Computers and Operations Research 32, S. 1059-1072.

Lautenbacher, C.J. und S. Stidham (1999): The underlying Markov decision process in the single-leg airline yield management problem. Transportation Science 33, S. 136-146.

Laux, H. (1971): Auftragsselektion bei Unsicherheit. Zeitschrift für betriebswirtschaftliche Forschung 23, S. 164-180.

Laux, H. (2007): Entscheidungstheorie. 7. Aufl., Springer, Berlin.

Law, A.M. (2007): Simulation modeling and analysis. 4. Aufl., McGraw-Hill, Boston.

Lawton, T.C. (1999): The limits of price leadership: Needs-based positioning strategy and the long-term competitiveness of Europe's low fare airlines. Long Range Planning 32, S. 573-586.

Lee, A.O. (1990): Airline reservations forecasting: Probabilistic and statistical models of the booking process. Unveröffentlichte Dissertation, Massachusetts Institute of Technology, Cambridge.

Li, M.Z.F. (1997): On the multi-fare seat allocation problem. In: Oum, T.H. und B. Bowen (Hrsg.): Conference Proceedings of the 1997 Air Transport Research Group (ATRG) of the WCTR Society, o.S.

Li, M.Z.F. und T.H. Oum (2000): Airline spill analysis – Beyond the normal demand. European Journal of Operational Research 125, S. 205–215.

Liang, Y. (1999): Solution of the continuous time dynamic yield management problem. Transportation Science 33, S. 117-135.

Lieberman, W.H. (2003): Getting the most from revenue management. Journal of Revenue and Pricing Management 2, S. 103-115.

Lieberman, W.H. (2004): Revenue Management in the health care industry. In: Yeoman, I. und U. McMahon-Beattie (Hrsg.): Revenue management and pricing: Case studies and applications. Thomson, London, S. 137-142.

Lijesen, M.G.; P. Rietveld und P. Nijkamp (2002): How carriers price connecting flights? Evidence from intercontinental flights from Europe. Transportation Research Part E 38, S. 239-252.

Lin, K.Y. (2004): A sequential dynamic pricing model and its applications. Naval Research Logistics 51, S. 501-521.

Lin, K.Y. (2006): Dynamic pricing with real-time demand learning. European Journal of Operational Research 174, S. 522-538.

Lindenmeier, J. (2005): Yield-Management und Kundenzufriedenheit – Konzeptionelle Aspekte und empirische Analyse am Beispiel von Fluggesellschaften. DUV, Wiesbaden.

Lindenmeier, J. und D.K. Tscheulin (2007): Zur Einsetzbarkeit des Revenue-Managements in der öffentlichen Wirtschaft. Betriebswirtschaftliche Forschung und Praxis 59, S. 270-288.

Littlewood, K. (1972): Forecasting and control of passenger bookings. Proceedings of the Twelfth Annual AGIFORS Symposium, Nathanya, Israel, o.S.

Liu, Q. und G. van Ryzin (2008): On the choice-based linear programming model for network revenue management. Manufacturing & Service Operations Management 10, S. 288-310.

Loew, J. (2004): Draining the fare swamp. Journal of Revenue and Pricing Management 3, S. 18-25.

Lohatepanont, M. und C. Barnhart (2004): Airline schedule planning: Integrated models and algorithms for schedule design and fleet assignment. Transportation Science 38, S. 19-32.

Lufthansa (2004a): Geschäftsbericht 2003. Publikation der Lufthansa AG.

Lufthansa (2004b): Schlaue Rechner. Balance, Publikation der Lufthansa AG, Ausgabe 2004, S. 26-30.

# M

Maleri, R. und U. Frietzsche (2008): Grundlagen der Dienstleistungsproduktion. 5. Aufl., Springer, Berlin.

Mantrala, M.K. und S. Rao (2001): A decision-support system that helps retailers decide order quantities and markdowns for fashion goods. Interfaces 31 (3), S. 147-165.

Mayer, G. (2001): Strategische Logistikplanung von Hub&Spoke-Systemen. DUV, Wiesbaden.

McGill, J. (1995): Censored regression analysis of multiclass passenger demand data subject to joint capacity constraints. Annals of Operations Research 60, S. 209-240.

McGill, J. und G.J. van Ryzin (1999): Revenue management: Research overview and prospects. Transportation Science 33, S. 233-256.

McMahon-Beattie, U.; I. Yeoman, A. Palmer und P. Mudie (2002): Customer perceptions of pricing and the maintenance of trust. Journal of Revenue and Pricing Management 1, S. 25-34.

Meffert, H. und M. Bruhn (2006): Dienstleistungsmarketing: Grundlagen – Konzepte – Methoden. 5. Aufl., Gabler, Wiesbaden.

Meffert, H.; J. Perrey und H. Schneider (2000): Grundlagen marktorientierter Unternehmensführung im Verkehrdienstleistungsbereich. In: Meffert, H. (Hrsg.): Verkehrsdienstleistungsmarketing – Marktorientierte Unternehmensführung bei der Deutschen Bahn AG. Gabler, Wiesbaden, S. 1-55.

Meffert, H.; C. Burmann und M. Kirchgeorg (2008): Marketing: Grundlagen marktorientierter Unternehmensführung: Konzepte – Instrumente – Praxisbeispiele. 10. Aufl., Gabler, Wiesbaden.

Meyer, A. und C. Blümelhuber (1998): Dienstleistungs-Design: Zu Fragen des Designs von Leistungen, Leistungserstellungs-Konzepten und Dienstleistungs-Systemen. In: Meyer, A. (Hrsg.): Handbuch Dienstleistungs-Marketing – Band 1. Schäffer-Poeschel, Stuttgart, S. 911-940.

Meyer, A. und F. Dullinger (1998): Leistungsprogramm von Dienstleistungs-Anbietern. In: Meyer, A. (Hrsg.): Handbuch Dienstleistungs-Marketing – Band 1. Schäffer-Poeschel, Stuttgart, S. 711-735.

Mooney, M. (2003): The issues and challenges of a pricing system implementation. Journal of Revenue and Pricing Management 2, S. 116-119.

Müller-Bungart, M. (2007): Revenue management with flexible products – Models and methods for the broadcasting industry. Springer, Berlin.

**N**

Neuling, R.; S. Riedel und K.-U. Kalka (2004): New approaches to origin and destination and no-show forecasting: Evaluating the passenger name records treasure. Journal of Revenue and Pricing Management 3, S. 62-72.

Nieschlag, R.; E. Dichtl und H. Hörschgen (2002): Marketing. 19. Aufl., Duncker & Humblot, Berlin.

Noone, B.M.; S.E. Kimes und L.M. Renaghan (2003): Integrating customer relationship management and revenue management: A hotel perspective. Journal of Revenue and Pricing Management 2, S. 7-21.

**O**

Opitz, O. (2004): Mathematik – Lehrbuch für Ökonomen. 9. Aufl., Oldenbourg, München.

**P**

Pak, K. und R. Dekker (2004): Cargo revenue management: Bid-prices for a 0-1 multi knapsack problem. Erim Report Series Research in Management 55/ 2004, Erasmus Universität Rotterdam.

Perakis, G. und A. Sood (2006): Competitive multi-period pricing for perishable products: A robust optimization approach. Mathematical Programming 107, S. 295-335.

Perrey, J. (1998): Nutzenorientierte Marktsegmentierung im Verkehrsdienstleistungsbereich – Ein integrativer Ansatz zum Zielgruppenmarketing. DUV, Wiesbaden.

Petrick, A. (2002): Methoden der Nachfrageprognose im Network Revenue Management – Eine empirische Untersuchung bei einer Fluggesellschaft. Studienarbeit, Fachgebiet Operations Research, Technische Universität Darmstadt.

Petrick, A.; J. Gönsch und C. Steinhardt (2008): Revenue Management mit flexiblen Produkten – Erfolgversprechende Steuerungsmöglichkeit oder einfach nur ein Marketing-Gag? WiSt – Wirtschaftswissenschaftliches Studium 37, S. 14-20.

Petruzzi, N.C. und M. Dada (2002): Dynamic pricing and inventory control with learning. Naval Research Logistics 49, S. 303-325.

Pfeifer, P.E. (1989): The airline discount fare allocation problem. Decision Sciences 20, S. 149-157.

Pfohl, H.-C. (2004): Logistiksysteme – Betriebswirtschaftliche Grundlagen. 7. Aufl., Springer, Berlin.

Phillips, R.L. (2005): Pricing and revenue optimization. Stanford University Press, Stanford.

Pigou, A.C. (1920): The economics of welfare. MacMillan, London.

Pinchuk, S. (2002): Revenue management's ability to control marketing, pricing, and product development. Journal of Revenue and Pricing Management 1, S. 76-86 und S. 174-182.

Pinder, J. (2005): Using revenue management to improve pricing and capacity management in programme management. Journal of the Operational Research Society 56, S. 75-87.

Pompl, W. (2007): Luftverkehr – Eine ökonomische und politische Einführung. 5. Aufl., Springer, Berlin.

**R**

Raman, K. und R. Chatterjee (1995): Optimal monopolist pricing under demand uncertainty in dynamic markets. Management Science 41, S. 144-162.

Ringbom, S. und O. Shy (2002): The „adjustable-curtain" strategy: Overbooking of multiclass service. Journal of Economics 77, S. 73-90.

Robinson, L.W. (1995): Optimal and approximate control policies for airline booking with sequential non-monotonic fare classes. Operations Research 43, S. 252-263.

Rothstein, M. (1971): An airline overbooking model. Transportation Science 5, S. 180-192.

Rothstein, M. (1985): OR and the airline overbooking problem. Operations Research 33, S. 237-248.

**S**

Savin, S.V.; M.A. Cohen, N. Gans und Z. Katalan (2005): Capacity management in rental businesses with two customer bases. Operations Research 53, S. 617-631.

Schildbach, T. und R. Ewert (1988): Preisuntergrenzen in sequentiellen Entscheidungsprozessen. In: Hax, H.; W. Kern und H.-H. Schröder (Hrsg.): Zeitaspekte in betriebswirtschaftlicher Theorie und Praxis. Schäffer-Poeschel, Stuttgart, S. 231-244.

Scholl, A. (2001): Robuste Planung und Optimierung: Grundlagen – Konzepte und Methoden – Experimentelle Untersuchungen. Physica, Heidelberg.

Scholl, A.; R. Klein und L. Häselbarth (2004): Planung im Spannungsfeld zwischen Informationsdynamik und zeitlichen Interdependenzen. WiSt – Wirtschaftswissenschaftliches Studium 33, S. 153-160.

Schwind, M. und O. Wendt (2003): Dynamic pricing of information products based on reinforcement learning: A yield-management approach. In:  Jarke, M.; J. Koehler und G. Lakemeyer (Hrsg.): KI 2002: Advances in artificial intelligence: 25th annual German conference on AI. Lecture Notes in Computer Science 2479, Springer, Berlin, S. 51-66.

Selby, D.A. (2003): Materialisation forecasting: A data mining perspective. In: Ciriani, T.; G. Fasano, S. Gliozzi und R. Tadei (Hrsg.): Operations research in space and air. Kluwer, Boston, S. 393-406.

Shaw, S. (2007): Airline marketing and management. 6. Aufl., Ashgate, Aldershot.

Shlifer, E. und Y. Vardi (1975): An airline overbooking policy. Transportation Science 9, S. 101-114.

Shumsky, R. (2006): The Southwest effect, airline alliances and revenue management. Journal of Revenue and Pricing Management 5, S. 83-89.

Simon, H. (1992): Preismanagement. 2. Aufl., Gabler, Wiesbaden.

Simon, H. und S.A. Butscher (2001): Individualised pricing: Boosting profitability with the higher art of power pricing. European Management Journal 19, S. 109-114.

Skiera, B. (1999): Mengenbezogene Preisdifferenzierung bei Dienstleistungen. DUV, Wiesbaden.

Skiera, B. und M. Spann (1999): The ability to compensate for suboptimal capacity decisions by optimal pricing decisions. European Journal of Operational Research 118, S. 450-463.

Skiera, B. und M. Spann (2003): Auktionen. In: Diller, H. und A. Hermann (Hrsg.): Handbuch Preispolitik: Strategie – Planung – Organisation – Umsetzung. Gabler, Wiesbaden, S. 623-641.

Slager, B. und L. Kapteijns (2004): Implementation of cargo revenue management at KLM. Journal of Revenue and Pricing Management 3, S. 80-90.

Smith, B.C. and C.W. Penn (1988): Analysis of alternative origin-destination control strategies. AGIFORS Annual Symposium Proceedings 28, New Seabury, S. 113-121.

Smith, B.C.; J.F. Leimkuhler und R.M. Darrow (1992): Yield management at American Airlines. Interfaces 22 (1), S. 8-31.

Sridharan, S.V. (1998): Managing capacity in tightly constrained systems. International Journal of Production Economics 56-57, S. 601-610.

Stuhlmann, S. (2000): Kapazitätsgestaltung in Dienstleistungsunternehmen – Eine Analyse aus der Sicht des externen Faktors. DUV, Wiesbaden.

Subramanian, J.; S. Stidham und C.J. Lautenbacher (1999): Airline yield management with overbooking, cancellations, and no-shows. Transportation Science 33, S. 147-167.

Suhl, L. (1995): Computer-aided scheduling: An airline perspective. DUV, Wiesbaden.

Suzuki, Y. (2002): An empirical analysis of the optimal overbooking policies for US major airlines. Transportation Research Part E 38, S. 135-149.

Swan, W.M. (2002): Airline demand distributions: Passenger revenue management and spill. Transportation Research Part E 38, S. 253-263.

**T**

Talluri, K.T. und G.J. van Ryzin (1998): An analysis of bid-price controls for network revenue management. Management Science 44, S. 1577-1593.

Talluri, K.T. und G.J. van Ryzin (1999): A randomized linear programming method for computing network bid prices. Transportation Science 33, S. 207-216.

Talluri, K.T. und G.J. van Ryzin (2004a): The theory and practice of revenue management. Kluwer, Boston.

Talluri, K.T. und G.J. van Ryzin (2004b). Revenue management under a general discrete choice model of consumer behavior. Management Science 50, S. 15-33.

Tempelmeier, H. (2006): Material-Logistik. 6. Aufl., Springer, Berlin.

Thomson, H.R. (1961): Statistical problems in airline reservation control. Operations Research Quarterly 12, S. 167-185.

Tirenni, G.; A. Labbi, C. Berrospi, A. Elisseeff, T. Bhose, K. Pauro und S. Pöyhönen (2007): Customer equity and lifetime management (CELM) Finnair case study. Marketing Science 26, S. 553-565.

Transchel, S. und S. Minner (2008): Coordinated lot-sizing and dynamic pricing under a supplier all-units quantity discount. Business Research 1, S. 125-141.

Tscheulin, D.K. und J. Lindenmeier (2003a): Yield Management – Ein State-of-the-Art. Zeitschrift für Betriebswirtschaft 73, S. 629-662.

Tscheulin, D.K. und J. Lindenmeier (2003b): Yield Management – Erlösoptimale Steuerung von Preisen und Kapazitäten. WISU – Das Wirtschaftsstudium 32, S. 1513-1518.

**V**

Vinod, B. (1989): A set partitioning algorithm for virtual nesting indexing using dynamic programming. Unveröffentlichter Arbeitsbericht, SABRE Decision Technologies.

Vinod, B. (1995): Origin-and-destination yield management. In: Jenkins, D. (Hrsg.): The handbook of airline economics. McGraw-Hill, New York, S. 459-468.

Vinod, B. (2004): Unlocking the value of revenue management in the hotel industry. Journal of Revenue and Pricing Management 3, S. 178-190.

Vizard, M. (2001): With so very few Internet players, is dynamic pricing good for our economy? Unter: http://www.infoworld.com/articles/op/xml/01/03/26/010326opvizard.html, abgerufen am 11.04.2008.

Von Stackelberg, H. (1939): Preisdiskrimination bei willkürlicher Teilung des Marktes. Archiv für mathematische Wirtschafts- und Sozialforschung 5, S. 1-11.

Von Wangenheim, F. und T. Bayón (2007): Behavioral consequences of overbooking service capacity. Journal of Marketing 71, S. 36-47.

Vulcano, G.; G. van Ryzin und C. Maglaras (2002): Optimal dynamic auctions for revenue management. Management Science 48, S. 1388-1407.

Vulcano, G.; J. Miranda-Bront und I. Mendez-Diaz (2008): A column generation algorithm for choice-based network revenue management. Erscheint in: Operations Research.

**W**

Weatherford, L.R. (1995): Length-of-stay heuristics: Do they really make a difference? Cornell Hotel and Restaurant Quarterly 36 (6), S. 70-79.

Weatherford, L.R. (1997): A tutorial on optimization in the context of perishable-asset revenue management problems for the airline industry. In: Yu, G. (Hrsg.): Operations research in the airline industry. Kluwer, Boston, S. 68-100.

Weatherford, L.R. und P.P. Belobaba (2002): Revenue impacts of fare input and demand forecast accuracy in airline yield management. Journal of the Operational Research Society 53, S. 811-821.

Weatherford, L.R. und S.E. Bodily (1992): A taxonomy and research overview of perishable-asset revenue management: Yield management, overbooking, and pricing. Operations Research 40, S. 831-844.

Weatherford, L.R. und S. Pölt (2002): Better unconstraining of airline demand data in revenue management systems for improved forecast accuracy and greater revenues. Journal of Revenue and Pricing Management 1, S. 234-254.

Weatherford, L.R.; S.E. Bodily und P.E. Pfeifer (1993): Modeling the customer arrival process and comparing decision rules in perishable asset revenue management situations. Transportation Science 27, S. 239-251.

Weatherford, L.R.; T.W. Gentry und B. Wilamnowski (2003): Neural network fore-casting for airlines: A comparative analysis. Journal of Revenue and Pricing Management 1, S. 319-331.

Weber, J.; J. Sun, Z. Sun, G. Kliewer, S. Grothklags und N. Jung (2003): Systems integration for revenue-creating control processes. Journal of Revenue and Pricing Management 2, S. 120-137.

Wedel, M. und W. Kamakura (2000): Market segmentation: Conceptual and me-thodological foundations. 2. Aufl., Kluwer, Boston.

Williamson, E.L. (1992): Airline network seat control. Unveröffentlichte Disserta-tion, Massachusetts Institute of Technology, Cambridge.

Wirtz, J.; S.E. Kimes, J.H.P. Theng und P. Patterson (2003): Systems integration for revenue-creating control processes. Journal of Revenue and Pricing Ma-nagement 2, S. 216-226.

Wollmer, R.D. (1986): A hub-and-spoke seat management model. Unveröffentlich-ter Arbeitsbericht, McDonnell Douglas Corporation, Long Beach.

Wollmer, R.D. (1992): An airline seat management model for a single leg route when lower fare classes book first. Operations Research 40, S. 26-37.

Wübker, G. und H. Simon (2003): Mehr-Personen-Preisbildung. In: Diller, H. und A. Hermann (Hrsg.): Handbuch Preispolitik: Strategie – Planung – Organisa-tion – Umsetzung. Gabler, Wiesbaden, S. 667-687.

**Y**

Yeoman I. und U. McMahon-Beattie (2004): Revenue management and pricing: Case studies and applications. Thomson, London.

**Z**

Zäpfel, G. (2000): Strategisches Produktions-Management. 2. Aufl., Oldenbourg, München.

Zehle, K.-O. (1991): Yield-Management – Eine Methode zur Umsatzsteigerung für Unternehmen der Tourismusindustrie. In: Seitz, E. und J. Wolf (Hrsg.): Touris-musmanagement und -marketing. Moderne Industrie, Landsberg am Lech, S. 483-504.

Zeni, R.H. (2001): Improved forecast accuracy in revenue management by uncon-straining demand estimates from censored data. Unveröffentlichte Disserta-tion, University of New Jersey.

Zeni, R.H. und K.D. Lawrence (2004): Unconstraining demand data at US Air-ways. In: Yeoman, I. und U. McMahon-Beattie (Hrsg.): Revenue management and pricing: Case studies and applications. Thomson, London, S. 124-136.

Zhang, D. und W.L. Cooper (2005): Revenue management for parallel flights with customer-choice behavior. Operations Research 53, S. 415-431.

Zhao, W. und Y.-S. Zheng (2000): Optimal dynamic pricing for perishable assets with nonhomogeneous demand. Management Science 46, S. 375-388.

Zhao, W. und Y.-S. Zheng (2001): A dynamic allocation model for airline seat allocation with passenger diversion and no-shows. Transportation Science 35, S. 80-98.

# Sachverzeichnis

# GPSR Compliance

*The European Union's (EU) General Product Safety Regulation (GPSR) is a set of rules that requires consumer products to be safe and our obligations to ensure this.*

*If you have any concerns about our products, you can contact us on ProductSafety@springernature.com*

In case Publisher is established outside the EU, the EU authorized representative is:

Springer Nature Customer Service Center GmbH
Europaplatz 3
69115 Heidelberg, Germany

The manufacturer's authorised representative in the EU is Springer
Nature Customer Service Centre GmbH, Europaplatz 3, 69115 Heidelberg,
Germany. If you have any concerns regarding our products, please
contact ProductSafety@springernature.com

Printed and bound by CPI Group (UK) Ltd, Croydon, CR0 4YY
28/04/2026
02098468-0012